Σ BEST
シグマベスト

理解しやすい
生物基礎

水野丈夫
浅島　誠　共編

文英堂

はじめに

「生物基礎」の学習を通して，生物学的な自然観を身につけよう。

🔴 皆さんは，新聞などで，ヒトゲノム解析とか，遺伝子治療，iPS細胞や，再生医療といった言葉を耳にしたことがあると思います。そうです。今日ほど「生物学」が重要視され，クローズアップされた時代はありません。近年，生物学は，生命の根源に迫る謎をつぎつぎに解き明かし，生命現象のしくみを分子レベルで説明できるようになってきました。と同時に，多様な生物が地球の環境の中でどんな戦略をとって生きているかも解き明かしてきました。

🔴 私たちは，生物学がこのようにめざましく進歩した時代にうまれたことを嬉しく思います。なぜなら，いままでわからなかった生命現象のしくみの多くが解き明かされ始めたことによって，病気の予防や治療の方法も格段に進みましたし，一方では，生物とそれが生きる環境との関わりのしくみが明らかにされることによって，人類がこのかけがえのない地球の環境の中でどのように生きていかねばならないかがわかってきたからです。

🔴 いうまでもなく，生物の世界は多様化していますし，生命現象も複雑です。入試問題も細部にわたっていますし，皆さんの中には，「生物基礎」というと，沢山の知識をただ暗記するだけと考える人も多いと思います。しかし，原理もわからず，ひたすら「覚えよう」とするのはおろかです。どうぞくれぐれも「覚えよう」とだけしないでください。練習問題を自力で解き，本書がぼろぼろになるまで繰り返し利用して，生命現象をよく「理解する」ようにしてください。きっと，いのちの仕組みの素晴らしさとおもしろさがわかるはずです。

🔴 この本は，長年，高校生物の教育に情熱を傾けてこられた，小林秀明先生，廣瀬敬子先生，松﨑隆先生のご努力によりできあがったものです。きっと，強力に皆さんのお役に立つと確信しています。

編者　しるす

本書の特色

1 日常学習のための参考書として最適

本書では，教科書の学習内容を3編，7章，17節に分け，それぞれの節をさらにいくつかの小項目に分けてあるので，どの教科書にも合わせて使うことができる。そのうえ，諸君の**つまずきやすいところは丁寧にわかりやすく，くわしく解説してある**。本書を予習・復習に利用することで，教科書の内容がよくわかり，授業を理解するのに大いに役立つだろう。

2 学習内容の要点がハッキリわかる編集

諸君が参考書に最も求めるものは，「自分の知りたいことがすぐ調べられること」「どこがポイントなのかがすぐわかること」ではないだろうか。本書ではこの点を重視して，小見出しを多用することで**どこに何が書いてあるのかが一目でわかる**ようにし，また，学習内容の要点を**太文字・色文字**や**ポイント**でハッキリ示すなど，いろいろなくふうをこらしてある。

3 豊富な図・写真，見やすいカラー版

理科に図や写真はつきものだが，本書はそれらがひじょうに多い。しかも，図は単なる解説図ではなく，できるだけ**図解方式で説明内容まで入れて表してある**ので，複雑な高校「生物基礎」の内容を，初学者でもじゅうぶん理解することができる。もちろん，図や写真はオールカラーで，**見やすく楽しくわかりやすく学習できる**ようにくふうされている。

4 定期テストもバッチリOK！

本書では，テストに出そうな重要な実験やその操作，考察については**「重要実験」**を設け，わかりやすく解説してある。また，計算の必要な項目には**「例題」**を入れ，理解しやすいように丁寧に解説してある。そして，章末には**「章末練習問題」**を，編末には**「定期テスト予想問題」**を入れて，これを解くことで学習内容の理解度を自己診断できるようにしてある。

本書の活用法

1 学習内容を整理し，確実に理解するために‥‥

学習内容のなかで，必ず理解し，覚えなければならない**重要なポイント**を示した。ここは絶対に覚えること。

補足　注意　参考
本書をより深く理解できるように，**補足的な事項**や，**注意しなければならない事項**，**参考となる事項**をとりあげた。

この節のまとめ
各節の終わりに，その節の学習内容を簡潔にまとめた。1つの節の学習が終わったら，ここで**知識を整理し，重要事項は覚えておく**こと。また，□の**チェック欄**も利用してほしい。

2 教養を深めるために‥‥

発展ゼミ
教科書にのっていない事項にも重要なものが多く，**大学入試では出題される**ことがある。そのような事項を中心にとりあげた。少し難しいかもしれないが，よく読んでほしい。

重要実験
テストに出やすい重要実験について，その操作や結果，そして考え方を，わかりやすく丁寧に示した。しっかり身につけること。

勉強の途中での気分転換の材料。ここを読んで，諸君の教養を高めてほしい。

3 試験に強い応用力をつけるために‥‥

例題
計算問題は，「**例題**」でトレーニングしてほしい。すぐに答を見ずに，**まず自力で解いてみる**こと。

章末練習問題
各章末には，その章の学習内容に関する基本的な問題をつけた。**まちがえたところは，必ず本文にかえって読み返す**こと。

定期テスト予想問題
各編末に定期テストと同レベルの問題をつけた。合格点は正解率70%だ。ここで，**学習内容の理解度を確認**してほしい。

もくじ

第1編 細胞と遺伝子

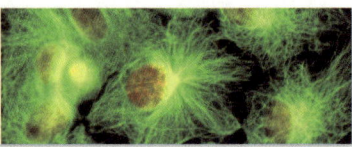

1章 生物体をつくっている細胞

1節 生命の単位−細胞
1. 生物の多様性と共通性 …………………………… *12*
2. 細胞の多様性と共通性 …………………………… *14*
3. 細胞の構造と生命活動 …………………………… *18*

2節 代謝と酵素
1. 代謝とATP ………………………………………… *22*
2. 光合成と呼吸 ……………………………………… *25*
3. 代謝を支える酵素 ………………………………… *28*
4. 酵素の種類とそのはたらく場所 ………………… *32*

● 章末練習問題 ………………………………………… *40*

2章 遺伝子とそのはたらき

1節 遺伝子の本体DNA
1. 遺伝子の本体DNA ………………………………… *41*
2. DNAと遺伝情報 …………………………………… *42*
3. DNAと遺伝子とゲノム …………………………… *43*
4. 遺伝情報とタンパク質の合成 …………………… *45*

2節 細胞分裂と遺伝情報の分配
1. 細胞内でのDNAのようす ………………………… *49*
2. 体細胞分裂とその過程 …………………………… *50*
3. 染 色 体 …………………………………………… *54*

4. 細胞の分化 …………………………………… 57
5. 生物のからだのつくり ……………………… 59
● 章末練習問題 …………………………………… 67
● 定期テスト予想問題 …………………………… 68

第2編 環境と生物の反応

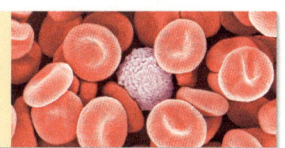

1章 体液の恒常性

1節 体液と内部環境
1. 内部環境と恒常性 ……………………………… 72
2. 内部環境をつくる体液 ………………………… 73
3. 循環系とそのつくり …………………………… 78

2節 生体防御
1. 自然免疫と適応免疫 …………………………… 82
2. 体液性免疫と細胞性免疫 ……………………… 83

3節 体液の浸透圧と老廃物の排出
- 1. 体液の浸透圧(濃度)の調節 ……………………………… 90
- 2. 老廃物の排出 ……………………………………………… 92
- 3. 肝臓のつくりとはたらき ………………………………… 94

● 章末練習問題 ……………………………………………………… 97

2章 内分泌系と自律神経系

1節 ホルモンとそのはたらき
- 1. ホルモンと内分泌系 ……………………………………… 98
- 2. 間脳の視床下部と脳下垂体 ……………………………… 102
- 3. ホルモンの相互作用 ……………………………………… 103

2節 自律神経系とそのはたらき
- 1. ヒトの神経系 ……………………………………………… 105
- 2. 自律神経系 ………………………………………………… 106
- 3. 自律神経系とホルモンの協調 …………………………… 108

● 章末練習問題 ……………………………………………………… 113
● 定期テスト予想問題 ……………………………………………… 114

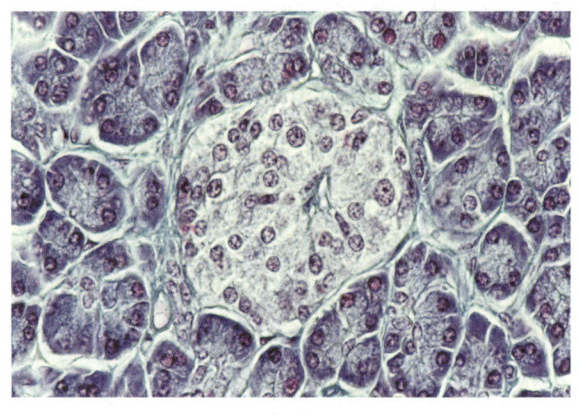

第3編 生物の多様性と生態系

1章 植物群集とその多様性

1節 植物群集
1. 環境と生物 ……………………………………………………… 118
2. 植物群集(植生)とその構造 …………………………………… 120
3. 植物群集の種類と水中の生物 ………………………………… 122

2節 生物群集の遷移
1. 環境要因と光合成 ……………………………………………… 124
2. 植生の遷移 ……………………………………………………… 128
3. 動物群集の遷移 ………………………………………………… 133

3節 バイオームとその分布
1. 気候とバイオーム ……………………………………………… 134
2. 日本のバイオームの水平分布と垂直分布 …………………… 138

● 章末練習問題 ……………………………………………………… 140

2章 生態系とそのはたらき

1節 生態系と物質の流れ
1. 生態系 …………………………………………………………… 141
2. 物質循環とエネルギーの流れ ………………………………… 145
3. 生態系の物質収支 ……………………………………………… 149

2節 生態系のバランスと人間生活
1. 生態系のバランス ……………………………………………… 152
2. 生態系と人間の生活 …………………………………………… 154

3節 生態系の保全
1. 水質汚染 ··· *157*
2. 森林の破壊と砂漠化 ······································· *159*
3. エネルギー消費と大気 ··································· *160*
4. 生物多様性 ··· *163*
5. 環境保全に対する取り組み ···························· *168*

● 章末練習問題 ··· *172*

3章　個体群とその維持
1節 生物群集と個体群
1. 個体群とその変動 ··· *173*
2. 生命表と生存曲線 ··· *177*

2節 個体群の相互作用
1. 個体間の相互作用 ··· *180*
2. 個体群間の相互作用 ····································· *183*

● 章末練習問題 ··· *189*
● 定期テスト予想問題 ······································· *190*

練習問題の解答 ··· *193*
さくいん ··· *199*

参考 の一覧

- 生産構造 ······ 126
- 層別刈取法 ······ 127
- 水質に関する指標 ······ 158
- 植物の密度効果 ······ 177
- 植物の競争 ······ 184

小休止 の一覧

- ウイルスは生物ではない ······ 13
- ヒトの細胞の大きさ ······ 19
- 「メタボ＝肥満」ではない ······ 23
- ヒトの細胞のDNA ······ 43
- 恒常性の研究の歴史 ······ 73
- 胸腺は思春期がはたらきのピーク ······ 85
- ツベルクリンとBCG ······ 86
- 糖尿病 ······ 111
- 食べられても負けないイネ科植物 ······ 122
- 極相種の種子は大きい ······ 131
- 照葉樹林文化 ······ 136
- 深海の生態系 ······ 143
- カブトガニの遺伝子資源 ······ 164
- 外来生物となった日本の動植物 ······ 165
- 本当はこわいアメリカザリガニ ······ 166
- 日本で越冬できないウンカがふえるわけ ······ 176

発展ゼミ の一覧

- ATPの化学構造 ……………………………………………………… *24*
- 光合成のしくみ ……………………………………………………… *27*
- 化学の基礎知識と生体物質について ……………………………… *36*
- タンパク質のゆくえ ………………………………………………… *48*
- DNAの複製のしかた ………………………………………………… *56*
- 分化のしくみの研究材料－細胞性粘菌 …………………………… *58*
- 多細胞生物の起源を考える ………………………………………… *60*
- 循環系の発達と脊椎動物の心臓 …………………………………… *80*
- インフルエンザワクチンとトリインフルエンザ ………………… *88*
- アンモニアの排出のしかた ………………………………………… *96*
- 伊豆大島での遷移の例 ……………………………………………… *132*
- 窒素同化と窒素固定 ………………………………………………… *148*
- キーストーン種 ……………………………………………………… *152*
- ミミズと土壌 ………………………………………………………… *155*
- 寄生と共生 …………………………………………………………… *187*

重要実験 の一覧

- ミクロメーターの使い方 …………………………………………… *17*
- カタラーゼのはたらき ……………………………………………… *35*
- 体細胞分裂の観察 …………………………………………………… *51*

第 1 編

細胞と遺伝子

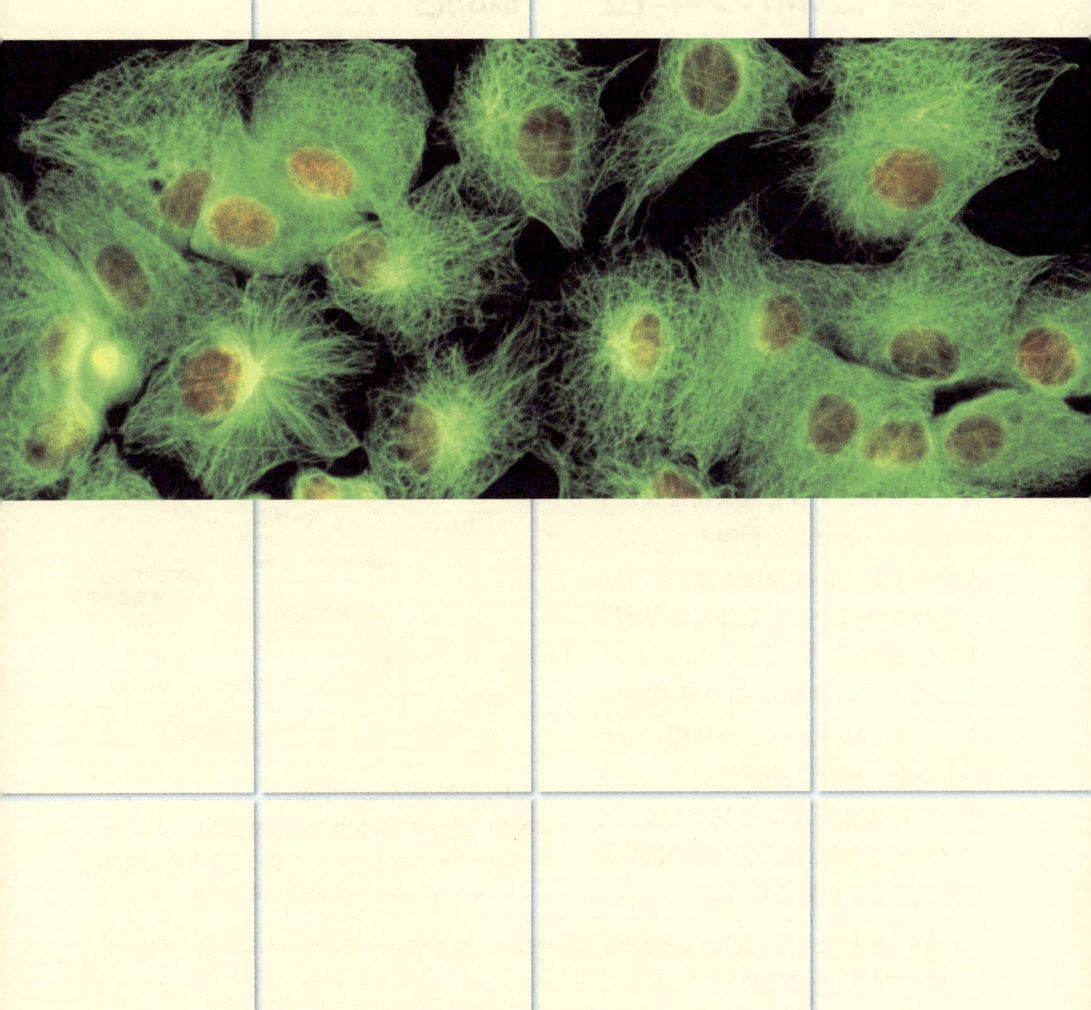

1章 生物体をつくっている細胞

オオカナダモの葉の細胞（340倍）

1節 生命の単位——細胞

1 生物の多様性と共通性

1 多種多様な生物

❶ **膨大な種類の生物**　私たちの身のまわりにはいろいろな種類の生物が存在している。それらは私たちヒトを含む動物のほか，植物，カビやキノコの仲間（菌類）や単細胞の細菌類といった大きさや形，構造の大きく異なるものからなり，それぞれが膨大な数の種類に分かれている。[★1]

❷ **生物の多様性と共通性・階層性**　ヒトが属する脊椎動物は地球上の生物の一部である動物のさらに一部であるが，脊椎動物もさらにいろいろな違いによって分けることができる（▷図1）。

このように生物はその**多様性**によって非常にさまざまな種類に分けられるが，同時に**共通性**によってグループにまとめることができる。そのグループ分けはいくつもの段階があり，**階層性**が見られる。

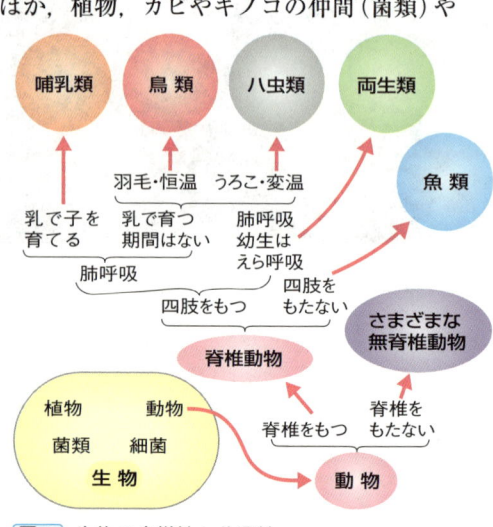

図1 生物の多様性と共通性

（視点）動物は脊椎動物と無脊椎動物に分けられるが，さらに共通性のあるものをまとめた複数のグループに何段階も細分することができる。

★1 現在，地球上には約180万種類の生物が確認されている。発見されていない種も含めると数千万種の生物が存在するともいわれている。

❸ 進化と生物の多様性・共通性

このような生物の多様性と共通性は，生物が共通の祖先から長い時間をかけて**進化**し，地球上のいろいろな環境に適応して有利に子孫を残せる特徴をもつさまざまな種類に分かれていったためと考えられる。

現在知られている生物は，すべて約40億年前に地球に発生した最初の生命体を共通の起源として進化してきたと考えられている。共通点が多い生物グループどうしは共通の祖先から分かれた時期が比較的新しく，特徴が大きく異なる生物グループどうしほど古い時代に分かれたものと考えられる。

2 生物に共通して見られる特徴

現在知られているすべての生物は次のような共通の特徴をもつ。これは共通の祖先から進化してきたと考えられる理由でもある。

❶ **細胞から成り立つ** **細胞**は細胞膜という**膜によって外界と隔てられている**。細胞の内部で秩序立てて生命活動が営まれているので，細胞は生物の構造と機能の基本的な単位になっている（▷*p.14*）。

❷ **代謝：化学反応を行い，エネルギーを利用する** 有機物を分解する反応を通してエネルギーを取り出して生命活動に利用している。すべての生物はエネルギーをいったん**ATP（アデノシン三リン酸）**という物質にたくわえてから生命活動に使っている（▷*p.22*）。

小休止 ウイルスと生物のちがい

インフルエンザなど多くの病気の病原体として知られる**ウイルス**は，一人前の生物とはいえない。
①タンパク質の殻と遺伝物質（DNAまたはRNA）から成る粒子で，細胞ではない。
②ATPを合成しない。
③生きた生物の細胞を離れては増殖できない。

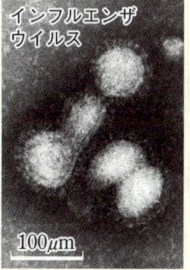
インフルエンザウイルス　100μm

❸ **自己複製** 自分と同じ特徴を子孫に伝える遺伝のシステムをもち，自己の形質を忠実に再現して複製する。すべての生物は**DNA（デオキシリボ核酸）**という物質を遺伝情報として細胞の中にもっている（▷*p.41*）。

❹ **体内環境の維持** 生物は温度や物質の組成など，体内の状態を一定の範囲内に保たなければ，からだの構造を保ち生命活動を行っていくことができない。多細胞生物は外部環境が変化しても細胞を取り囲む体液（**内部環境**）の状態を調節することで安定した生命活動を維持している（▷*p.72*）。

> **ポイント** [生物の共通点]
> ① 細胞（膜構造）から成る　② **ATP**を使い代謝を行う
> ③ **DNA**をもち自己複製を行う　④ 体内環境を保つ

第1編　細胞と遺伝子

2 細胞の多様性と共通性

1 細胞の多様性

細胞は生物体を構成する単位であるが，形や大きさはさまざまで，たくさんの細胞から成る多細胞生物の個体には役割に応じて独特の形や機能をもったさまざまな細胞が見られる。また，1つの細胞から成る単細胞生物にも多くの種類がある。

2 細胞の種類 重要

❶ **細胞の種類** 細胞は，核のつくりのちがいなどから次の2つに分けられる。
- **真核細胞**…核膜に包まれた状態の核をもつ細胞
- **原核細胞**…核膜に包まれた状態の核をもたない細胞

中学校までに観察してきた植物細胞や動物細胞は，どちらも核膜に包まれた核をもつ真核細胞である。一方，大腸菌など，細菌は核の見られない原核細胞から成る。

❷ **真核細胞の特徴** 真核細胞は，以下のような膜で包まれた構造を内部にもっており，複雑なつくりになっている。
- **核**…二重の膜（核膜）に包まれた構造で一般的には1個の細胞に1個存在する。[★1]
  内部には染色体が存在しDNAが含まれている。
- **ミトコンドリア**…二重の膜に包まれていて内部に呼吸反応を行う酵素がある。
- **葉緑体**…二重の膜に包まれた構造。内部に光を吸収するための色素と光合成を行うための酵素が存在している（植物細胞のみ）。

（補足）葉緑体は色素体の一種で，色素体には，葉緑体のほかにニンジンの根などに含まれる有色体，根などに広く見られる白色体，デンプンを貯蔵するアミロプラストなどがある。

❸ **植物細胞と動物細胞** 植物細胞と動物細胞は，一重の細胞膜に囲まれ，核やミトコンドリアをもつ点が共通している。一方，細胞壁や色素体は植物細胞に存在する。

図2 光学顕微鏡で見た動物細胞と植物細胞

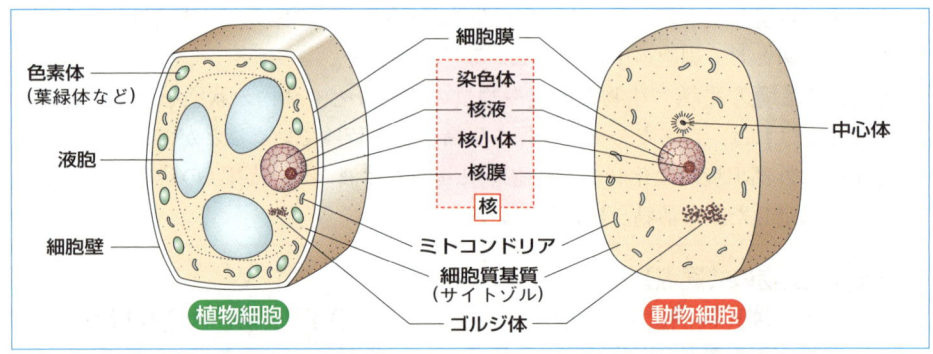

★1 哺乳類の赤血球（▷p.74）のように核が消失して存在しない細胞や，横紋筋の筋繊維（▷p.61）のように複数の細胞が融合してできた多核の細胞も存在する。

❹ **原核細胞の特徴** 細菌などの原核細胞には次のような特徴がある。
① 細胞内には核膜に包まれた核はなく，遺伝子（DNA）は細胞質中に存在している。
② 細胞の大きさは小さく，ミトコンドリア・葉緑体・ゴルジ体などがない。
③ 細胞は細胞膜で包まれており，この点は真核細胞と共通している。

3 原核生物

❶ **原核生物** 原核細胞から成る生物を**原核生物**という。原核生物には次の2つの大きなグループがある。

① **細菌類** バクテリアともよばれる。ヒトの腸内細菌の1つである大腸菌やヨーグルトに含まれるビフィズス菌，乳酸菌，納豆をつくるときに使う納豆菌，感染症を引き起こす赤痢菌・コレラ菌などがある。

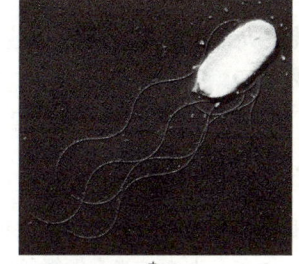
図3 大腸菌（O157）

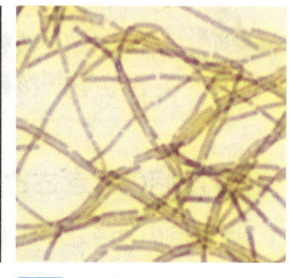
図4 納豆菌

② **シアノバクテリア** ラン藻類ともよばれる。クロロフィルをもち光合成を行って酸素を発生する原核生物で，ユレモ，ネンジュモ，スイゼンジノリ★2など。

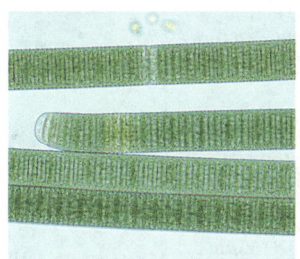
図5 ユレモ

図6 イシクラゲ（ネンジュモの仲間）

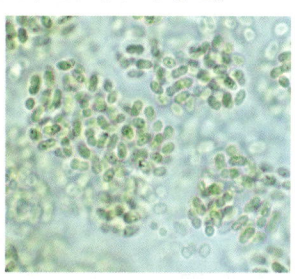
図7 スイゼンジノリ

❷ **原核生物のつくり** 原核生物のほとんどは単細胞生物であるが，一部のシアノバクテリアはつながって糸状体になる。最も簡単なつくりの原核生物は，肺炎の一因ともなる**マイコプラズマ**という最も小さな細菌類だと考えられている。

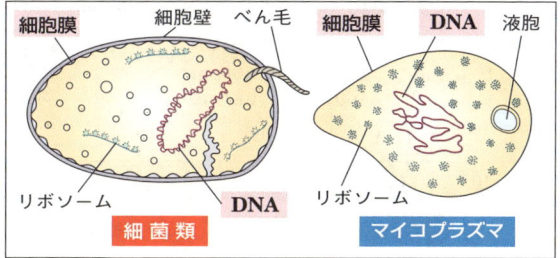
図8 原核生物とそのからだのつくりの例
（視点）マイコプラズマは，細胞壁をもたないので不定形。

★1 細菌類にも光合成を行うなかまが存在するが，光合成色素が異なり，酸素を発生しない。
★2 スイゼンジノリは九州の一部に見られる茶褐色のシアノバクテリアのなかまで食用になる。

❸ **真核生物と原核生物の比較**　真核生物と原核生物を比較すると，次のようなちがいがある。
① 真核生物は核膜で包まれた核をもつ細胞より成るが，原核細胞は，膜で包まれた核は見られず遺伝子DNAがむき出しで存在している細胞より成る。
② 真核生物の細胞は原核生物の細胞の数十倍〜数百倍の大きさをもつ。
③ 真核生物の細胞は，核のほかに葉緑体，ミトコンドリアなどをもつが，これらは大昔に細胞内に入りこんだ原核生物に由来し（▷p.21），二重の膜で囲まれている。

　原核生物…核をもたない原核細胞から成る。細菌類，シアノバクテリア
　真核生物…核をもつ真核細胞から成る。動物，植物，菌類

4　細胞の大きさと形

❶ **細胞の大きさ**　大腸菌や乳酸菌などの原核生物は2〜5μm★1，真核生物の細胞は，ふつう10〜50μmの大きさで，ともに光学顕微鏡で観察することができる。

❷ **細胞の形**　細胞の基本的な形は球形や立方体であるが，ひじょうに細長いものや紡錘形，板状，アメーバのような不定形など，さまざまなものがある。

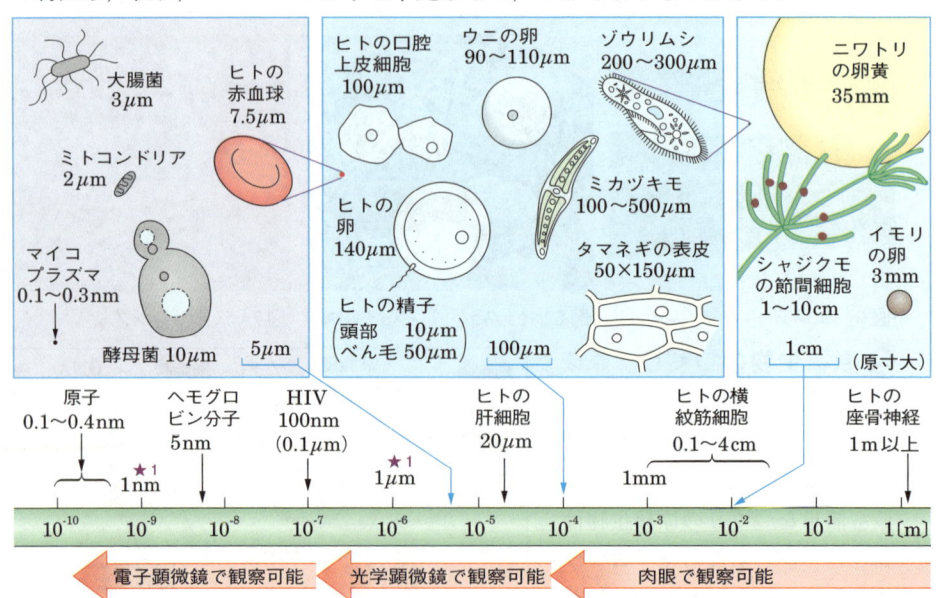

図9　いろいろな細胞の形と大きさ

（視点）細菌類の多くは，光学顕微鏡でやっと見える大きさで，真核細胞のミトコンドリア程度の大きさしかなく，内部構造は電子顕微鏡でしか観察できない。

★1　1μm（マイクロメートル）は10^{-6}m＝1000分の1mm，1nm（ナノメートル）は10^{-9}m＝100万分の1mm。

重要実験 ミクロメーターの使い方

【ミクロメーターとその原理】
顕微鏡で観察されるような小さな物の大きさは，ふつうの物差しでは測れない。そこで，顕微鏡用の物差しとして開発された次の2つのミクロメーターを使って測定する。

① **接眼ミクロメーター** 接眼レンズの中に入れて使う円形のミクロメーターで，等間隔に目盛りを刻んである。接眼ミクロメーターは，接眼レンズの中に目盛りのついている面を下にしてセットする。

② **対物ミクロメーター** ステージ上に置く。測定の基準にするスライドガラス形のミクロメーターで，1目盛りの長さが10μm（マイクロメートル）になるように目盛りを刻んである。対物ミクロメーターの1目盛りは，倍率に関係なくつねに10μmである。

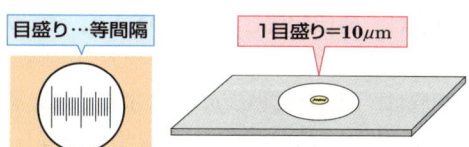

図10 接眼ミクロメーターと対物ミクロメーター

（視点）対物ミクロメーターの目盛りは，1mmを100等分してある（1mm=1000μm）。

【測定上の注意点】
① 測定しようとする物を直接対物ミクロメーターにのせて測定することはできない。直接のせて測定しようとしても，対象物と目盛りに同時にピントを合わせることができず，測定不可能である。→実際の測定には，接眼ミクロメーターを使う。
② 対物レンズを変えて観察倍率を変えると，接眼ミクロメーターの目盛りの間隔は変化しないが，対物ミクロメーターの目盛りの間隔の見え方が変わる。そのため，すべての対物レンズについて，あらかじめ，接眼ミクロメーターの1目盛りが対物ミクロメーターの何目盛りに相当するか，測定しておく。

【測定方法】
① 接眼ミクロメーターと対物ミクロメーターの両者の目盛りが平行になるように，接眼レンズをまわす。
② 接眼ミクロメーターの目盛りと対物ミクロメーターの目盛りが完全に一致している所を2か所さがし，その間の長さから接眼ミクロメーター1目盛りに相当する長さ（L）を求める（図11の場合，$(7 \times 10)/10 = 7 \mu m$）。

$$L = \frac{\text{対物ミクロメーターの目盛り数} \times 10}{\text{接眼ミクロメーターの目盛り数}} \, [\mu m]$$

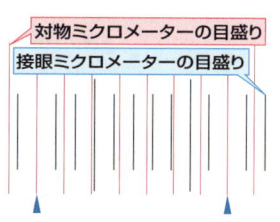

図11 接眼ミクロメーターの目盛りの見方

③ 次に，対物ミクロメーターをはずしてプレパラートに置き換え，測定したい物が接眼ミクロメーターの何目盛りに相当するかを数え，②で求めた数値をかけて物体の実際の長さを求める（図12の場合，$7 \times 6 = 42 \mu m$）。

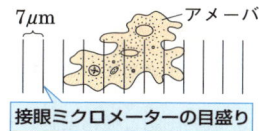

図12 顕微鏡下での実長

3 細胞の構造と生命活動

1 細胞の共通性

多様性に富んでいる細胞にも次のような共通性が見られる。
① 細胞は，**細胞膜**によって包まれ，**外界と仕切られている**。
② 細胞は，**遺伝物質としてのDNA**と，タンパク質合成の場としてのリボソーム（▷p.46）をもっている。
③ 細胞は，**細胞分裂**（▷p.50）によってふえる。
④ 細胞は，自ら取り入れた**有機物**を分解してエネルギーを取り出し，そのエネルギーによって生命活動を行う。

2 真核細胞の構造　重要

❶ **細胞の基本的なつくり**　真核細胞は，細胞膜によって包まれ，内部には**核**とそれを取り囲む**細胞質**とがある。細胞膜も細胞質に含まれる。

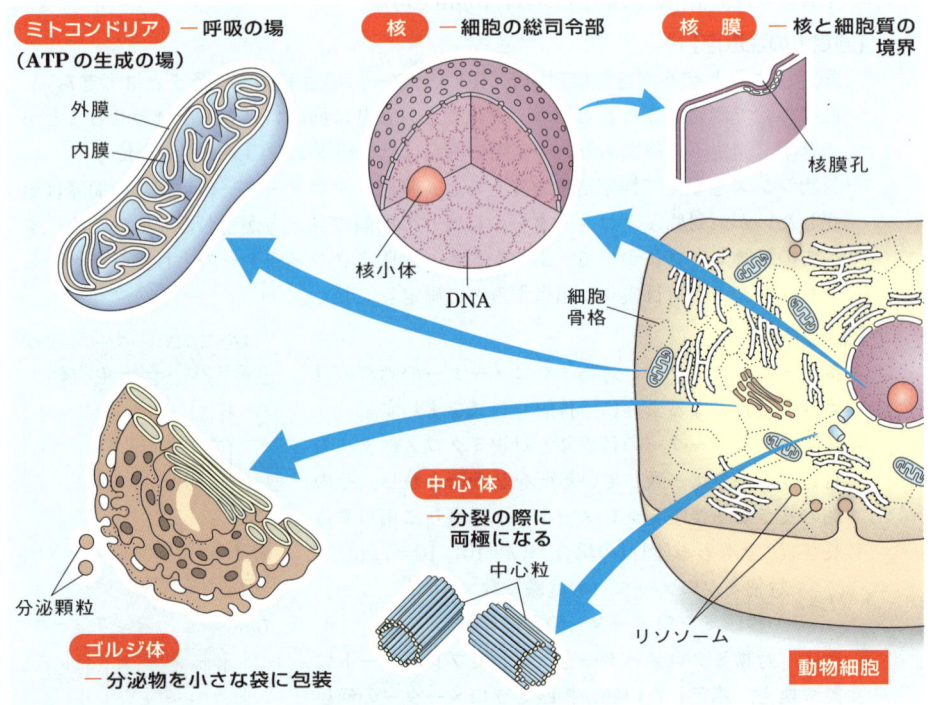

図13　動物細胞と植物細胞の一般的な構造とはたらき（模式図）

視点　電子顕微鏡を使うと，光学顕微鏡では見ることのできないリボソームや，核・ミトコンド

❷**細胞小器官と細胞質基質** 細胞には，核・ミトコンドリア・葉緑体など，膜にとり囲まれた構造体があり，これらを**細胞小器官**という。そして，細胞小器官どうしの間は**細胞質基質**（サイトゾル）という液状成分によって満たされている。

❸**細胞の構造と生命現象** 生きた真核細胞では，ミトコンドリアがエネルギー生産を行い，葉緑体が光合成を行うなど，細胞小器官がいろいろなはたらきを分業しながら，全体として調和のとれた生命活動を営んでいる。この調和を保つのに，**核が細胞の総司令部ともいえる重要なはたらきをしている。**

> **小休止　ヒトの細胞の大きさ**
>
> ヒトのからだは約60兆個の細胞でできている。細胞の種類によって，大きさはさまざまであるが，1人のヒトの体重を60kgとし，その平均密度を水と同じく$1cm^3$あたり1gとして細胞の大きさを考えてみよう。60kgの体積は，60kg＝60000g＝60000cm^3。したがって，60兆÷60000＝10億。1cm×1cm×1cmの体積あたり細胞10億個，1000×1000×1000個の細胞が並ぶことになる。この目に見えない小さな細胞の中に核やミトコンドリアなどの細胞小器官が存在して調和のとれた生命活動を営んでいるのである。

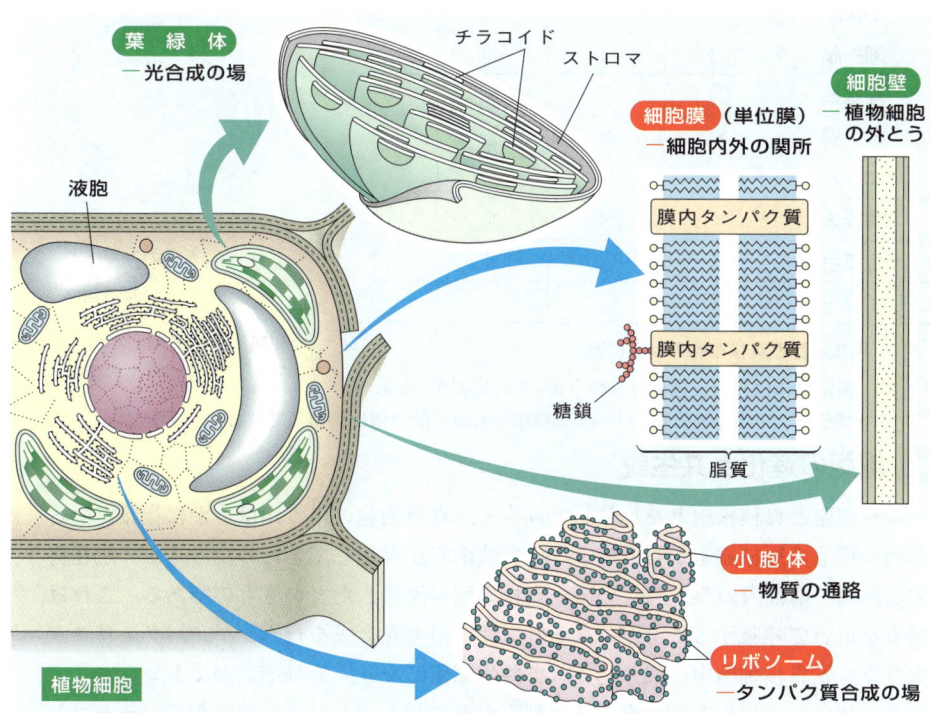

リア・葉緑体などの微細構造を観察することができる。

3 原核細胞の構造 　重要

❶ 核をもたない構造　原核生物の細胞のDNAは真核細胞のDNAと異なり，核膜に囲まれておらず細胞質中に裸の状態で存在する。

❷ 細胞壁　細菌類やシアノバクテリアは細胞壁をもつが，その成分は植物細胞の細胞壁とは異なる。

（補足）多くの細菌類は細胞壁の表面に粘着性の物質（莢膜）や毛のような付属物（線毛）をもち，他の細胞や物体への付着や免疫細胞に対する抵抗にかかわる。

❸ 膜構造　原核生物は膜構造から成る細胞小器官をもたない。そのかわりに，真核細胞の細胞小器官がもつ，生命活動に必要な物質の多くを細胞膜上にもっている。また，シアノバクテリアのように光合成色素を含む膜構造（チラコイド）をもつものもある。

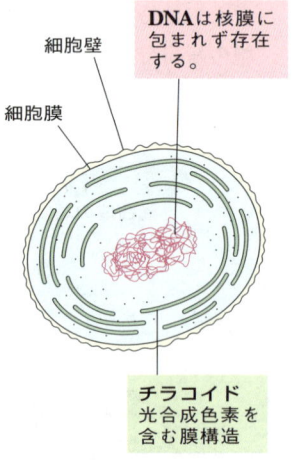

図14　原核生物（シアノバクテリア）のからだの構造

細胞 構成要素	原核細胞		真核細胞	
	細菌類	シアノバクテリア	動物	植物
DNA	○	○	○	○
細胞膜	○	○	○	○
細胞壁	○	○	×	○
核　膜	×	×	○	○
ミトコンドリア	×	×	○	○
葉緑体	×	×	×	○
光合成色素	△	○	×	○
リボソーム	○	○	○	○

表1　原核細胞と真核細胞の構造の違い

（視点）細菌類には光合成色素をもつもの（光合成細菌）もある。
マイコプラズマを除く細菌類はすべて細胞壁をもつ。酵母菌は細菌類ではなく，真核生物。

4 細胞の進化と共生説

　原核細胞と真核細胞とを比較してみると，真核細胞のほうがはるかに複雑である。単純な構造の原核細胞からどのように真核細胞が進化してきたのだろうか。現在有力な説は，細胞内の共生によって，真核細胞が誕生したというものである。これは，酸素を用いて呼吸することができる好気性細菌や光合成を行うシアノバクテリアが大きな原始真核細胞中に取り込まれて共生関係になり，それぞれがミトコンドリアと葉緑体になって現在のような真核細胞が誕生した，というものである。ミトコン

★1　本来，酸素は生物にとってからだを構成する物質を酸化させる有害な物質であった。この酸素を用いて有機物を分解しエネルギーを得ること（好気呼吸）ができるものを**好気性**，できないものを**嫌気性**という。

ドリアと葉緑体は次のようにいろいろな点で原核生物の細菌類とシアノバクテリアに似ていて，共生説を支持している。

① **大きさ** ミトコンドリアは細菌類と，葉緑体はシアノバクテリアとほぼ一致する。
② **遺伝子** 両者とも核とは異なる独自のDNAをもつ。
③ **ふえ方** 両者とも真核細胞の中で独自に分裂して増える。
④ **リボソーム** 両者とも内部に原核細胞型のリボソームをもつ。
⑤ 現在の生物において細胞内共生の例が見られる。
　例　マメ科植物の根の細胞内の根粒菌，ミドリゾウリムシ内の緑藻類

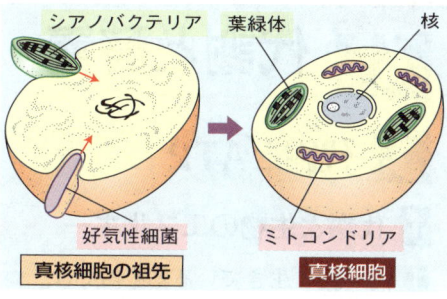

図15　共生説（細胞共生進化説）
(視点) 好気性細菌だけが共生したものが動物細胞になった。

ポイント　[共生説]　好気性細菌→**ミトコンドリア**　シアノバクテリア→**葉緑体**

この節のまとめ　生命の単位－細胞

□ 生物の多様性と共通性 ▷p.12	● 生物は①細胞から成る　②ATPを使い代謝を行う　③DNAをもち自己複製を行う　④体内環境を保つ
□ 細胞の多様性と共通性 ▷p.14	● **真核生物**…真核細胞（核をもつ）。動物，植物 **原核生物**…原核細胞。細菌類，シアノバクテリア
□ 細胞の構造と生命活動 ▷p.18	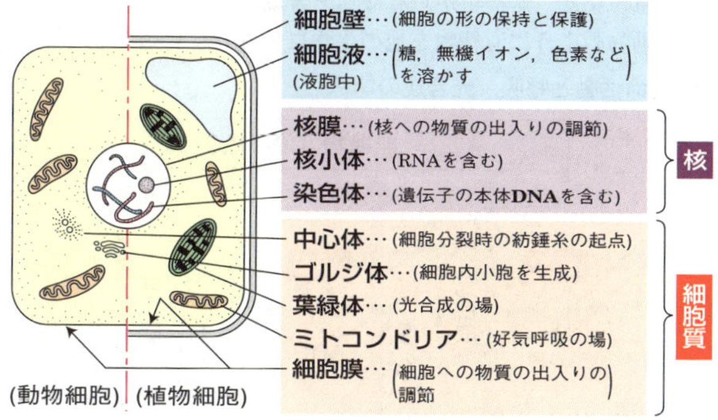 細胞壁…(細胞の形の保持と保護) 細胞液…(糖，無機イオン，色素など)(液胞中) を溶かす 核膜…(核への物質の出入りの調節) 核小体…(RNAを含む) 染色体…(遺伝子の本体DNAを含む)　【核】 中心体…(細胞分裂時の紡錘糸の起点) ゴルジ体…(細胞内小胞を生成) 葉緑体…(光合成の場) ミトコンドリア…(好気呼吸の場) 細胞膜…(細胞への物質の出入りの調節)　【細胞質】 (動物細胞)　(植物細胞) ● 共生説 ｛好気性細菌→**ミトコンドリア**／シアノバクテリア→**葉緑体**｝

2節 代謝と酵素

1 代謝とATP

1 代謝と生物のエネルギー　重要

❶ **代　謝**　生きている細胞内では，つねに物質の分解と合成が起こっている。細胞内でのさまざまな物質の化学変化全体を**代謝**という。これらの反応においては，反応が速やかに進むよう，**酵素**というタンパク質がはたらいている（▷*p.28*）。

❷ **代謝とエネルギー**　細胞が生きて活動するためには，エネルギーが必要である。生物が使えるエネルギーは，光合成の光エネルギーを除いて，すべて**化学エネルギー**である。この化学エネルギーは物質中に蓄えられており，物質を分解すれば取り出され，合成すれば再び物質中に蓄えられる。代謝に伴って起こるエネルギーの出入りや変換を**エネルギー代謝**という。

❸ **呼吸と光合成とエネルギー**　細胞で行われる**呼吸**（**細胞呼吸**）は，グルコースなどの有機物が細胞内の細胞質基質やミトコンドリアの内部で分解され，細胞の活動に必要なエネルギーが取り出される反応である。

　緑色植物やシアノバクテリアが行う**光合成**は，光エネルギーを利用して二酸化炭素と水から有機物を合成し，この物質にエネルギーを蓄える反応である。

　呼吸は複雑な有機物を細胞内で分解してエネルギーを取り出す反応であり，逆に，光合成は有機物を合成してエネルギーを蓄える反応であるが，呼吸は有機物の化学エネルギーを，光合成は光エネルギーを使って**ATP**という物質を合成し，ATPに蓄えられたエネルギーを生命活動に利用するという点で共通している。

補足　植物など，無機物から有機物を合成することができる生物を**独立栄養生物**という。これに対し，動物のように有機物を他の生物に依存している生物を**従属栄養生物**という。

図16　生命活動と呼吸，光合成の関係

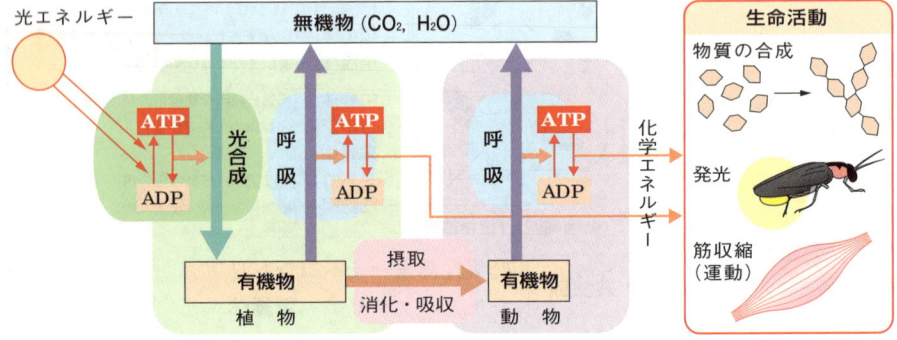

小休止 「メタボ＝肥満」ではない

肥満を気にする中高年のおじさんたちが口にする「メタボ」という言葉。**メタボリックシンドローム**[1]（内臓脂肪性症候群）の略であるが，「メタボリック」とはもともと「代謝（metabolism）の」という形容詞。内臓脂肪が過剰にたまると動脈硬化性のいろいろな疾患を併発しやすいため，これに高血糖，高血圧，脂質異常のどれか1つ以上が加わった状態がメタボリックシンドロームとされている。「メタボ」から抜け出すには，代謝改善を行って内臓脂肪を減らすこと，つまり「メタボリズム」（代謝）をよくすることが必要。

❹ **異化と同化**　代謝のうち，光合成における糖の合成やアミノ酸からタンパク質を合成する過程（▷p.47）のように簡単な物質を材料としてより複雑な有機物を合成する過程を**同化**という。これに対して呼吸のように複雑な物質を分解してエネルギーを取り出す過程を**異化**という。

ポイント

光合成	呼吸
無機物（CO_2，H_2O）→有機物 同　化	有機物→無機物（CO_2，H_2O） 異　化
光エネルギーを利用	有機物の化学エネルギーを利用
ATPを合成してそのエネルギーを生命活動に利用する	

2 エネルギーの通貨ATP

生物は，光合成や呼吸において，エネルギーを用いて**ATP（アデノシン三リン酸）**というエネルギー化合物をつくる。そして，必要に応じてATPを分解し，そのときに放出されるエネルギーをいろいろな生命活動に利用している。

ATPは，次の特徴から，「エネルギーの通貨」にたとえられる。

① 単細胞生物の細菌から多細胞生物のヒトまで，**すべての生物体にATPは含まれており**，エネルギーを蓄えるはたらきをしている。
② ATPが放出するエネルギーは，物質合成や分解，能動輸送，運動など**細胞が行ういろいろな生命活動に共通して使うことができる**。

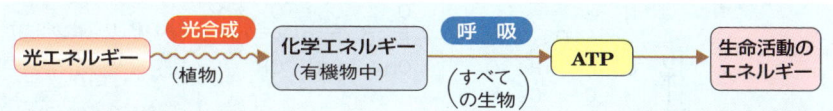

図17　エネルギー代謝と生物

★1　症候群（シンドローム）は，いくつかの決まった症状がいつも一緒に現れるとき，その病気を指す言葉。

3 ATPの構造とエネルギー 重要

❶ **ATPとADP** ATPはアデノシンという物質にリン酸が3個結合したリン酸化合物である。ATPからリン酸が1個離れたもの（アデノシンにリン酸が2個結合した化合物）を**ADP**（アデノシン二リン酸）といい，ATPとADPは，酵素のはたらきによって比較的容易に相互変換する。

❷ **ATPとエネルギー** ATPの分子の端の2個のリン酸の間には，多量の結合エネルギーが含まれている。これを，**高エネルギーリン酸結合**といい，**ATPからリン酸1個がはずれてADPになるときにはエネルギーが放出される。**逆に，ADPとリン酸からATPがつくられる際にはエネルギーを加える必要がある。

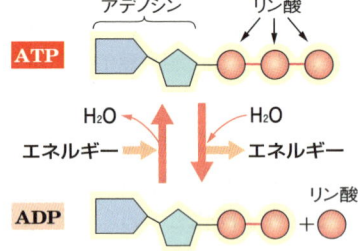

図18 ATPとADPの相互変換

 エネルギーを取り出す
ATP（アデノシン三リン酸） ⇌ **ADP**（アデノシン二リン酸）＋リン酸
エネルギーを蓄える

発展ゼミ ATPの化学構造

◆ **ATP**は，Adenosine triphosphateの略称で，日本名を**アデノシン三リン酸**とよぶ。ATPは，アデニンという**塩基**，リボースという**五単糖**，3個のリン酸の3つの成分からできている。アデニンとリボースの化合物をアデノシンというが，**ATPはアデノシンにリン酸が3個結合したものである。**

◆ アデノシンにリン酸が1個結合したものをAMP（MはMono＝1つの略）といい，リン酸が2個結合したものをADP（DはDi＝2つの略）という。ちなみに，Tri＝3。

◆ ATPとADP，AMPでは，もっているリン酸の数がちがっており，蓄えているエネルギー量が異なる。

図19 ATPの化学構造

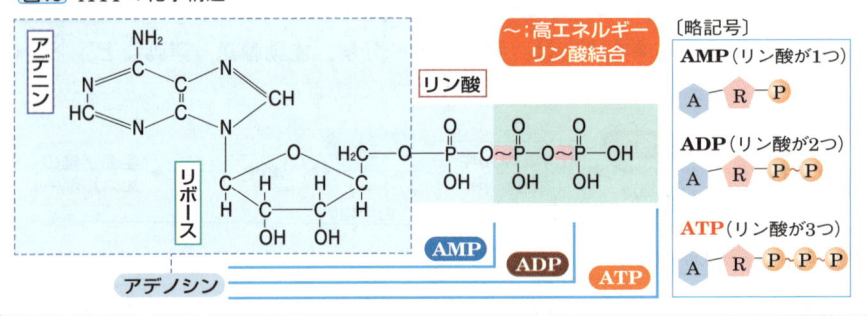

2 光合成と呼吸

1 光合成 【重要】

❶ 葉緑体のつくりと色素　植物や藻類など真核生物の光合成の場である葉緑体は右の図20のようなつくりをしている。二重膜で囲まれていて，この膜の内部の空間を**ストロマ**といい，扁平な袋状の構造を**チラコイド**という。チラコイドの膜にはクロロフィルやカロテノイドなどの光合成色素が埋め込まれている。光合成に必要な光エネルギーは，これらの光合成色素によって吸収される。

（補足）　原核生物のシアノバクテリアは細胞膜あるいはこれが内側に陥入したチラコイドに光合成のための酵素と光合成色素をもっていて，これが葉緑体の役割をしている。

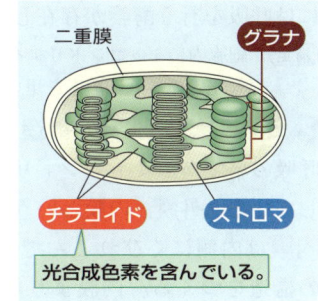

図20　葉緑体のつくり

（視点）　グラナは，チラコイドが積み重なったもの。

❷ 光合成のしくみ　緑色植物の葉緑体では，まず光合成色素が太陽の光エネルギーを吸収して，酵素のはたらきでATPを合成する。そしてこのATPの化学エネルギーを利用して，二酸化炭素（CO_2）から有機物を合成する（▷図21）。

❸ 光合成の産物

光合成で合成された有機物は，ふつう一時的に葉緑体内にデンプンとして蓄えられ，やがて糖などに分解され，維管束中の師管を通って体内の各部位に運搬される。

植物が合成する有機物は，生態系の中ではすべての生物の栄養源となる。

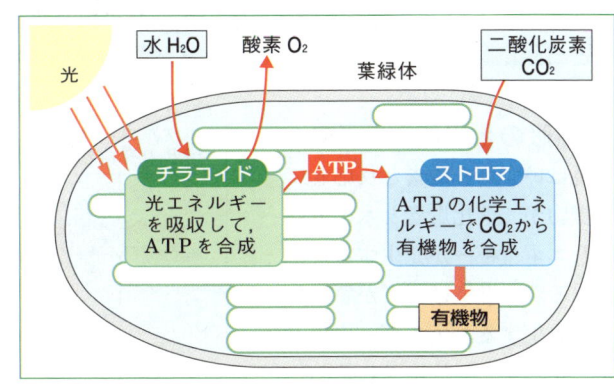

図21　光合成のしくみ

　[光合成]
葉緑体の中で，光合成色素と酵素のはたらきで行われる。
光エネルギーでATPを合成し，ATPを使って有機物を合成。
$CO_2 + H_2O +$ 光エネルギー ⟶ 有機物 $+ H_2O + O_2$

2 呼 吸 重要

❶ 呼吸を行う場所 呼吸は、すべての生物が行う生命活動で、有機物を分解して取り出したエネルギーで**ATP**を合成する。**細胞の細胞質基質とミトコンドリア**には呼吸を行う**酵素**が存在し、呼吸の場となっている。

> 補足 細胞内にミトコンドリアをもつ真核生物は酸素を使って細胞呼吸（好気呼吸）を行うのに対し、原核生物の多くは酸素を用いない発酵を行う。

❷ ミトコンドリアの構造 真核生物の行う好気呼吸の場であるミトコンドリアは右のような構造をしている。外膜・内膜という二重膜に包まれていて、**内膜**は内側にくびれこんで、**クリステ**という櫛状の構造をつくる。内膜より内側の液体部分を**マトリックス**という。

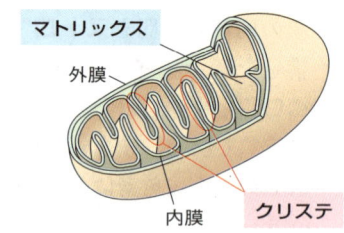

図22 ミトコンドリアの構造

❸ 呼吸（好気呼吸）のしくみ 好気呼吸では図23のように有機物が細胞質基質とミトコンドリアで分解され、ATPはおもにミトコンドリアで合成されるが、細胞質基質でも少し合成される。

① **細胞質基質で起こる反応** 有機物を単純な化合物に分解する。酸素（O_2）は用いず、比較的少量のATPが合成される。

② **ミトコンドリアで起こる反応** ①で生じた単純な化合物を酸素（O_2）を用いて水と二酸化炭素まで分解する。このときに放出されるエネルギーによって多量のATPが生産される。[1]

❹ 呼吸の化学反応 呼吸と燃焼はいずれも酸素と反応して有機物が二酸化炭素と水に分解されエネルギーが発生する反応であるが、燃焼は反応が急激に進み発生するエネルギーのほとんどが熱として放出されるのに対し、呼吸はたくさんの酵素による化学反応が連続的に起こる穏やかな課程で、生じたエネルギーのほとんどがATPの合成に使われる。

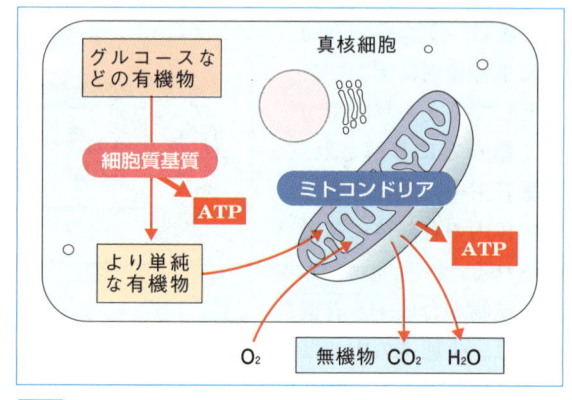

図23 細胞呼吸のしくみ

> ポイント 呼吸…**細胞質基質**と**ミトコンドリア**で、酵素のはたらきで行われる。
> 有機物 ＋ O_2 ＋ H_2O ⟶ CO_2 ＋ H_2O ＋ 化学エネルギー

★1 ②の反応で合成されるATP分子の数は①でつくられるATPの10倍以上になる（▷p.27）。

発展ゼミ　光合成のしくみ

◆光合成の反応は，次の4つの反応系からなることがわかっている。

反応1（光化学反応）　葉緑体が吸収した光エネルギーにより，葉緑体内のチラコイド膜にある光合成色素のクロロフィルが活性化する反応。酵素は関係しない。

反応2（水の分解）　活性化したクロロフィルにより，チラコイドの内腔にある水が分解され，酸素と水素イオンと電子が放出される。

反応3（ATPの生成）　電子がチラコイド膜の電子伝達系を移動する際に生じるエネルギーを利用してチラコイド膜にある**ATP合成酵素**がADPとリン酸からATPを合成する。

反応4（CO_2固定反応）　水素イオンとATPのエネルギーにより，気孔より取り入れたCO_2から有機物を合成する反応。ストロマで起こる。反応3・4は酵素が関係している。

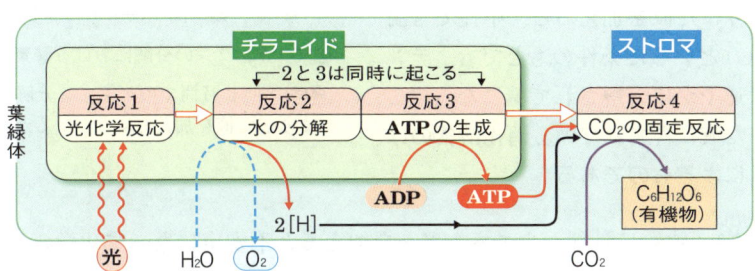

図24　光合成の4つの反応系

呼吸のしくみ

◆酸素を用いてグルコースなどを分解する呼吸は，解糖系，クエン酸回路，電子伝達系という3つの反応系から成り立っている。

① **解糖系**　1分子のグルコースが2分子のピルビン酸という物質に分解され，**2分子のATP**が生産される。**細胞質基質**で行われ酸素を必要としない。

② **クエン酸回路**　解糖系でできたピルビン酸が**ミトコンドリアに入り，マトリックス内**で酵素による回路反応によって，二酸化炭素（CO_2）と，水素（H）に分解され，**2ATP**を生産する。

③ **電子伝達系**　解糖系とクエン酸回路で生じた水素原子Hが，水素イオンH^+と電子e^-に分かれ，その電子だけを**電子伝達物質（補酵素）**が受け渡しして，**約30ATP**を生産する。

この反応は，**ミトコンドリアの内膜**で起こる。電子と水素イオンは最終的には酸素と結びついて水（H_2O）になる。

図25　呼吸の3つの反応系

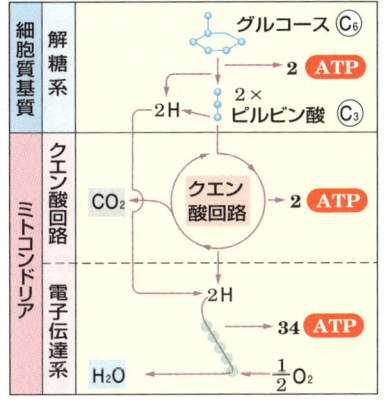

3 代謝を支える酵素

1 酵素 — 有機触媒 　重要

❶ **酵素のはたらき**　光合成や呼吸の反応は酵素によって進められている。酵素は生体内の代謝を促進する物質で，常温でしかも微量ではたらく。試験管内でデンプンを分解してグルコースを得るためには，塩酸を加え，100℃で何時間も加熱しなければならない。ところが，塩酸のかわりにだ液を加えると，中性で常温（約37℃）といった条件のもとでも，デンプンは速やかに分解されて糖になる。これは，だ液に含まれている**消化酵素**のはたらきによるものである。

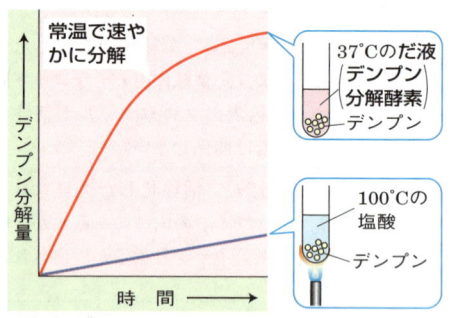

図26　デンプンの分解における酵素の作用

（視点）同じ時間でのデンプン分解量をくらべると，だ液を加えたほうがはるかに多い。

❷ **触媒**　物質に外部からエネルギーを加えると不安定になって化学変化を起こしやすくなる。化学変化を起こしやすい状態になるために必要なエネルギーを**活性化エネルギー**という。活性化エネルギーが高い化学変化はなかなか起こらない。

　化学反応において，その反応に必要な活性化エネルギーを低下させ[*1]，その反応速度を変えるはたらきをもつ物質を**触媒**という。触媒自身は反応の前後で変化せず，くり返し何度も反応を促進することができる。

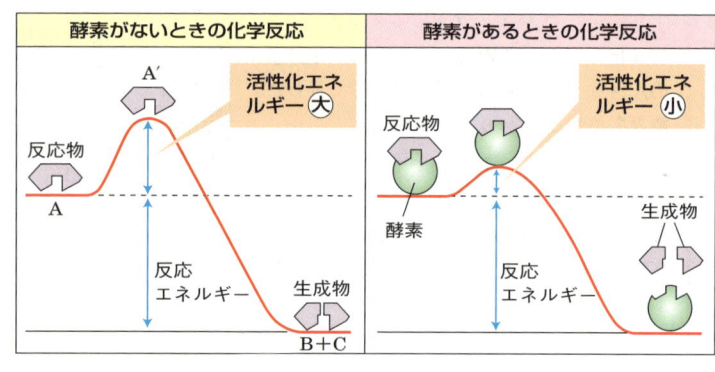

図27　酵素のはたらきと活性化エネルギー（模式図）

（視点）反応物質Aを，活性化エネルギーという"エネルギーの土手"を越えられる活性化状態A′にするのに，酵素を使えば，より小さなエネルギーで可能となる。

★1 「活性化エネルギーが低下する」とは，図27の右側のようにより小さいエネルギーで反応が起こるようになるという意味なので注意する。

❸ **触媒の種類**　無機物から成る**無機触媒**と，有機物から成る**有機触媒**がある。
　過酸化水素水(H_2O_2)を常温においておくとゆっくり分解して水(H_2O)と酸素(O_2)に分かれる。
① **無機触媒の例**　過酸化水素水に二酸化マンガン(MnO_2)や白金(Pt)を加えると，過酸化水素(H_2O_2)が分解して水(H_2O)と酸素(O_2)になる。
② **有機触媒の例**　細胞内に含まれている**カタラーゼ**という酵素を過酸化水素に加えると，過酸化水素が水と酸素に分解する。**酵素はすべて有機触媒である。**

> 酵素は，生体内の代謝を促進する**有機触媒**（生体触媒）であり，常温で，しかも**微量**ではたらく。

2 酵素のつくりと性質　重要

❶ **酵素の本体**　酵素の本体は**タンパク質**で，複雑な立体構造をしている。酵素が化学反応を進めるためには，まず，酵素が基質と結合しなければならない。酵素が基質と結合する場所は決まっていて，この部分を酵素の**活性部位**という。

（補足）酵素のなかには，タンパク質だけでできているものもあるが，低分子の有機物と結合して活性部位を形成しているものもある。

❷ **基質特異性**　酵素が作用する物質を，その酵素の**基質**という。酵素は，その種類によって，それぞれ特定の基質にしかはたらかない。この性質を，酵素の**基質特異性**という。基質特異性は，無機触媒には見られない性質で，酵素分子がタンパク質でできていることによるものである。タンパク質は多数のアミノ酸が結合し，複雑な立体構造をつくっているが，酵素分子も例外ではない。酵素分子は，その活性部位の立体構造に適合した基質とのみ結合し，**酵素－基質複合体**をつくって反応を促進する。

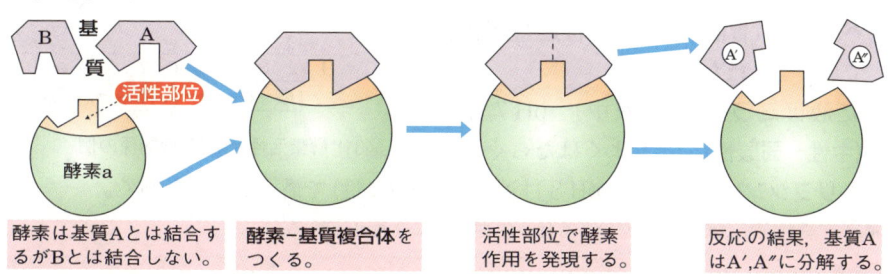

図28　酵素のはたらき方（基質特異性）

（視点）酵素の活性部位に適合した立体構造をもつ基質だけが酵素作用を受ける。

> **基質特異性**…酵素は，ある特定の基質にだけはたらく。

❸ **最適温度** 無機触媒は，ふつう温度が高くなるほど反応速度が増加する。それに対して，**酵素はその本体がタンパク質でできているため，温度の影響を受ける**。
① 多くの酵素は，**35〜40℃くらいで最もよくはたらき**，化学反応を促進する。このときの温度を**最適温度**という。最適温度は，酵素の種類によって異なる。
② 酵素は，最適温度までは温度が高くなるほどよくはたらき，最適温度をこえると**熱によってタンパク質の変性(立体構造の変化)が始まり**，はたらきが低下する。
③ さらに，多くの酵素は，温度が70〜80℃をこえると，タンパク質が完全に変性(**熱変性**)してしまい，酵素作用を失ってしまう。これを**失活**という。酵素は，いったん失活すると，常温にもどしてもそのはたらきが復活することはない。

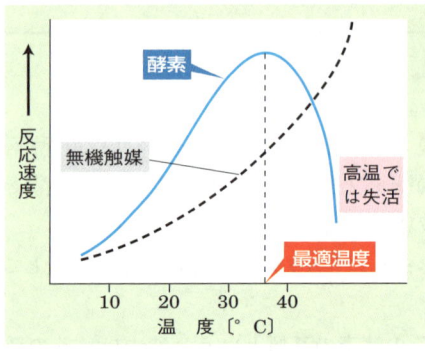

図29 酵素の反応速度と温度の関係

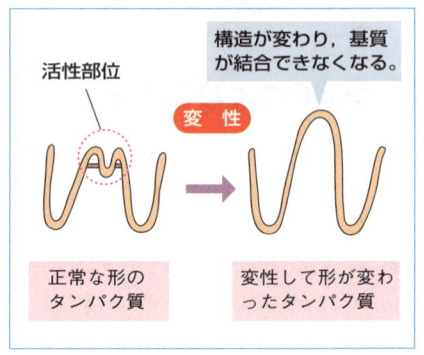

図30 タンパク質の変性

❹ **最適pH** 酵素の活性は，周囲の水素イオン濃度の影響を受け，活性が最も高いときのpH値(**最適pH**)は酵素の種類によって異なる。消化液中の消化酵素を例にあげると，次のとおりである。
① **ペプシン**(胃液中)[★1] pH 2 付近(**強酸性**)で最もよくはたらく。
② **だ液アミラーゼ**(だ液中) pH 7 付近(**中性〜弱酸性**)で最もよくはたらく。

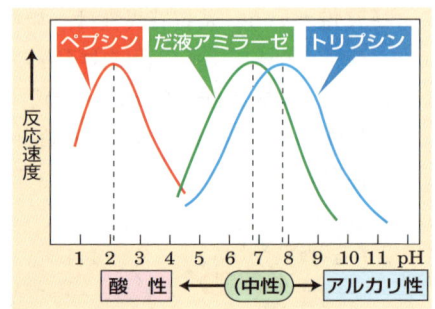

図31 酵素活性とpHとの関係の例

③ **トリプシン**(すい液中) pH 8 付近(**弱アルカリ性**)で最もよくはたらく。

(補足) 細胞内ではたらく酵素の多くは，中性付近に最適pHがある。

> **ポイント** 酵素の本体はタンパク質なので，温度の影響を受けやすく**最適温度**がある。また，酵素の種類によって異なる**最適pH**をもつ。

★1 胃液は塩酸を含んでいるためpH≒2である。胃液の中ではたらくペプシンの最適pHは，胃液のpHと一致している。

❹ **基質濃度と酵素のはたらき** 酵素反応は，**酵素－基質複合体**が形成されてはじめて進行する。したがって，単位時間に形成される酵素－基質複合体の数が多いほど，反応速度は速くなる。**酵素の量を一定にして基質の濃度だけを変化させる**と，基質の濃度によって反応速度は次のように変化する。

① **基質濃度が低いとき** 酵素に対して基質の量が少なく，酵素－基質複合体が少ししかつくられず，**反応速度は基質濃度にほぼ比例する**。
② **基質濃度が高いとき** 基質が余るほどあっても，酵素が一定量しかないため，**最大速度に達し，反応速度は一定になる**。

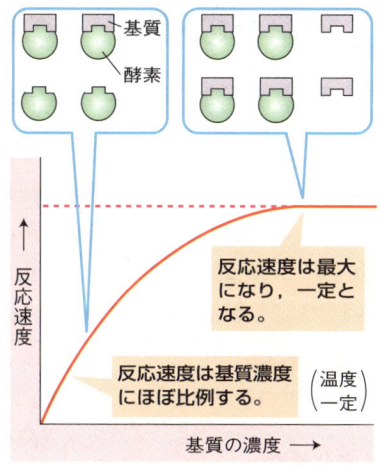

図32 基質濃度と酵素反応の速度

> **基礎知識** 加水分解と酸化・還元

酵素の種類の説明の前に，細胞内で起こる化学反応について見ておこう。細胞内では，これらの反応は酵素の触媒作用のもとに進行する。

● **加水分解** 化合物の分子に**水が加わって分解**し，2つ以上の物質を生じる反応。たとえば，**消化酵素**によってデンプン・タンパク質・脂肪が分解するときには，この形で起こる。

例　$C_{12}H_{22}O_{11}$（マルトース）＋ H_2O（水）$\longrightarrow C_6H_{12}O_6$（グルコース）＋ $C_6H_{12}O_6$（グルコース）

● **酸化と還元** 酸化と還元には次の3とおりの起こり方（定義）があり，どれも生物体内で起こっている。

① ある物質が**酸素と化合**することを**酸化**といい，酸化物が結合していた**酸素を失う**ことを**還元**という。

例　$2H + \frac{1}{2}O_2 \xrightarrow{酸化} H_2O \qquad 2H_2O_2 \xrightarrow{還元} 2H_2O + O_2$

② ある水素化合物から**水素が離れる**こと（脱水素反応）を**酸化**といい，反対に**水素と結合**することを**還元**という。

例　$AH_2 + NAD$（水素受容体）$\xrightarrow[還元]{酸化} A + NADH + H^+$

③ ある物質が**電子（e^-）を失う**反応を**酸化**といい，反対に**電子を得る反応**を**還元**という。

例　$Fe^{2+} \xleftrightarrow[還元]{酸化} Fe^{3+} + e^-$

	酸素	水素	電子
酸化	＋	－	－
還元	－	＋	＋

＋…結合または得ること
－…分離または失うこと

4 酵素の種類とそのはたらく場所

1 酵素の分類とおもな酵素

　生物体内では、多くの化学反応がおきているが、それらはすべて酵素の触媒作用のもとに進行している。酵素の種類は非常に多いが、それをはたらきによって分類すると、**酸化還元酵素**、**加水分解酵素**、**転移酵素**、**脱離酵素**などに分けられる。

❶ **酸化還元酵素**　呼吸など酸化や還元の反応（▷*p.31*）が関係する代謝にはたらく。ATP合成も酸化反応によって発生するエネルギーを利用することが多い。

脱水素酵素 （デヒドロゲナーゼ）	基質中の水素(2H)をとって、他の物質（**水素受容体**という）に与える。　$AH_2 + X \longrightarrow A + XH_2$
酸化酵素 （オキシダーゼ）	脱水素酵素のうち O_2 が水素受容体のもの。呼吸では有機物からとった水素を最終的に酸素(O_2)に結合させる。 $AH_2 + \frac{1}{2}O_2 \longrightarrow A + H_2O$　　例 ルシフェラーゼ[★1]
還元酵素 （レダクターゼ）	他の物質からとった水素(2H)で基質Aを還元する酵素 $A + XH_2 \longrightarrow AH_2 + X$
カタラーゼ	過酸化水素(H_2O_2) $\longrightarrow \frac{1}{2}O_2 + H_2O$

（補足）**還元酵素**は脱水素酵素の逆反応を進める。ただし可逆反応では基質に対して生成物が過剰に存在する場合などには反応は逆の方向に進み、酵素はどちらの方向の反応も同じく促進するので脱水素酵素と区別しないこともある。

❷ **加水分解酵素**　加水分解反応を触媒する。栄養分の消化に関与するもののほか、非常に多くの分解反応に関与している。

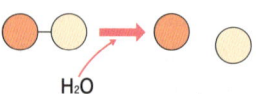

炭水化物 加水分解 酵素	**アミラーゼ**	デンプン(多糖類) $\longrightarrow$ デキストリン＋マルトース
	マルターゼ	マルトース(二糖類) $\longrightarrow$ グルコース＋グルコース
	スクラーゼ	スクロース(二糖類) $\longrightarrow$ グルコース＋フルクトース
	ラクターゼ	ラクトース(二糖類) $\longrightarrow$ グルコース＋ガラクトース
	セルラーゼ	細胞壁に含まれるセルロースを分解。
	ペクチナーゼ	細胞壁どうしを接着するペクチンを分解。
タンパク 質加水分 解酵素	**ペプシン** **トリプシン** キモトリプシン ペプチダーゼ トロンビン	タンパク質 $\longrightarrow$ ペプチド タンパク質 $\longrightarrow$ ペプチド タンパク質 $\longrightarrow$ ペプチド ペプチド $\longrightarrow$ アミノ酸 フィブリノーゲン $\longrightarrow$ フィブリン（▷*p.77*）

（補足 タンパク質加水分解酵素側）胃液によるタンパク質の分解産物はさまざまなペプチドの混合物でペプトンとよばれる。

[★1] ルシフェラーゼは、ホタルなどの発光器に含まれるルシフェリンが酸素と結びついて発光する反応を促進する。

脂肪加水分解酵素(リパーゼ)		脂肪(トリグリセリド) ⟶ 脂肪酸 + モノグリセリド
ヌクレアーゼ (核酸分解酵素)	制限酵素	2本鎖のDNAを特定の塩基配列部分で切断する。遺伝子組換え[★1]に用いられる。
	ヘリカーゼ	DNAの転写や複製(▷p.56)の際にDNAの二重らせんをほどく。
ATPアーゼ		ATP(▷p.23)を分解してエネルギーを取り出す。 例 ナトリウムポンプ(Na^+, K^+ATPアーゼ)
コリンエステラーゼ		アセチルコリン(▷p.107)などを分解する。

❸ **転移酵素** 有機物から原子あるいは原子団などを切り離し，他の物質へ移す。

リン酸基転移酵素	基質からリン酸基($-PO_4$)をはずして他の物質へ移す。
アミノ基転移酵素	ある窒素化合物(アミノ酸など)からアミノ基($-NH_2$)をはずして他の物質へ転移させる。
DNAポリメラーゼ	**1本鎖のDNAを鋳型として，それに相補的な塩基配列をもつDNA鎖を合成する。**(▷p.56)
RNAポリメラーゼ	ヌクレオチドを重合させ，RNAを合成する。

❹ **脱離酵素** 脱離反応を触媒する。呼吸では有機物を分解していく過程で脱炭酸酵素が重要なはたらきをする。脱離反応の逆反応は付加反応。

脱炭酸酵素(デカルボキシラーゼ)	きまった有機酸からカルボキシル基($-COOH$)をとって二酸化炭素CO_2を放出させる。$A \cdot COOH \longrightarrow A \cdot H + CO_2$

(補足) 光合成でCO_2を有機物に付加する酵素は，リブロース1,5ビスリン酸カルボキシラーゼという。

2 酵素の存在場所

酵素は，すべて細胞内でつくられるが，はたらく場所は酵素によって異なる。酵素のはたらく場所は，次のように，細胞内ではたらくものと，細胞外に分泌されてはたらくものとがある。

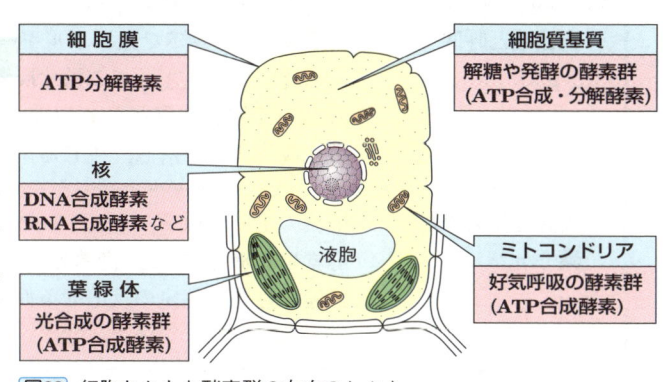

図33 細胞とおもな酵素群の存在のしかた

★1 遺伝子組換えとは，ある生物からとったDNAの断片を別の生物のDNAにつなぎ，遺伝子の新しい組み合わせをつくって発現させることをいう。

❶ **細胞内酵素** 細胞内ではたらく酵素。前ページの図33のように，酵素は細胞内の特定の場所に，しかも一定の秩序で配置されており，いくつもの化学反応が連続しておこる複雑なしくみを効率よく進めている。

① **基質中ではたらく酵素** 呼吸では細胞質基質とミトコンドリア内の基質（マトリックス）に有機物の分解などに関する酵素，光合成では葉緑体内の基質（ストロマ）にCO_2の取り込みなどに関係する酵素が存在する。

② **膜上ではたらく酵素** 細胞膜や細胞小器官の膜は脂質（リン脂質）でできており，この膜に酵素が埋めこまれた状態ではたらく。光合成でATPを合成したりH_2Oを分解する反応の酵素群は葉緑体のチラコイド膜上に，呼吸で大量のATPを合成してO_2をH_2Oにする酵素群はミトコンドリアの内膜上に並んでいて連続する化学反応が効率よく進められるようになっている。

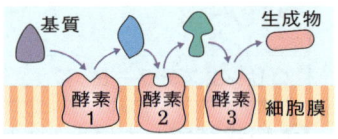

図34 細胞膜上の酵素のはたらき

❷ **細胞外酵素** 細胞外に分泌されてはたらく酵素で，たとえば，だ腺（だ液腺）・胃腺・すい臓から出る消化酵素などがある。

（補足）腸の消化酵素は小腸の内表面の細胞膜に埋めこまれた状態で存在し，そこで栄養素を分解する。分解産物はすぐ吸収される。

この節のまとめ　代謝と酵素

□**代謝とATP** ▷p.22	●細胞内でのさまざまな物質の化学変化全体を**代謝**という。 ●**ATP**はあらゆる生命活動について「エネルギーの通貨」としてはたらく。
□**光合成と呼吸** ▷p.25	●**光合成**…**葉緑体**で光エネルギーを吸収しATPを合成。この化学エネルギーで二酸化炭素から有機物を合成。 ●**呼吸**…細胞質基質と**ミトコンドリア**で有機物を水と二酸化炭素まで分解し，生じるエネルギーでATPを合成。
□**代謝を支える酵素** ▷p.28	●酵素の主成分は**タンパク質**（熱に弱い）である。 ●酵素は有機触媒で，常温で，微量ではたらく。 ●酵素の性質…特定の反応や条件ではたらく。 　①**基質特異性**　②**最適温度**　③**最適pH**
□**酵素のはたらく場所** ▷p.32	●細胞外…消化酵素など，細胞内（基質内）…光合成のCO_2取り込みに関する酵素など，（膜上）…ATP合成酵素など。

2節　代謝と酵素

重要実験　カタラーゼのはたらき

操作
① A～Gの7本の試験管を用意し，下の図のように，それぞれに過酸化水素水（H_2O_2）や塩酸（HCl）を入れ，B～Gについては，さらに，肝臓片，煮沸した肝臓片，二酸化マンガン（MnO_2），煮沸したMnO_2を加えて，泡（気体）の発生のようすを調べる。
② 気体が発生した試験管の上のほう（泡をつぶした空間）に火のついた線香を入れる。

結果
① 気体の発生のようすは，下の図のようであった。
② 火のついた線香は，炎を上げてはげしく燃えた。（B，E，F，G）

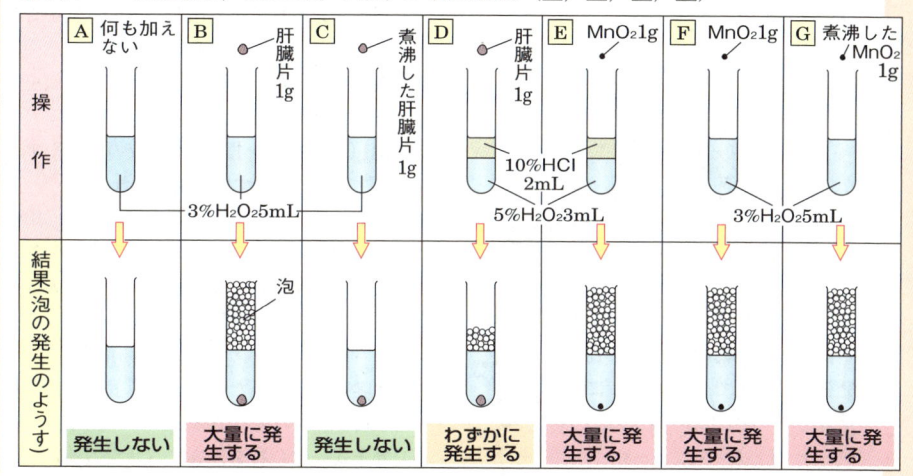

	A	B	C	D	E	F	G
操作	何も加えない	肝臓片1g	煮沸した肝臓片1g	肝臓片1g	MnO_2 1g	MnO_2 1g	煮沸したMnO_2 1g
		3%H_2O_2 5mL		10%HCl 2mL / 5%H_2O_2 3mL		3%H_2O_2 5mL	
結果（泡の発生のようす）	発生しない	大量に発生する（泡）	発生しない	わずかに発生する	大量に発生する	大量に発生する	大量に発生する

考察
① 試験管Aには肝臓片もMnO_2も加えていない。これはなぜか。➡試験管B，C，F，Gの結果が，肝臓片やMnO_2を加えたことによるものだということをはっきりさせるため。このように，調べたい特定の条件以外をすべて同じにして行う実験を**対照実験**という。
② 試験管A，B，Fの結果から何が言えるか。➡Aでは気体が発生せず，B，Fでは発生したことより，**肝臓片にはH_2O_2を分解する酵素カタラーゼが含まれていること**，また，MnO_2には，カタラーゼと同様，H_2O_2の分解を触媒するはたらきがあることがわかる。
③ 試験管BとC，FとGの結果から何が言えるか。➡Cでは気体が発生せず，Gでは気体が発生したことから，**酵素は熱によってはたらきを失うこと**，MnO_2は熱によってはたらきを失わないことがわかる。
④ 試験管BとD，EとFの結果から何が言えるか。➡Dでは気体が少ししか発生せず，Eでは気体が大量に発生したことから，**酵素のはたらきはpHの影響を受けること**，MnO_2のはたらきはpHの影響を受けないことがわかる。
⑤ 結果②から，発生した気体は何と考えられるか。➡**酸素（O_2）**　　$2H_2O_2 \longrightarrow 2H_2O + O_2$

発展ゼミ　化学の基礎知識と生体物質について

【化学の基礎知識】
◆高校の「生物」の内容を理解するためには、次に示すような化学の知識が必要となる。

1 元素　物質を構成する基本的な成分を元素といい、元素記号で表す。元素は、その元素に特有な**原子**という粒から成る。

これまでに100種類以上の元素が確認されているが、生物体を構成しているおもな元素は、酸素(O)・炭素(C)・水素(H)・窒素(N)の4つである。

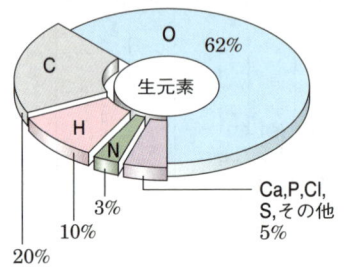

O 62%
C 20%
H 10%
N 3%
Ca,P,Cl,S,その他 5%
生元素

図35 細胞をつくっている元素の割合

2 質量数　元素の相対的な質量を示す数値で、右のように、元素記号の左上に示される。

質量数 12
C
6 ← 原子番号

例　H＝1, C＝12, N＝14, O＝16など。

3 同位体　同じ元素で質量数の異なるものを同位体という。同位体のなかには、^{12}Cの同位体である^{14}Cのように放射能をもつものがあり、これを**放射性同位体**という。

4 分子と分子量　その物質固有の化学的性質をもつ最小の粒子を**分子**という。分子を構成している原子の種類と数は、分子の種類によって決まっていて、分子式で表す。

1分子内の各原子の原子量の総和を**分子量**という。分子量が多い分子ほど大きく重い。

例　グルコース(ブドウ糖)の分子量
$C_6H_{12}O_6 = 12 \times 6 + 1 \times 12 + 16 \times 6 = 180$

5 質量パーセント濃度　溶質の質量が溶液全体の何％になるかを表したもので、次の式で求められる。

質量パーセント濃度〔％〕
$= \dfrac{\text{溶質の質量〔g〕}}{\text{溶液の質量〔g〕}} \times 100$

6 イオン　原子または原子の集団が、電子(e^-)を放出するか、電子を受け取るかして、電気的に中性でない状態になったものを**イオン**という。

①**陽イオン**…電子を放出し、＋の電気を帯びたもの。　例　水素イオンH^+
②**陰イオン**…電子を受け取り、－の電気を帯びたもの。　例　水酸化物イオンOH^-

7 pH(水素イオン指数)　水溶液の酸性やアルカリ性の強弱を表すのに用いられる。

pHは、ふつう0～14の範囲で示され、中性の水溶液をpH＝7とし、pHが7より小さくなるほど酸性が強くなり、逆に7より大きくなるほどアルカリ性が強くなる。

pH 0 ←(酸性)— pH 7 —(アルカリ性)→ pH 14

8 化学式　分子または化合物を表すために用いる式で、次のものがある。

①**分子式**…化合物を構成する元素の種類と数を表す式。

②**示性式**…分子中に含まれる「基」を明示した式。基とは、化学反応時に、分解せずに1つの分子から他の分子に移動することができる原子集団で、アミノ基($-NH_2$)、カルボキシル基($-COOH$；カルボキシ基ともいう)、水酸基($-OH$)などがある。

③**構造式**…分子を構成する各原子が、互いにどのように結合しているかを示した式。

例　エタノール(エチルアルコール)

分子式	示性式	構造式
C_2H_6O	C_2H_5OH	H H | | H-C-C-O-H | | H H

化学の基礎知識と生体物質について **37**

【生体物質の構造とはたらき】
◆生物の細胞をつくっている物質を**生体物質**といい、多くの生物の細胞の原形質（▷*p.21*）は、どれも似た組成をもっている。

物質名	質量%	平均分子量
水	85	18
タンパク質	10	36000
脂質	2	700
核酸 DNA	0.4	10^6
核酸 RNA	0.7	$4×10^4$
炭水化物	0.4	250
無機物	1.5	55

表2 原形質をつくっている物質の組成と平均分子量（ただし、原形質のみ）

これに貯蔵物質などを加えた生体物質の種類とその量的関係は、

> 水 ＞ タンパク質 ＞ 脂質 ＞ 核酸
> ＞ 炭水化物 ＞ 無機物

となる。

1 **水——生命活動を支える溶媒** 水は、細胞中に最も多く含まれており、次のような性質がある。

①いろいろな物質を溶かす。➡**細胞内の多くの物質は水に溶けており**、それらがたがいに反応して、**代謝（生命活動の1つ）が進められている**。代謝にはたらく**酵素**も水に溶けてはたらく。

②比熱が大きい（＝1）。➡水は比熱が大きいので、あたたまりにくく、さめにくい。そのため、**生物体内の温度の急変が防がれ、内部環境が安定する**。

2 **タンパク質——生物体をつくり、生命活動を支える物質**

①**タンパク質の種類** 生物体をつくるタンパク質の種類はひじょうに多いが、そのはたらきに注目すると、次の2種類に分けることができる。

構造タンパク質	細胞骨格やコラーゲンなど、細胞や組織の構造をつくるタンパク質。
機能タンパク質	細胞のいたるところに分布し、酵素・受容体・ホルモンなどとしてはたらくタンパク質。

②**タンパク質の構造** タンパク質を構成する単位は**アミノ酸**である。タンパク質をつくるアミノ酸の種類は20種類で、ふつうアミノ基（－NH_2）とカルボキシル基（－COOH）をもっており、下の一般式で表される。

アミノ酸の一般式

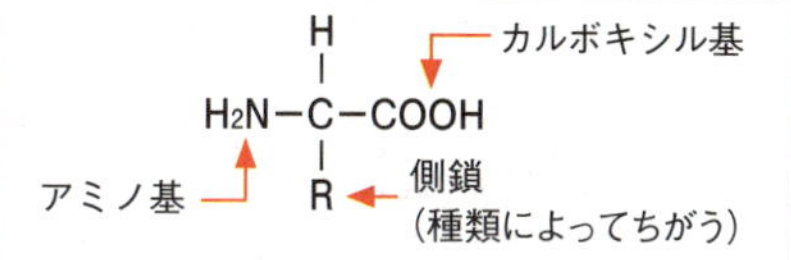

$$H_2N-\underset{R}{\overset{H}{C}}-COOH$$

アミノ基／カルボキシル基／側鎖（種類によってちがう）

タンパク質は、数個〜数千個のアミノ酸が鎖状に結合してできている（**ポリペプチド**）が、となりあう2個のアミノ酸は、**ペプチド結合**によってつながっている（一方のアミノ酸のカルボキシル基と他方のアミノ酸のアミノ基から水がとれて結合する）。

図36 アミノ酸の結合のしかた

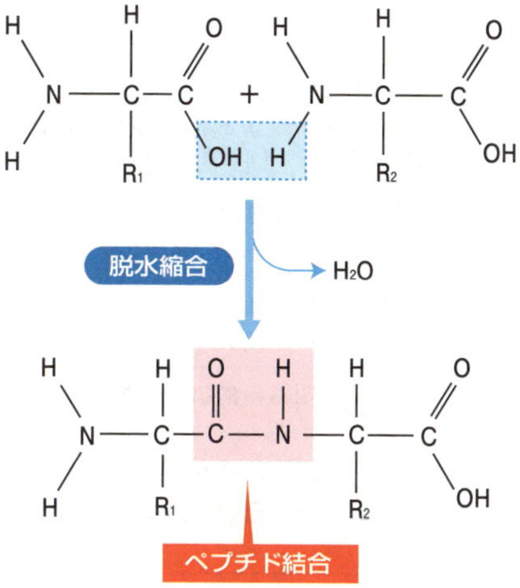

脱水縮合 → H_2O

ペプチド結合

タンパク質全体としては，ペプチド結合によってつながった長い鎖が複雑におりたたまれた立体構造をとる。

タンパク質をつくるアミノ酸の種類は20種類であるが，**結合するアミノ酸の種類・数・配列順序（アミノ酸配列）が異なると，できるタンパク質の種類が異なる**ので，理論上無限に近い種類のタンパク質ができ，それが生物の構造と機能の多様性を支えている。

③ **タンパク質の性質** タンパク質には，次のような性質がある。

a．熱に弱く，高温では立体構造が変化して性質が変わる。これを**熱変性**という。
b．極端な酸性やアルカリ性では変性する。
c．アルコールやアセトンで変性して，沈殿する。

③ 核酸——遺伝情報の担い手

① **核酸の種類** 核酸には，**DNA（デオキシリボ核酸）**と**RNA（リボ核酸）**の2種類がある。DNAは，おもに核の中の染色体にあり，**遺伝子の本体**としてはたらき，RNAは核小体や細胞質にあり，DNAの遺伝情報をもとにして，タンパク質を合成するのに関与したりしている。

② **核酸の構造** 核酸の構成単位は**ヌクレオチド（リン酸＋糖＋塩基）**で，図37のような構造をしており，塩基（窒素を含む有機物）のちがいによって，DNAとRNAにはそれぞれ4種類ずつのヌクレオチドがある。これら4種類のヌクレオチドが糖とリン酸の間で多数結合したものが核酸である（▷図38）。

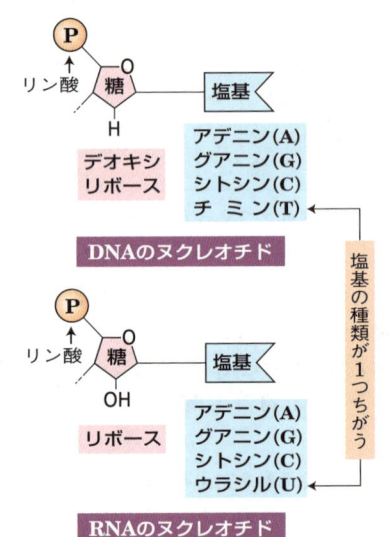

図37 ヌクレオチドの構造

DNAのヌクレオチド：リン酸＋デオキシリボース＋塩基（アデニン(A)，グアニン(G)，シトシン(C)，チミン(T)）

RNAのヌクレオチド：リン酸＋リボース＋塩基（アデニン(A)，グアニン(G)，シトシン(C)，ウラシル(U)）

塩基の種類が1つちがう

表3 核酸（DNAとRNA）の比較

	DNA	RNA
分子量	600万～10億	数万～200万
ポリヌクレオチド鎖の数	ふつう2本（二重らせん構造） ＊ウイルスには1本鎖のものがある。	ふつう1本 ＊ウイルスには2本鎖構造をもつものがある。
糖の種類	デオキシリボース（dR；$C_5H_{10}O_4$）	リボース（R；$C_5H_{10}O_5$）
塩基の種類	A・G・C・T（AとT，GとCは等量）	A・G・C・U（量的な規則性はない）
存在場所（分布）	核（染色体）・ミトコンドリア・葉緑体・多くのウイルスなど。	核（核小体）・リボソーム・ミトコンドリア・葉緑体・レトロウイルスなど。
含まれる量	組織の種類にかかわらず，どの細胞も一定。	タンパク質合成のさかんな組織に多い。
はたらき	●遺伝形質を記録した**遺伝子**となる。 ●自己複製により，同じDNAをつくる。	●遺伝情報を運ぶ（mRNA） ●アミノ酸を運ぶ（tRNA） ●リボソームを構成（rRNA）

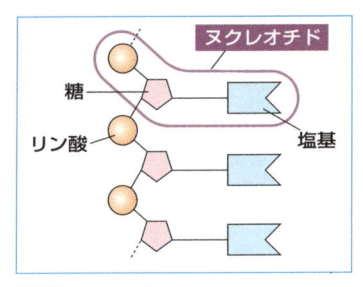

図38 核酸の構造

ヌクレオチドの種類は4種類だが，その配列順序(塩基配列)や数のちがいによって，理論上無限に近い種類の分子ができる。このことが，生物の複雑な遺伝現象を支えている。

4 炭水化物──生命活動のエネルギー源
① 炭水化物の種類　炭水化物の構成単位は単糖類で，それが2個結合した二糖類や，多数結合した多糖類がある。

単糖類 $C_6H_{12}O_6$	グルコース(ブドウ糖)	フルクトース(果糖)
二糖類 $C_{12}H_{22}O_{11}$	マルトース(麦芽糖)	スクロース(ショ糖)
多糖類 $(C_6H_{10}O_5)_n$	デンプン	イヌリン

図39 炭水化物の構造(模式図)

② 炭水化物のはたらき　炭水化物は，生命活動のエネルギー源としてだけではなく，タンパク質と結合して糖タンパク質となって細胞膜に存在し，血液型を決めたり，細胞どうしの接着にはたらいたりしている。

多糖類 ┌ セルロース…植物の細胞壁の主成分
　　　 ├ デンプン…植物細胞の貯蔵物
　　　 └ グリコーゲン…動物細胞の貯蔵物

5 脂質──生体膜の主成分とエネルギー
脂質の構成単位は脂肪酸とグリセリンで，それらをどのようにもつかで脂肪とリン脂質に分けられる。
① 脂肪　グリセリンに3分子の脂肪酸が結合したもの(脂肪酸が1分子だけ結合したものがモノグリセリド)。エネルギー源となる。
② リン脂質　グリセリンに脂肪酸と，リン酸を介してコリンなどの塩基が結合したもの。細胞膜などの生体膜の主成分。

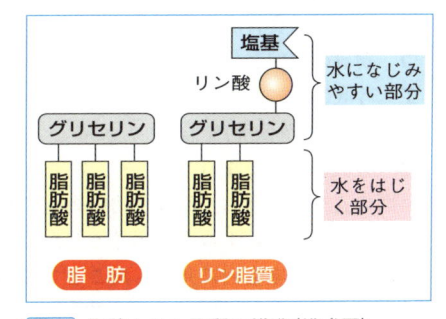

図40 脂肪とリン脂質の構造(模式図)

6 無機物──生命活動の潤滑油　細胞内に含まれる量は少ないが，K，Ca，Mg，Fe，S，Cl，Pなどが塩類として水に溶け，イオンとして存在している。Feはカタラーゼや赤血球中のヘモグロビンなどに含まれており，Mgは植物のクロロフィルに含まれている。また，酵素のなかには，無機イオンを必要とするものがある。

7 エネルギーの通貨ATP　生物体内では，有機物を分解して生じたエネルギーをいろいろな生命活動に使うが，このエネルギーはそのままでは使いにくい。そこで，このエネルギーをいったんATP(アデノシン三リン酸)という化合物中に蓄えてから使う(▷p.23, 24)。
　ATPはアデノシンにリン酸が3個結合したリン酸化合物で，ATPからリン酸が1個離れてADP(アデノシン二リン酸)になるときにエネルギーを放出する。

章末練習問題　解答▷p.193

① 〈細胞の構造とはたらき〉 テスト必出

右の図は，植物細胞の構造の模式図でその一部を拡大したのが下の図である。これについて，次の問いに答えよ。

(1) 図のA〜Eの名称を入れよ。
(2) 図のA〜Eのはたらきは何か。適当なものを次の語群から1つずつ選び，記号で答えよ。
　ア　光合成によって有機物を生成
　イ　タンパク質合成
　ウ　物質の濃縮と分泌
　エ　呼吸によってエネルギーを取り出してATPを合成
　オ　染色体(遺伝子)を含む
　カ　分裂の両極になる
(3) 図のA〜Eのうち，原核生物の細胞にも存在している構造はどれか。1つ選び記号で答えよ。
(4) 原核生物が細胞内に共生したことで真核細胞ができたという説を何というか。

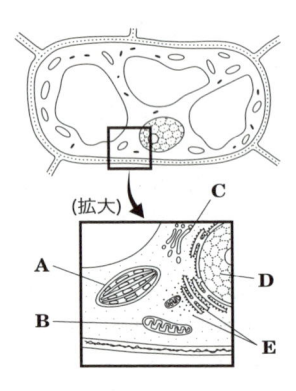

② 〈酵素とその性質〉

酵素に関する次の文と図について，各問いに答えよ。

カタラーゼは過酸化水素を水と酸素に分解する反応を触媒する酵素である。①過酸化水素の水溶液にごく少量のカタラーゼを添加して30℃で加温し，反応開始から過酸化水素と酸素の変化を調べたところ，過酸化水素は右図のように約20分で完全に分解された。しかし，②同じ体積と濃度の過酸化水素の水溶液に50℃で30分間加温したカタラーゼを添加したところ，過酸化水素はまったく分解されなかった。

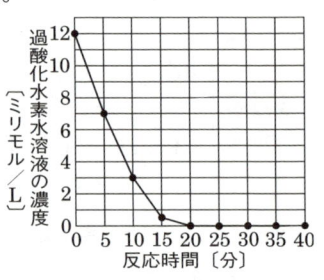

(1) 下線部①の反応で，酵素量を2分の1にした場合，反応開始1分後の過酸化水素水溶液の濃度を求めよ。
(2) 下線部②に述べたように過酸化水素が分解されなかった理由は，加温でカタラーゼの本体であるタンパク質が(ア)(　　)し，酵素が(イ)(　　)したためと考えられる。(ア)(イ)に適当な用語を記せ。
(3) ヒトの消化酵素について，だ液に含まれる酵素をX，胃の中で作用するタンパク質分解酵素をY，すい液に含まれるタンパク質分解酵素をZとした場合，それぞれの名称を答えよ。

2章 遺伝子とそのはたらき

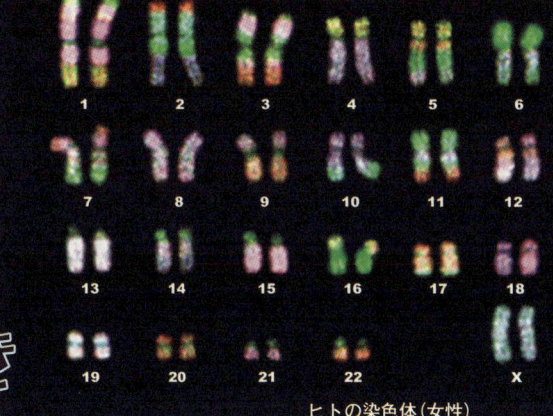

ヒトの染色体（女性）

1節 遺伝子の本体DNA

1 遺伝子の本体DNA

1 核酸の発見

核酸をはじめて発見したのは，スイスの生化学者ミーシャー（1844～1895）である。彼は，1869年，病院で得られるヒトの膿（白血球の死骸）を材料として，核と細胞質に含まれるタンパク質について研究しているとき，核にリン酸を多量に含み，タンパク質とは明らかに異なる物質があることを発見した。彼はこの物質をヌクレインと名づけて1871年に発表した。これがDNAの発見である。また，この物質は酵母，腎臓，肝臓，精子にも存在することを見つけた。その後，このヌクレインの主成分であるDNAが遺伝子の本体だということがさまざまな実験によって明らかにされていった。

2 DNAの特徴

すべての生物においてDNAは以下のような特徴をもつ。

① 体細胞に含まれる細胞1個あたりのDNA量は，生物の種が同じならば，どの組織・器官でもほぼ一定で，生殖細胞ではその半分である。
② DNAの大部分は核内の染色体に含まれている。
③ 安定な物質で環境変化の影響を受けにくい。

細胞の種類	含量（$\times 10^{-12}$g）
赤血球	2.58
肝臓	2.65
心臓	2.54
すい臓	2.70
精子	1.26

表4 ニワトリの各種細胞の1核あたりのDNA量

ポイント 核酸の一種である**DNA**が遺伝子の本体。

2 DNAと遺伝情報

1 DNAの構造 重要

❶ **ヌクレオチド** DNAの基本構成単位は，p.38でも説明したように，塩基・糖(デオキシリボース)・リン酸が結合した**ヌクレオチド**である。DNAの塩基には，アデニン(A)，チミン(T)，グアニン(G)，シトシン(C)の4種類がある。

❷ **二重らせん構造** DNAは，ヌクレオチドが鎖状につながった2本のヌクレオチド鎖が，さらに塩基どうしで結合した**二重らせん構造**をしている(▷図41)。このモデルは，1953年，アメリカの**ワトソン**とイギリスの**クリック**によって示された。

❸ **塩基の相補性** いろいろな生物のDNAについて化学的に分析してみると，どの生物のDNAからも4種類の塩基が得られ，しかも，**AとTの量が等しく，GとCの量が等しい**[*1]。これは，AとT，GとCがそれぞれ，DNAの二重らせん構造内で対をつくっているためである。

❹ **塩基の相補的対合** 塩基どうしは**水素結合**[*2]という結合で結びついている。塩基間での水素結合のしかたは，AとT，GとCでそれぞれちがうため，2本鎖の一方の塩基配列が決まれば，相手のヌクレオチド鎖の塩基も必然的に決まる。このような結合を**相補的対合**とよぶ。

AとT，GとCが対になって結合している。

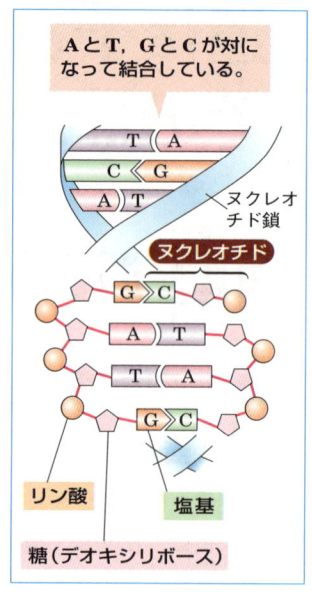

図41 DNAの構造(模式図)

生物名	A	T	C	G
ヒト(肝臓)	30.3	30.3	19.9	19.5
ウシ(肝臓)	28.8	29.0	21.1	21.0
ニワトリ(赤血球)	28.8	29.2	21.5	20.5
サケ(精子)	29.7	29.1	20.4	20.8

表5 DNAの塩基組成〔モル%〕

> **ポイント** [DNAの塩基の相補的対合]
> **AとT，GとC**がそれぞれ対をつくって結合。

★1 DNAの構造について繊維状タンパク質などに見られるような三重らせんであるとする説もあったが，1949年アメリカのシャルガフらによって発見されたこの事実は，DNA分子が二重らせん構造であることを裏付けるひとつの証拠となった

★2 **水素結合**…分子間や分子の内部において，電気的に弱い陽性(＋)の電荷をもった水素原子が，近くの陰性(－)の電荷をもった部分との間でひきあう静電気的な結合をいう。DNAの二重らせんは，この水素結合があることで非常に安定したつくりになっている。

2 DNAの塩基配列と遺伝子

❶ DNAの遺伝情報 DNAの遺伝子としてのはたらきは**4種類の塩基A・T・C・Gの配列順序で決まる**。塩基の**配列順序がちがうと遺伝情報が異なる**。1つの遺伝子は，多くの場合，数百個以上の塩基配列から成る。

❷ 2本鎖と遺伝情報 通常，DNA分子を構成する2本鎖のうち，**一方の鎖(コード鎖)の塩基配列が遺伝子の情報として機能する**。もう一方の鎖（鋳型鎖）は，これがあることでDNA分子が二重らせんの安定した構造に保たれ，また，細胞分裂の前にDNAが複製される(▶p.56)際に，塩基配列を正確にコピーする上で重要なはたらきをもっている。

> **小休止　ヒトの細胞のDNA**
>
> ヒトのからだは成人で約60兆個の細胞から成るといわれているが，**すべての細胞がDNAの遺伝情報を利用して生きている**。ヒトの細胞核1個に含まれるDNAは約64億塩基対から成り，DNAの長さは10塩基対（らせんの1回転分）で3.4nmになることから，**ヒトの細胞核1個に含まれるDNAを1本につないでのばすと2m以上になる**。わずか直径10μm程度の細胞の中にヒトの身長を超える長さのDNAが入っているのである。
>
> ＊1nm(ナノメートル)は10^{-9}m (10億分の1m)。

3 DNAと遺伝子とゲノム

1 ゲノムとは 　重要

❶ ゲノムとは ある生物種で，その生物の生存に必要な1組の遺伝情報（DNAの塩基配列）を**ゲノム**[1]という。ゲノムに含まれる塩基対の数は**ゲノムサイズ**とよばれ，生物の種類によって大きく異なる。

❷ 染色体とゲノム 真核生物の細胞ではDNAの大部分は核の中の染色体にある。染色体は細胞分裂のときに太く凝縮して，光学顕微鏡で見ることができる。染色体の数はヒトの場合46本あるが，大きさと形がまったく同じ染色体（**相同染色体**）が2本ずつ存在する。この相同染色体の片方ずつ，すなわちヒトの場合23本の染色体1セット分のDNAの塩基配列がゲノムである。

　原核細胞では遺伝子DNA（これも染色体とよばれる）が1本で，この塩基配列が1ゲノムとなる。

表6 おもな生物のゲノムサイズ

生物	塩基対数
大腸菌	4.6×10^6
イネ	4.3×10^8
メダカ	8×10^8
イヌ	2.8×10^9
ヒト	3.2×10^9
ウシガエル	9.0×10^9
マツ	2.5×10^{10}

（視点）大腸菌など原核細胞のゲノムは細胞のDNA全体。

★1 ゲノム(genome)は遺伝子(gene)と染色体(chromosome)からつくられた造語である。接尾語(ome)には「全体」という意味もある。

❸ **DNAと遺伝子とゲノム**　ヒトの体細胞には約64億塩基対のDNAがあるが、これはゲノム2セット分に相当するので、ヒトのゲノムサイズは約32億塩基対となる。ヒトの遺伝子の数は約2万といわれており、1本の染色体DNAには多くの遺伝子が含まれている。また、真核生物では染色体DNAの塩基配列のなかで遺伝子の領域はほんの一部で大半は遺伝子ではない塩基配列で占められているが、**ゲノムは遺伝子と遺伝子ではない塩基配列を含めたDNA全体を指す**。

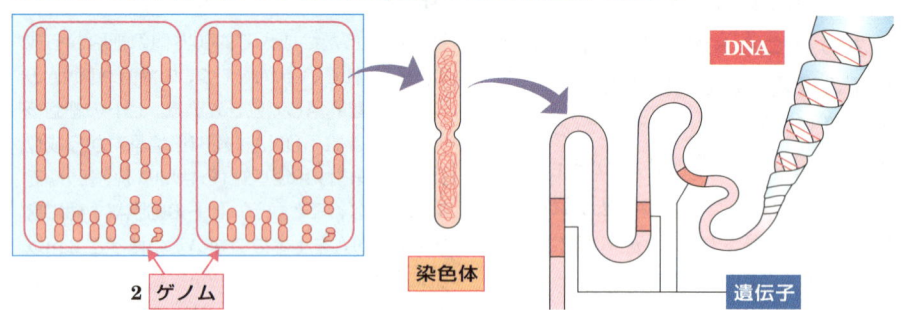

図42 真核生物の遺伝子・染色体・DNA・ゲノムの関係

> **ポイント**
> **ゲノム**…生物の生存に必要な1組の遺伝情報（DNAの塩基配列）
> ●真核細胞の体細胞の核がもつDNAは2セットのゲノム
> ●遺伝子ではない領域も含めたDNA全体がゲノム

2 ゲノム解読

❶ **ヒトゲノム計画**　1つの生物種のDNAの塩基配列をすべて明らかにする試みを**ゲノム計画**（ゲノムプロジェクト）といい、1990年代から世界の研究機関でさかんに行われるようになった。実験で広く用いられている大腸菌のDNA全配列は1997年に決定され、1990年に始まっていた**ヒトゲノム計画**も、分析装置や技術の進歩とアメリカ、日本、イギリス、フランスなどの国際協力によって2003年4月には約99％の塩基配列が決定した。[★1]

❷ **ゲノムの塩基配列の解明によってわかること**　ヒトのほかにも1000種類近い生物で塩基配列が解明された。ゲノムの塩基配列の解明によって、動物と植物の間で遺伝子の数があまり変わらないこと、ヒトの遺伝子の数は大腸菌のわずか6倍程度でしかないこと、DNAには遺伝子以外の領域が多くあることなどがわかった。これらの知見は、次のようにさまざまな分野へ応用できると考えられる。

★1　この巨大な国際チームによるヒトゲノム計画は、独自に塩基配列を解読しその成果を特許登録しようとした民間企業との競争となり、予定より2年早く塩基配列がほぼすべて解読されることとなった。このなかで日本の研究グループは21番染色体の全解読を行ったほか、11番染色体や18番染色体でも重要な役割を果たした。

① **医学研究への応用**　DNAの情報をヒトのゲノム・データベースに蓄積していくことで，遺伝子の配列やはたらき，染色体上の位置など膨大な情報を共有できるようになってきた。これは，これからの医学の研究に大きく貢献すると思われる。
② **DNA型鑑定**　DNAには縦列反復配列と呼ばれる同じ塩基配列のくり返しがあり，このくり返し回数が個人によって異なることから犯罪捜査や親子などの血縁関係の調査に利用される。★1
③ **農業や畜産への応用**　DNA型鑑定は，農作物や食肉の偽装を見破る品種鑑定にも用いられている。このほかDNAの塩基配列から得られた遺伝子の情報により，寒さや乾燥，病気に強い作物や肉質のよい家畜の品種改良に応用されている。

❸ **ゲノムの情報によってこれから期待されること**　塩基配列解明の次の段階として，塩基配列の遺伝情報としての役割やしくみを明らかにする研究が進められている。ヒトについては **1塩基多型(SNP)** の研究が盛んである。

(補足)　ゲノムの中の1塩基対の変異を **SNP** という (single nucleotide polymorphism の略。スニップと読む)。SNPはヒトのゲノムの中に平均して1000塩基対に1つ，数百万個存在する。

① **遺伝性疾患の解明**　特定の疾患によって発現する遺伝子や，逆に発現が制御されたりする遺伝子が見つかれば，その遺伝子やその遺伝子からつくられる産物を標的にして，診断や治療の方法・予防法を見いだせるようになると期待される。
② **オーダーメイド医療**　患者DNAから遺伝病発症の可能性を診断できるほか，ある治療薬の有効性や副作用，適切な投与量などが事前にわかり，個人個人に最も適した医療を施すオーダーメイド医療が可能になると考えられている。
③ **生物の進化や系統の解明**　生物間でのDNA配列比較分析によって，進化の流れのなかで，いつ細胞小器官が出現したか，どの時点で胚発生から各種器官への発達，免疫系がいつ出現したか，などを分子レベルで関連付けできるようになる。また，統計的なSNPの比較による人類の進化，人種間の差異，人類の集団の歴史を通じた移動ルートなどの研究も進められている。

4 遺伝情報とタンパク質の合成

1 遺伝形質とタンパク質

❶ **タンパク質と遺伝形質**　酵素の主成分であるタンパク質は，体内のあらゆる化学反応をつかさどっている。また，物質の輸送や免疫など生命活動で重要な役割を果たし，体物質の構成成分として生物の形質(形態や機能)を支配している。ゲノムに含まれる遺伝子は，タンパク質を合成するための情報なのである。

★1　DNA型鑑定では，ヒトゲノムのくり返し配列の回数の特徴のみを比較する。同じ型の別人が現れる確率は現在4兆7000億人に1人程度といわれ，さらに年々精度が向上している。

図43 タンパク質のさまざまなはたらき

❷ **タンパク質のつくり**　このような重要なはたらきを担うタンパク質は非常に多様でヒトでは数万種類あるといわれているが，タンパク質の分子は，20種類のアミノ酸がペプチド結合によって多数鎖状に結合したものである。結合するアミノ酸の種類や数とその配列順序（アミノ酸配列）によってタンパク質の種類が決まる。

❸ **アミノ酸配列の決定と遺伝情報**　特定のタンパク質を合成するためには，そのアミノ酸配列が決められなければならない。このアミノ酸配列を決定する指令のことを**遺伝情報**といい，DNAの塩基配列がそれにあたる。DNAの遺伝情報は，**連続する3つの塩基が1つのアミノ酸を指定する**。これを**トリプレット**（3つ組暗号）という。

(補足)　4種類の塩基3つを1組とすると，$4^3 = 64$通りの組み合わせができるため，これで20種のアミノ酸と開始，終止の命令を示すことができる。

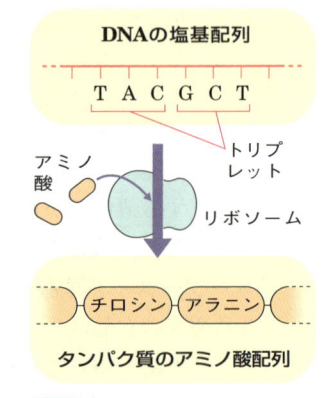

図44　DNAの遺伝情報とタンパク質

❹ **遺伝情報の核外への持ち出し**　タンパク質は，細胞質の**リボソーム**で合成される。ところが，そのとき核中のDNAは細胞質中に出ることはない。そこで，DNAがもつ遺伝情報（暗号）を細胞質へもち出したり，遺伝情報に指定されたアミノ酸をリボソームへと運搬したりする仲介役が必要となる。その役目を果たしているのが**RNA**である。

❺ **RNA**　核酸にはDNAとRNAとがある。RNAの構造も基本的にはDNAと同じで，塩基＋糖＋リン酸からなるヌクレオチドを構成単位とする（▷p.38）。ただし，次の2点でDNAのヌクレオチドとは異なる。
　RNAにはmRNA，tRNA，rRNAの3種類があり，それぞれ異なる役割をもつ。
① **RNAの塩基**　4種類のうちアデニン（A），グアニン（G），シトシン（C）は**DNA**と共通。DNAの**チミン（T）**のかわりに，**RNAはウラシル（U）**をもつ。
② **RNAの糖**　DNAのデオキシリボースのかわりにリボースをもつ。

2 遺伝情報の転写と翻訳

　DNAの遺伝情報によってアミノ酸の配列が指定され，次のように転写と翻訳とよばれる過程を経てタンパク質が合成される。遺伝子による形質発現は合成されたタンパク質をもとに起こる。

❶ 遺伝情報の転写　核の中で遺伝子が活性化している部分のDNA 2本鎖の一方(鋳型鎖)と相補性のある塩基をもつRNAの一種**mRNA(伝令RNA)**がつくられる。このことを遺伝情報の**転写**という。

```
DNA    A   T   G   C
       ↓   ↓   ↓   ↓
mRNA   U   A   C   G
```

❷ 遺伝情報の翻訳　mRNAは核膜孔を通って細胞質へと出て行き，リボソームとくっつく。そして，mRNAの3つ組暗号と相補性をもつ**tRNA(運搬RNA)**が対応するアミノ酸を運んでくる。mRNAに転写された遺伝情報にしたがってアミノ酸を配列させることを遺伝情報の**翻訳**という。アミノ酸はmRNAの情報にしたがって結合してポリペプチドとなり，タンパク質が合成される。

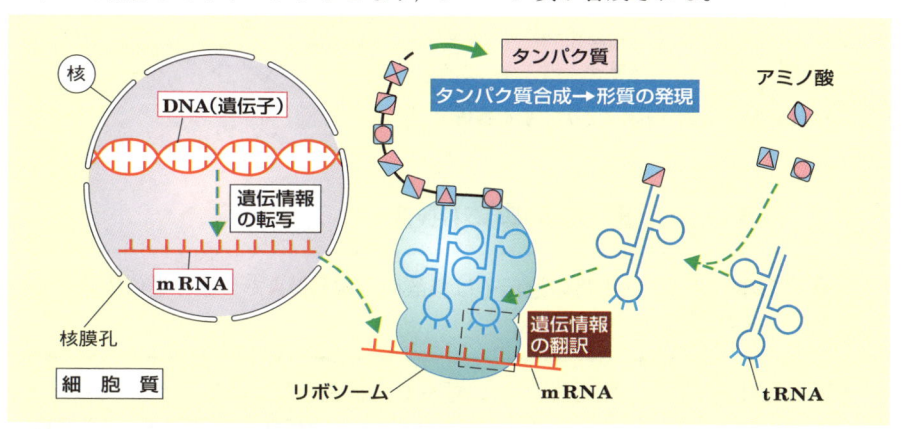

図45 DNA(遺伝子)による形質発現のようす

> **ポイント [遺伝情報の発現]**
> 　　　　　　転写　　　　翻訳
> **DNA(遺伝子) ⟶ mRNA ⟶ タンパク質**

❸ 選択的な遺伝子発現　細胞が生きていくのに必要な呼吸などに関する遺伝子はどの細胞にも共通して発現しているが，必要な時期に必要な場所で発現する遺伝子もある。これを**選択的遺伝子発現**といい，この違いによってからだの各部分の細胞がその役割に応じた形やはたらきをもつように**分化**することができる。

発展ゼミ　タンパク質のゆくえ

◆リボソームによってつくられたタンパク質は，**小胞体**といううすい袋状の細胞小器官へ送られる。そして小胞体から分かれた小胞に取り込まれたり，小胞の膜と結びついたりして，**ゴルジ体**に送られる，タンパク質はゴルジ体で糖鎖の付加など修飾されてからふたたび小胞（ゴルジ小胞）として放出され，細胞外へ分泌されるものは細胞膜まで運ばれる。

　タンパク質は大きい分子なので簡単には細胞膜を通過できない。そこで，小胞に包んで下図のように細胞外へ送り出すやり方が有効なのである。

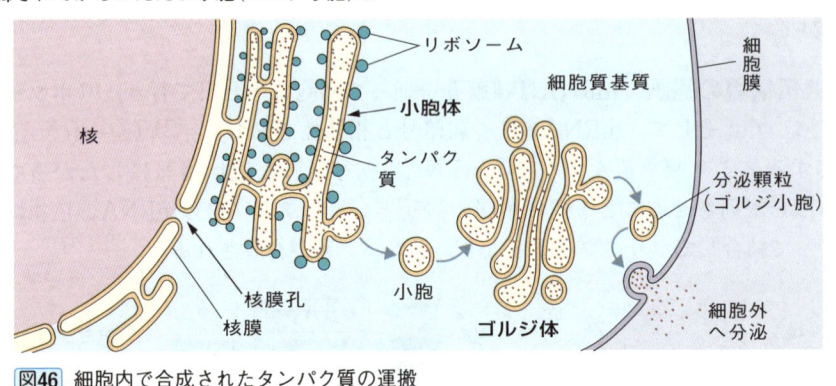

図46 細胞内で合成されたタンパク質の運搬

この節のまとめ　遺伝子の本体DNA

□遺伝子の本体DNA ▷p.41	●生物の遺伝子は核酸の一種**DNA**で，核の染色体に含まれている。
□DNAと遺伝情報 ▷p.42	●DNA分子は二重らせん構造をしている。 ●遺伝情報は**DNA**に含まれる4種類（A・T・G・C）の**塩基配列**として大部分が核内に保存されている。
□DNAと遺伝子とゲノム ▷p.43	●**ゲノム**は生物の生存に必要な1組の遺伝情報（遺伝子領域以外も含めた染色体DNA全体の塩基配列）で，真核生物の体細胞には2つのゲノムが含まれている。
□遺伝情報とタンパク質の合成 ▷p.45	●遺伝子の情報はDNAの塩基配列→mRNAの塩基配列→アミノ酸配列と読みかえられ，必要なタンパク質を合成することで発現する。

★1 糖鎖は，数種類の糖が結合して鎖状になったもので，なかには枝分かれ構造をもつものもある。

2節 細胞分裂と遺伝情報の分配

1 細胞内でのDNAのようす

1 DNAの存在様式

DNAの存在様式について，原核細胞と真核細胞には次のようなちがいが見られる。

	原 核 細 胞	真 核 細 胞
DNAと核膜	DNAは核膜に包まれないで存在。	DNAは核膜に包まれて存在。
DNAの量と形状	DNA量は少なく，**環状構造**で存在。	DNA量は多く，糸状構造。
ヒストン	ヒストンはない。	染色体の重要な成分。

表7　原核細胞と真核細胞でのDNAの存在様式のちがい

2 染色体とDNA

原核細胞のDNAはひとつながりで細胞質中にそのままの状態で存在しているが，真核細胞のDNAは**ヒストン**とよばれる球状のタンパク質にまきついてビーズ状のヌクレオソームができ，それがたくさん連なって糸状の染色体ができる。これは細胞分裂時には，コイル状に凝縮され，顕微鏡で見えるような太く短い染色体となる。

(補足)　ヒストンにまきついた状態では，DNAの複製(▷p.56)やタンパク質の合成(▷p.47)は行えない。これらのことを行うときは，凝縮した構造がゆるめられる(その部分はパフとよばれる)。

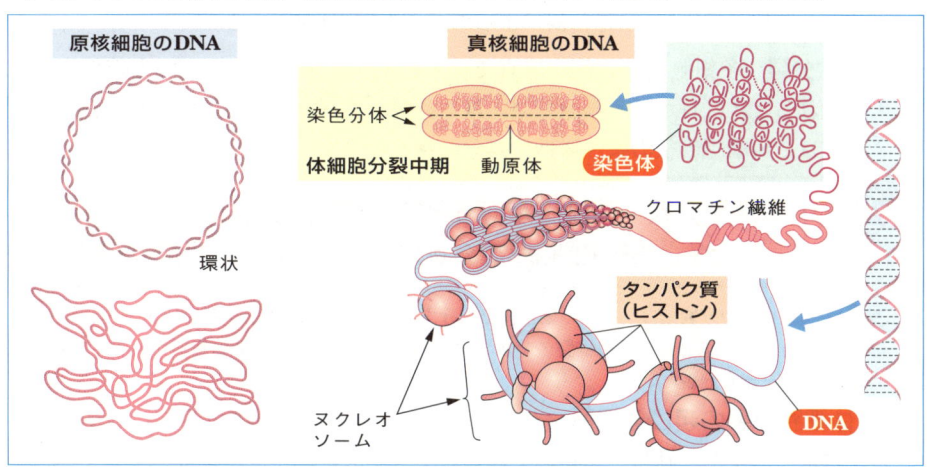

図47　原核細胞と真核細胞のDNA

★1　真核細胞のミトコンドリアと葉緑体は，核内のものとはちがう独自のDNAをもっている(共生説 ▷p.20)。これらのDNAは，一般に環状の2本鎖のDNAである。

2 体細胞分裂とその過程

1 遺伝情報の分配

❶ 遺伝子の継承 新個体または新しい細胞ができる際に，遺伝子DNAの量や遺伝情報は，次のように伝えられる。
① ゲノム全体が正確に親から子へ受け継がれる。（両親から1ゲノムずつ）
② 体細胞分裂の前後でその量は変化せず，常に一定である。
③ 減数分裂後の細胞ではその量は半減し，受精によってもとにもどる。

❷ 体細胞分裂と遺伝情報 細胞分裂後の細胞がきちんと生命活動を行うためには，分裂前の細胞と同じ遺伝情報をもたねばならない。細胞の生命活動に必要な遺伝情報は，染色体に含まれる遺伝子がもつ。そこで，体細胞分裂が行われる前に染色体中の遺伝子DNAは正確に複製されて2倍量となり，分裂期に等しく分配される。

2 細胞分裂 重要

❶ 細胞分裂の種類 細胞は分裂によって増えていく。細胞分裂のしかたにはいくつかの種類がある。
① **体細胞分裂** 生殖細胞以外の，生物体を構成している細胞（これを**体細胞**という）が行う細胞分裂で，単細胞生物がなかまをふやすときの分裂や，多細胞生物が成長するときの分裂がこれにあたる。体細胞分裂では，分裂の前後で1核中の染色体数は変わらず，1個の**母細胞**（細胞分裂をするもとの細胞）から遺伝的にまったく同じ2個の**娘細胞**（細胞分裂によってできた細胞）ができる。
② **減数分裂** 多細胞生物の生殖器官で卵・精子・花粉・胞子などの**生殖細胞**がつくられるときに行われる細胞分裂。減数分裂によってできた生殖細胞の核の染色体数は，母細胞の核の染色体数の半分になる。

> **ポイント**
> 体細胞分裂…体細胞が行う分裂。分裂前後で染色体数は不変。
> 減数分裂…生殖細胞をつくる分裂。分裂後の染色体数は半減。

(補足) 真核細胞の分裂では，多数の染色体を配分するために**紡錘糸**ができる（▷*p.52*）。これを**有糸分裂**という。これに対し，原核細胞の分裂では，紡錘糸ができず，核や細胞質が直接くびれて切れる。これを**無糸分裂**という。

❷ 体細胞分裂の起こる場所 体細胞分裂はからだのどこででも起こっているわけではなく，また，動物と植物とで起こる場所が次のように異なる。
① **植物** 茎や根の先端付近にある**分裂組織**や，根や茎の**形成層**などで起こる。
② **動物** 発生途中の胚や骨髄・上皮組織などで起こる。

重要実験　体細胞分裂の観察

操作

① タマネギの根の先端を5mmほど切り取り，45%酢酸溶液に入れて固定する。
② 固定した根端部を60℃の2%塩酸中に2～3分間入れて，細胞どうしをばらばらに分離させやすくする。
③ 材料をスライドガラスにとり，**酢酸カーミン液**または**酢酸オルセイン液**，または**酢酸バイオレット**で染色し，カバーガラスをかけて，ろ紙をあて親指で軽く押しつぶし，プレパラートをつくる。
④ 光学顕微鏡で，分裂像ができるだけ多く見られる部分を観察し，1視野中の各分裂期の細胞の数と間期の細胞の数を数え，それぞれの割合〔%〕を求める。

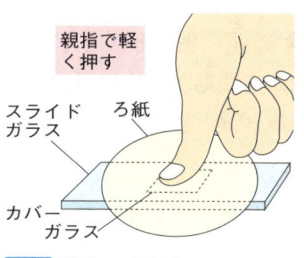

図48　押しつぶし法

結果

観察の結果，1視野中の各分裂期の細胞と間期の細胞の割合は，右のようであった。

前期	17.0%
中期	1.6%
後期	0.6%
終期	0.9%
間期	79.9%

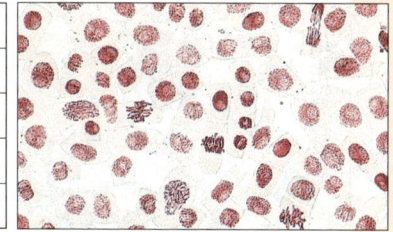

図49　タマネギの分裂像（約160倍）

考察

① 操作③の染色液で染まったのは，細胞のどの部分か。
　➡**核と染色体**。染色体は，色素で染色しないとはっきりと見えない。
② 操作③のように，押しつぶしてプレパラートをつくるのはなぜか。また，その組織はどうなるか。
　➡押しつぶすことで解離した細胞が1層になり，細胞1個1個のようすが観察しやすくなる。しかしその一方で，細胞がばらばらになって組織の構造が破壊されるため，組織の状態を観察することはできない。
③ 観察の結果から，どのようなことが言えるか。
　➡視野における細胞数の比率は，各時期の所要時間の比率を示していると考えられる。これより，間期に要する時間がひじょうに長く，分裂期に要する時間は短いことがわかる。また，分裂期の中でも，各期に要する時間は異なっており，前期では長く，他の3期では短いことがわかる。

2 細胞分裂とその過程 【重要】

❶ 体細胞分裂の順序 体細胞分裂は連続した不可逆な変化で、分裂に先立つ間期で準備(DNAの合成など)を行い、**核分裂**が起こり、**細胞質分裂**が続く(▷図50)。

❷ 間期 細胞分裂をくり返すとき、核分裂が終わって次の核分裂が始まるまでの時期を**間期**という[★1]。間期は細胞分裂の準備の時期で、**核内で染色体(DNA＋タンパク質)の複製が行われる**ほか、細胞内で分裂に必要な物質が合成される。

❸ 核分裂 核分裂の過程は、**前期・中期・後期・終期**の4つの時期に分けられる。核分裂は、言いかえれば染色体の分裂で、そのようすは以下のとおりである。

① **前期** 核の中にある糸状の染色体[★2]が、**太くて短いひも状の染色体**になる。染色体は間期に複製されており、前期にはそれぞれの染色体は縦裂した状態(平行する2本の**染色分体**)である。前期の終わりに、**核膜と核小体が見えなくなる**。

図50 体細胞分裂のようす(模式図)

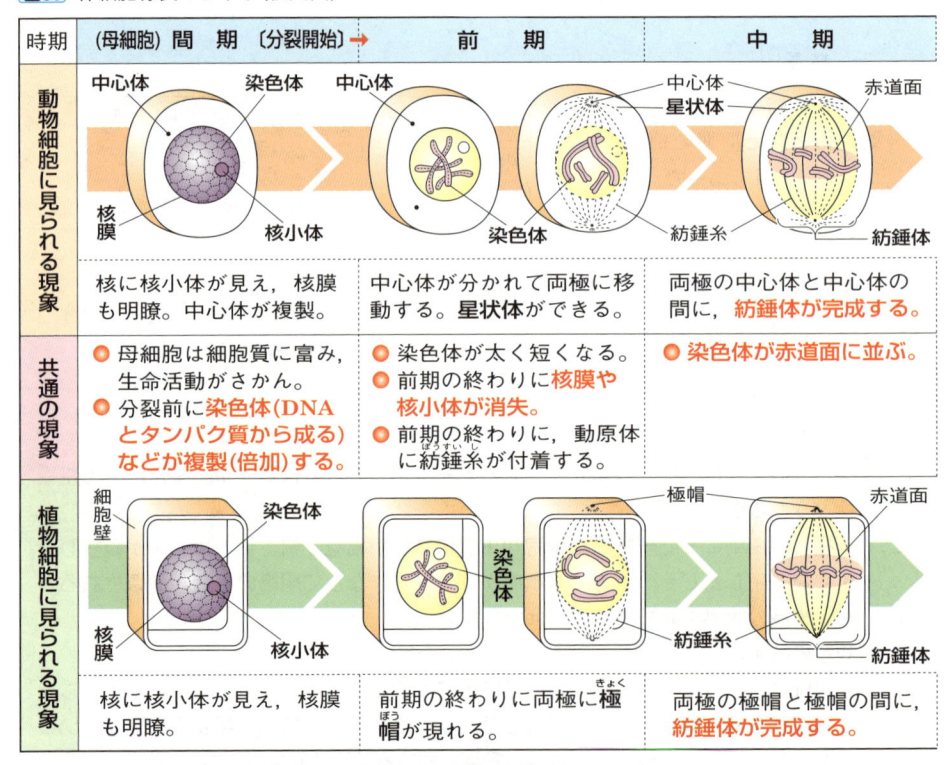

時期	(母細胞) 間 期 〔分裂開始〕→	前 期	中 期
動物細胞に見られる現象	中心体／染色体／核膜／核小体	中心体／染色体	中心体／星状体／赤道面／紡錘糸／紡錘体
	核に核小体が見え、核膜も明瞭。中心体が複製。	中心体が分かれて両極に移動する。**星状体**ができる。	両極の中心体と中心体の間に、**紡錘体が完成する**。
共通の現象	● 母細胞は細胞質に富み、生命活動がさかん。 ● 分裂前に**染色体(DNAとタンパク質から成る)などが複製(倍加)する**。	● 染色体が太く短くなる。 ● 前期の終わりに**核膜や核小体が消失**。 ● 前期の終わりに、動原体に紡錘糸が付着する。	● **染色体が赤道面に並ぶ**。
植物細胞に見られる現象	細胞壁／染色体／核膜／核小体	染色体	極帽／染色体／紡錘糸／赤道面／紡錘体
	核に核小体が見え、核膜も明瞭。	前期の終わりに両極に**極帽**が現れる。	両極の極帽と極帽の間に、**紡錘体が完成する**。

★1 核分裂をせず、通常の活動をしている細胞は、**間期の細胞**である。
★2 糸状の染色体のことを**染色糸**ともいう。細胞分裂時に現れる太いひも状の染色体は光学顕微鏡で見えるが、染色糸は光学顕微鏡では見えない。**動原体**は染色体のくびれた部分で、紡錘糸が付着する。

② **中期** 染色体が赤道面に並び，紡錘体(ほうすい)が完成する。
③ **後期** 染色分体が縦の割れ目から2つに分かれて娘(むすめ)染色体となり，紡錘糸に引かれて両極へ移動する。
④ **終期** 前期とは逆に，娘染色体はほどけるようにして細い糸状の染色体となる。終期の終わりに核膜と核小体が現れて，2つの新しい核(娘核)ができる。

❸ **細胞質分裂** 細胞質分裂は多くの場合終期の途中で始まるが，そのようすは動物細胞と植物細胞で次のように異なる。
① **動物細胞**…赤道面上の細胞表面の細胞膜にくびれが生じ，細胞質が2分する。
② **植物細胞**…紡錘体の中央に細胞板★1というしきりができて細胞質が2分する。

体細胞分裂	核 分 裂	細胞質分裂
動 物 細 胞	中心体が2分し，両極に移動	表面からくびれる
植 物 細 胞	中心体がなく，極帽ができる	細胞板により2分

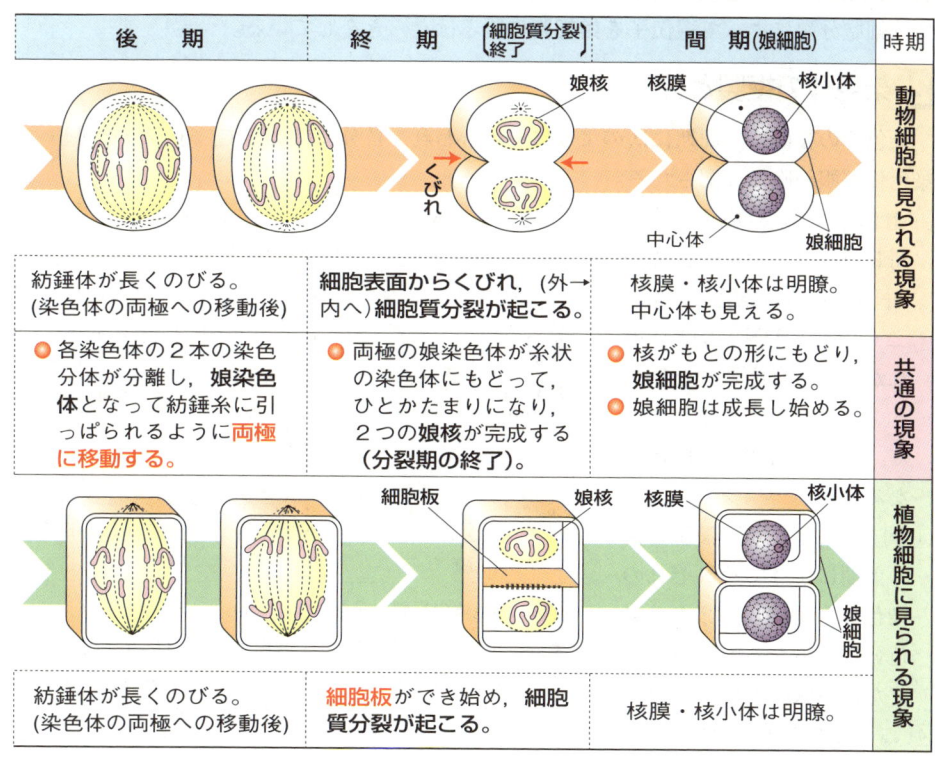

時期	後 期	終 期	細胞質分裂終了	間 期(娘細胞)	
動物細胞に見られる現象	紡錘体が長くのびる。(染色体の両極への移動後)	細胞表面からくびれ，(外→内へ)細胞質分裂が起こる。		核膜・核小体は明瞭。中心体も見える。	
共通の現象	●各染色体の2本の染色分体が分離し，**娘染色体**となって紡錘糸に引っぱられるように**両極に移動する**。	●両極の娘染色体が糸状の染色体にもどって，ひとかたまりになり，2つの娘核が完成する(**分裂期の終了**)。		●核がもとの形にもどり，**娘細胞が完成する**。●娘細胞は成長し始める。	
植物細胞に見られる現象	紡錘体が長くのびる。(染色体の両極への移動後)	**細胞板**ができ始め，**細胞質分裂が起こる**。		核膜・核小体は明瞭。	

★1 細胞板は，母細胞の細胞壁と融合し，細胞壁になる。

3 染色体

1 染色体の構造とはたらき

❶ **染色体** 染色体は細胞分裂のときにはっきり見られるつくりで，いろいろな染色液によく染まり観察されてきたことからその名がついている。

❷ **染色体の構造** 染色体の構造は*p.49*のようにDNAがヒストンにまきついて糸状の染色体ができ，さらにねじれてらせん状になり凝縮したものである。

表8 染色体を染めるおもな染色液

試薬名	色
酢酸カーミン	赤
酢酸オルセイン	赤
酢酸メチルバイオレット	青紫
酢酸ダーリア	青紫
メチレンブルー	青
メチルグリーン	緑青

(視点) メチレンブルーは液胞も染める。

❸ **動原体** 染色体には，紡錘糸がくっつくくびれた部分があり，そこを**動原体**という。動原体の位置は染色体の中央とは限らず，染色体によって異なる。

❹ **染色体のはたらき** 染色体には遺伝子であるDNAが含まれているので，染色体は細胞分裂によって**遺伝子を娘細胞に運ぶ**はたらきをしている。

2 染色体の複製と分配

染色体の複製は，間期に次のようにして行われ，核分裂によって，まったく同じ染色体が娘細胞に分配される。

① 遺伝子であるDNAは，間期にまったく同じ2倍のDNAとなる（**DNAの複製**）。
② この2倍のDNAのそれぞれが新しく合成されたヒストンタンパク質にまきついて，2本の糸状の染色体になる。
③ 間期の終わりから分裂期の前期にかけてそれぞれの染色体が凝縮し，2本の染色分体からなる太いひも状または棒状の染色体になる。
④ こうして複製された2本の染色分体が分かれて各娘細胞に分配される。したがって，2個の娘細胞はまったく同じ遺伝子を受け継ぐことになる。

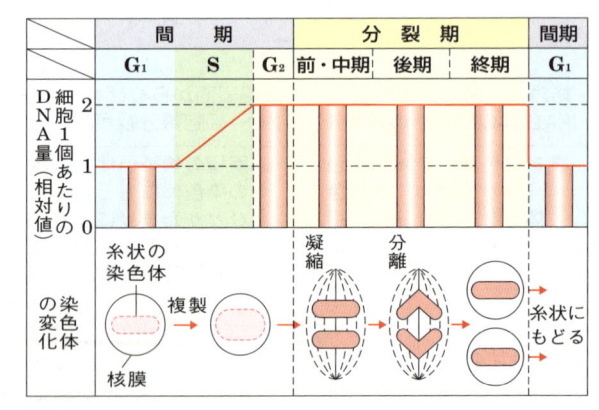

図51 染色体の複製と分配

(視点) 間期のG_1はDNA合成準備期，SはDNA合成期，G_2期は分裂準備期である。S期におけるDNAの合成は，各染色体のいろいろな部位でばらばらに起こる。

3 染色体の構成 重要

❶ 核型 体細胞の1つの核に含まれる染色体の数と形・大きさなどは、生物の種類によって決まっており、つねに一定である。これらの染色体の特徴を、**核型**という。

❷ 核型分析 核型を調べることを**核型分析**といい、核型分析を行うことによって、種間の類縁関係や種の分化・進化のようすなどを知ることができる。

（補足）核型が最もはっきり観察されるのは分裂中期に赤道面に並んだ染色体で、核型分析にはこの時期のものを使う。

❸ 相同染色体 体細胞の1つの核の中には、大きさと形がまったく同じ染色体が2本ずつ対になって入っている。この1対の染色体を**相同染色体**という。相同染色体の一方は父方から、他方は母方から受精によって受け継いだものである。

❹ 核相 1つの細胞の核中の染色体の組のようすを**核相**という。核相は、相同染色体の組の数をnとし、体細胞のように相同染色体が1対ずつある場合、これを**複相**といい、その染色体数を$2n$で表す。一方、生殖細胞のように相同染色体が1本ずつしかない場合は**単相**といい、その染色体数をnで表す。[★2]

植物	染色体数	動物	染色体数
ムラサキツユクサ	12	ハリガネムシ	4
エンドウ	14	キイロショウジョウバエ	8
タマネギ	16		
トウモロコシ	20	ネコ	38
イネ	24	ヒト	46
アサガオ	30	イヌ	78
スギナ	216	オホーツクホンヤドカリ	254

表9 体細胞の染色体数($2n$)

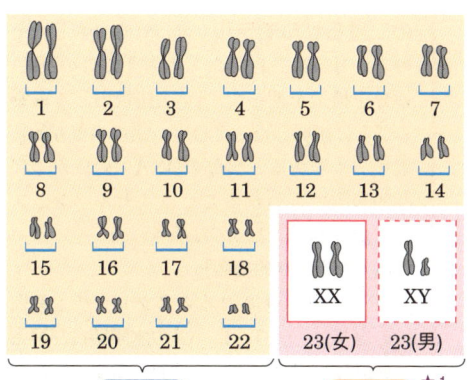

図52 ヒトの染色体の核型分析

（視点）ヒトの体細胞の染色体は23対の相同染色体から成り、$2n=46$本である。性染色体XとYは異なる形をしているが、相同染色体として行動する。

ポイント	相同染色体が1対ずつある ➡ $2n$（複相）➡ 体細胞
	相同染色体のペアがない ➡ n（単相）➡ 生殖細胞

★1 性によって形や数が異なる染色体を**性染色体**という。ヒトの場合、Yがあると男になる。男はX染色体とY染色体を1本ずつもち、女はX染色体を2本もつ。
★2 生殖細胞の染色体組(n)がもつDNAの塩基配列は1つのゲノムに相当する。

❺ **体細胞分裂と染色体数の変化**　細胞の染色体数およびDNA量は、間期の途中（S期という。▷p.54）で2倍になり、分裂後は半減してもとにもどる。したがって、細胞が何回分裂しても、分裂によって生じた細胞の核相およびDNA量は変化せずに、常に一定に保たれる。

発展ゼミ　DNAの複製のしかた

◆1953年、ワトソンとクリックは、**DNAの二重らせんモデル**（▷p.38）を発表したその1か月後に、自分たちの考えたこのDNAの分子構造を使って、DNA複製のしくみをみごとに説明した。それが、次の半保存的複製モデルである。実際のDNAの合成が半保存的複製で行われることはメセルソンとスタールの実験によって証明された。

[DNAの半保存的複製]

① DNAの相対する2本のヌクレオチド鎖間の塩基対（A–T, G–C）の水素結合が酵素（ヘリカーゼ）によって切れ、二重らせんが解けて2本の1本鎖DNA（鋳型鎖）ができる。

② 相手のいなくなった鋳型鎖の塩基には相補性が成り立つ塩基をもつヌクレオチドが、次々に水素結合をしていく。このとき、A–T, G–C以外の対はできない。なお、複製に使われる各ヌクレオチドはあらかじめ合成され、核内にある。

③ 鋳型鎖に水素結合したヌクレオチドどうしが、糖とリン酸で結合し新しいヌクレオチド鎖となる。このとき**DNAポリメラーゼ（DNA合成酵素）**がはたらく。

④ 新しいヌクレオチド鎖は自動的にもとの親分子のヌクレオチド鎖と二重らせんをつくる。

⑤ できた子分子DNAの二重らせんのうちの半分である1本の鎖はもともとあった親分子DNAのヌクレオチド鎖である。そこで、このような複製のしかたを**半保存的複製**という。

⑥ このような半保存的複製によって、塩基配列のまったく同じDNAが2分子になり、複製が完成する。

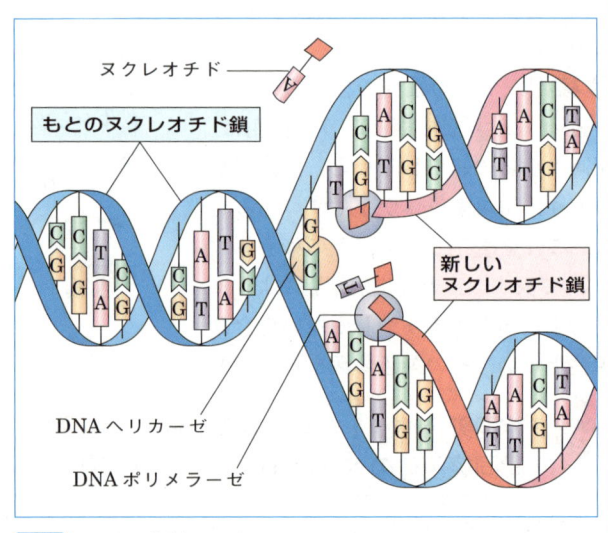

図53 DNAの複製のしくみ

4 細胞の分化

1 細胞周期と細胞分化

❶ 細胞周期 細胞分裂でできた細胞が次の分裂を経て新しい娘細胞になるまでの周期を**細胞周期**という。細胞周期をまわり，体細胞分裂をくり返している細胞には分化は見られず，これを**未分化の細胞**という。細胞分化は細胞周期をはずれるところから始まり，いったん分化した細胞は細胞分裂しないのがふつうである。

(補足) 細胞周期には大きく分けると**間期**と**分裂期**(M期)の2つに分けられる。間期はさらにp.54 図51のように**DNA合成準備期**(G_1期)，**DNA合成期**(S期)，**分裂準備期**(G_2期)の3つに分けられる。S期には**DNA**と**ヒストン**が合成される。その後，G_2期の終わりから分裂期の前期にかけて，次第に太い染色体が形成される。真核細胞の細胞周期に占める分裂期の時間は短い。

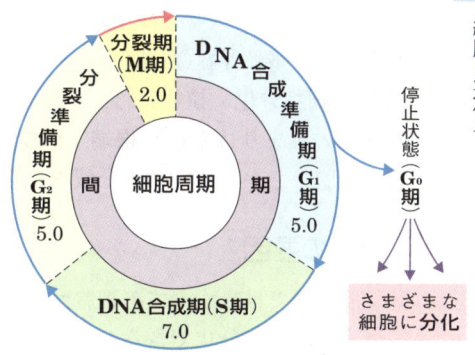

数字は，タマネギでの分裂に要する時間

図54 細胞周期と細胞分化

❷ 細胞の分化 同じ起源の細胞から構造とはたらきの異なる細胞ができ，それぞれの細胞が特異性をもつようになることを，**細胞の分化**(**細胞分化**)という。たとえば，カエルのからだには神経細胞(興奮の伝導を行う)，筋細胞(収縮を行う)，赤血球(酸素を運搬する)，……など，いろいろな形とはたらきをもった細胞が見られる。これらはすべて，**1個の受精卵**(**1個の細胞**)から出発して，発生が進むにつれて分化してきたものである。

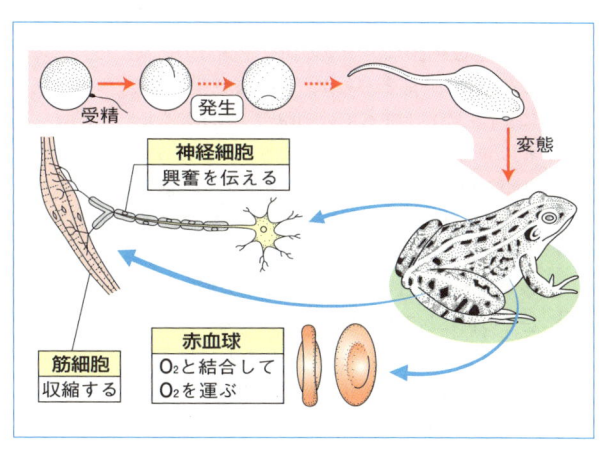

図55 カエルの発生と分化

> **ポイント** 細胞周期からはずれた細胞が，構造とはたらきの異なる細胞になることを**細胞の分化**という

❸ 動物と植物の分化のちがい

① **動物の細胞分化** 動物では，個体ができ上がるまでに，ほとんどすべての細胞が分化し終わる。しかし，体細胞分裂と分化する能力がある未分化な細胞(**幹細胞**)が少数あり，それが増殖し，分化する。また，老化した細胞が組織から脱落していく。 例 骨髄(血球がつくられる)・上皮(上皮細胞がつくられる)

② **植物の細胞分化** 植物には，つねに未分化な細胞の集まりが存在する。未分化な細胞の集まりは**茎頂や根端，形成層**にあり，これを**分裂組織**とよぶ。分裂組織の細胞はさかんに体細胞分裂をくり返し，植物を成長させる(▷*p.63*)。

2 分化の要因

体細胞分裂では，すべての細胞が同じ遺伝子を受け継いでいるのに，なぜ異なるさまざまな細胞に分化できるのか。これには，次の2つの要因が考えられる。

① **細胞内要因** 発生の時期に応じて特定の遺伝子がそのはたらきを現し，特定のタンパク質が合成されて各細胞に特有な性質をもたらす。

② **細胞外要因** 胚発生の過程などにおいて，細胞どうしが互いに影響しあったり，ホルモンや成長因子などの影響を受けたり，同種の細胞どうしが接着したりして，特定の遺伝子を発現させたり，細胞の並び方などを決めたりする。

発展ゼミ 分化のしくみの研究材料－細胞性粘菌

◆**細胞性粘菌**は，一生の間に単細胞の時期と多細胞の時期とがあり，単細胞から多細胞に移行したあとすべての細胞が「胞子になるもの」と「子実体とよばれるもの」のたった2つの型にだけに分化する。そのため，細胞性粘菌は細胞の分化を研究するためのモデルとしてよく用いられる。

◆細胞性粘菌である**タマホコリカビ**の一生をその例にとると，次のようになる。

① 胞子が湿った土や枯葉などの上に落ちると中からアメーバ状の細胞が出る。

② アメーバ状の細胞は細菌を食べながら分裂・増殖し，**単細胞**で生活する。

③ 細菌を食べつくし環境がきびしくなると，細胞が1か所に集合し，ナメクジ状の**多細胞体**(偽変形体)となって動きまわる。

④ 適当な場所に行くと，移動がとまり，**子実体**を形成し柄と胞子をつくる。

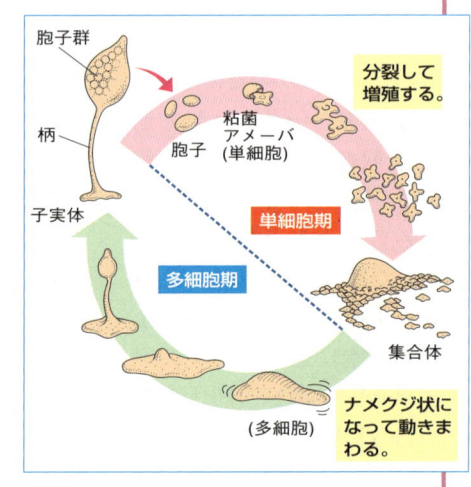

図56 タマホコリカビの一生

5 生物のからだのつくり

1 単細胞生物

❶ **単細胞生物のからだ** **単細胞生物**は，からだが１つの細胞でできている生物で，原核生物（▷p.15）のほとんどは単細胞である。

　真核細胞の単細胞生物には原生動物やミドリムシなどがあるが，これらの細胞内の構造は複雑で，**細胞小器官**（▷p.19）が多細胞生物の器官に相当する特殊なはたらきをするように分化している。

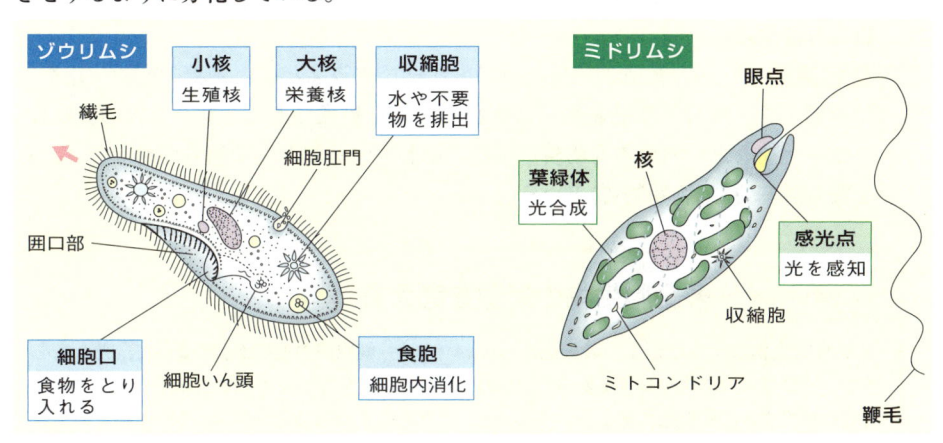

図57 ゾウリムシ（左）とミドリムシ（ユーグレナ：右）の細胞小器官とそのはたらき

（補足）ゾウリムシは体表の**繊毛**で，ミドリムシは**鞭毛**を使って水中で移動する。このほか同じく単細胞生物であるアメーバは，細胞の形を変えて仮足を伸ばしながら，細胞質が仮足の伸びる方向に流れるように動く**アメーバ運動**で移動する。

2 多細胞生物の個体のつくり

❶ **多細胞生物のからだと細胞** 多細胞生物は，単なる同じ細胞の集合体ではなく形やはたらきの異なる分化した細胞が集まった生命共同体である。多細胞生物に見られる形やはたらきの異なるいろいろな細胞はからだの中でばらばらに存在しているのではなく，集まって組織や器官を形成している。

❷ **組織と器官** 細胞が集まって特定の形をつくり，特定のはたらきをもつようになったものを**組織**という。また，いくつかの異なる組織が集まって特定の形をつくり，一定のはたらきをするようになったまとまりを**器官**という。

> **ポイント** ［多細胞生物のからだをつくる階層構造］
> **細胞** が集まって → **組織** → **器官** → **個体** ができる

3 動物の組織と器官

❶ 動物の組織 動物の組織はそれを構成する細胞の形やはたらき，配列のしかたなどにもとづいて，次の4種類に分けられる。

① **上皮組織** 動物のからだの外表面や体内の管の内表面をおおう組織。腺もつくる。機能上，保護上皮・吸収上皮・感覚上皮・腺上皮に分類される。

② **筋組織** からだや内臓のいろいろな器官の運動を行う組織。平滑筋(内臓筋)と横紋筋(骨格筋および心筋)がある。

③ **神経組織** 刺激を受容し，興奮を伝達・処理する組織。また，神経ホルモン物質も分泌する。

④ **結合組織** 組織と組織の間を結合し，からだを支えたり，栄養を補給したりする組織。骨・軟骨・脂肪組織・血液なども結合組織である。結合組織の細胞は，コラーゲンなどいろいろな物質を細胞のまわりに分泌して蓄積しており，これらを細胞外基質(細胞間物質)という。

発展ゼミ　多細胞生物の起源を考える

◆ 単細胞生物はからだが1つの細胞からできていて細胞内の細胞小器官が多細胞生物の器官に相当する特殊な働きをするように分化している。また，多細胞生物は細胞が集まった組織，組織が集まった器官，器官が集まった個体というように，階層性をもち高度に制御されたシステムをつくり上げている。

◆ 単細胞生物から，どのようにして多細胞生物ができてきたのか。そのヒントとなるような，単細胞生物と多細胞生物の中間的な特徴をもつ生物がいる。その例が緑藻類のボルボックス・パンドリナなどである。パンドリナもボルボックスもクラミドモナスのような細胞が集まって生活しているもので，これを細胞群体という。ボルボックスでは，細胞間の連絡が強くなって，光合成を行って養分をつくる細胞と精子や卵をつくるための生殖細胞とが見られる。組織といえるまでは特定の形になってはいないが，細胞の集合体の中で分業をしている。単細胞生物から多細胞生物への進化は，細胞群体のような形を経てきたのではないかと考えられる。

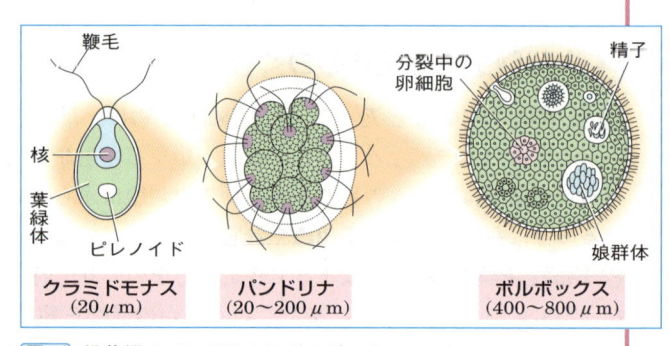

図58 緑藻類のパンドリナとボルボックス

(視点) パンドリナもボルボックスもクラミドモナスのような細胞が集まってできている。

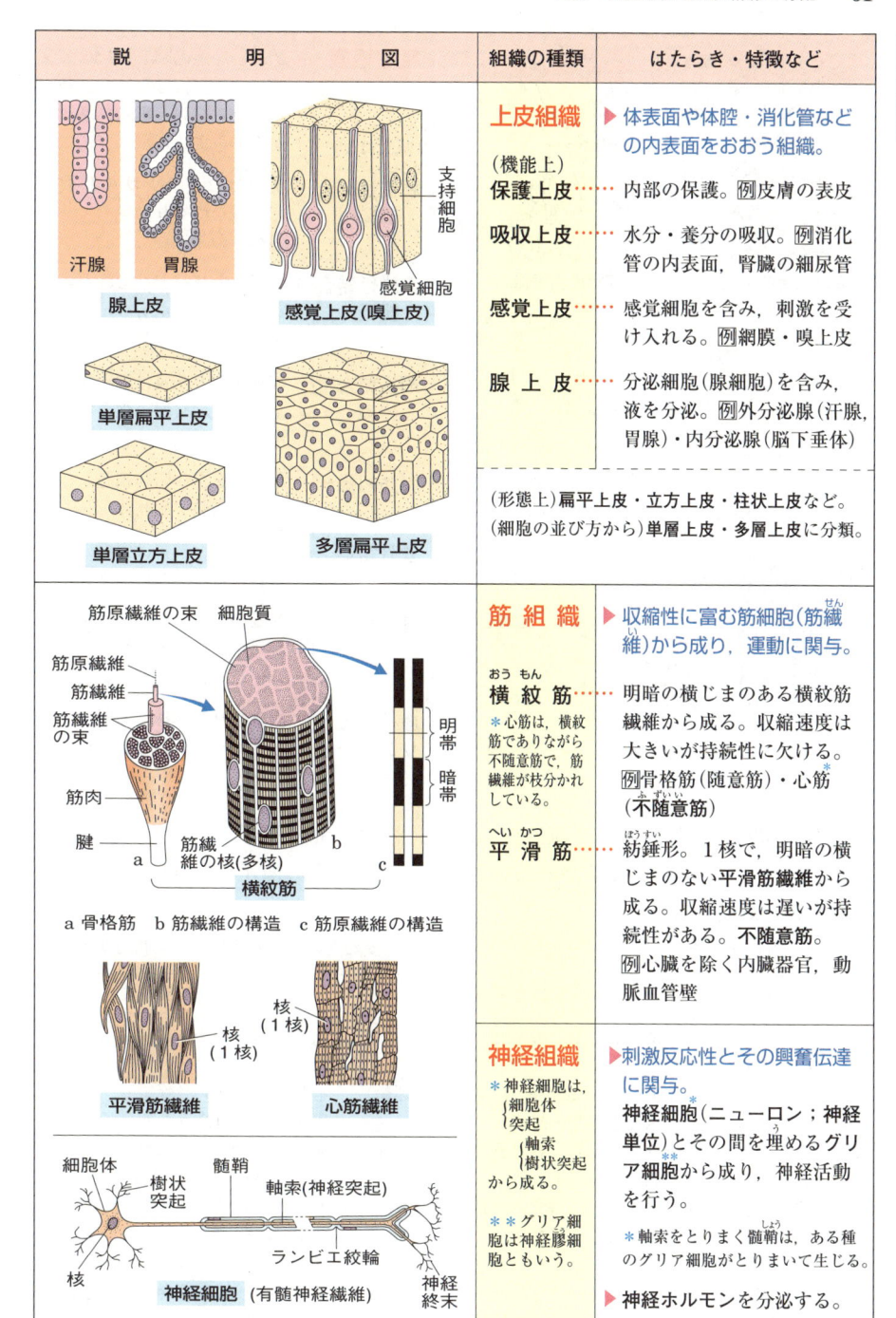

説　明　図	組織の種類	はたらき・特徴など
汗腺／胃腺　腺上皮　　感覚上皮(嗅上皮)（支持細胞・感覚細胞）　単層扁平上皮　単層立方上皮　多層扁平上皮	**上皮組織** (機能上) 保護上皮 吸収上皮 感覚上皮 腺上皮	▶体表面や体腔・消化管などの内表面をおおう組織。 ……内部の保護。例皮膚の表皮 ……水分・養分の吸収。例消化管の内表面，腎臓の細尿管 ……感覚細胞を含み，刺激を受け入れる。例網膜・嗅上皮 ……分泌細胞(腺細胞)を含み，液を分泌。例外分泌腺(汗腺，胃腺)・内分泌腺(脳下垂体)
		(形態上)扁平上皮・立方上皮・柱状上皮など。 (細胞の並び方から)単層上皮・多層上皮に分類。
筋原繊維の束／細胞質／筋原繊維／筋繊維／筋繊維の束／筋肉／腱／筋繊維の核(多核)／明帯／暗帯　横紋筋　a 骨格筋　b 筋繊維の構造　c 筋原繊維の構造　平滑筋繊維(核1核)　心筋繊維(核1核)　細胞体／樹状突起／髄鞘／軸索(神経突起)／ランビエ絞輪／核／神経終末　神経細胞(有髄神経繊維)	**筋組織** おうもん 横紋筋 *心筋は，横紋筋でありながら不随意筋で，筋繊維が枝分かれしている。 へいかつ 平滑筋	▶収縮性に富む筋細胞(筋繊維)から成り，運動に関与。 ……明暗の横じまのある横紋筋繊維から成る。収縮速度は大きいが持続性に欠ける。例骨格筋(随意筋)・心筋*(不随意筋) ……紡錘形。1核で，明暗の横じまのない平滑筋繊維から成る。収縮速度は遅いが持続性がある。不随意筋。例心臓を除く内臓器官，動脈血管壁
	神経組織 *神経細胞は， 細胞体 突起｛軸索 樹状突起 から成る。 **グリア細胞は神経膠細胞ともいう。	▶刺激反応性とその興奮伝達に関与。 神経細胞(ニューロン；神経単位)とその間を埋めるグリア細胞**から成り，神経活動を行う。 *軸索をとりまく髄鞘は，ある種のグリア細胞がとりまいて生じる。 ▶神経ホルモンを分泌する。

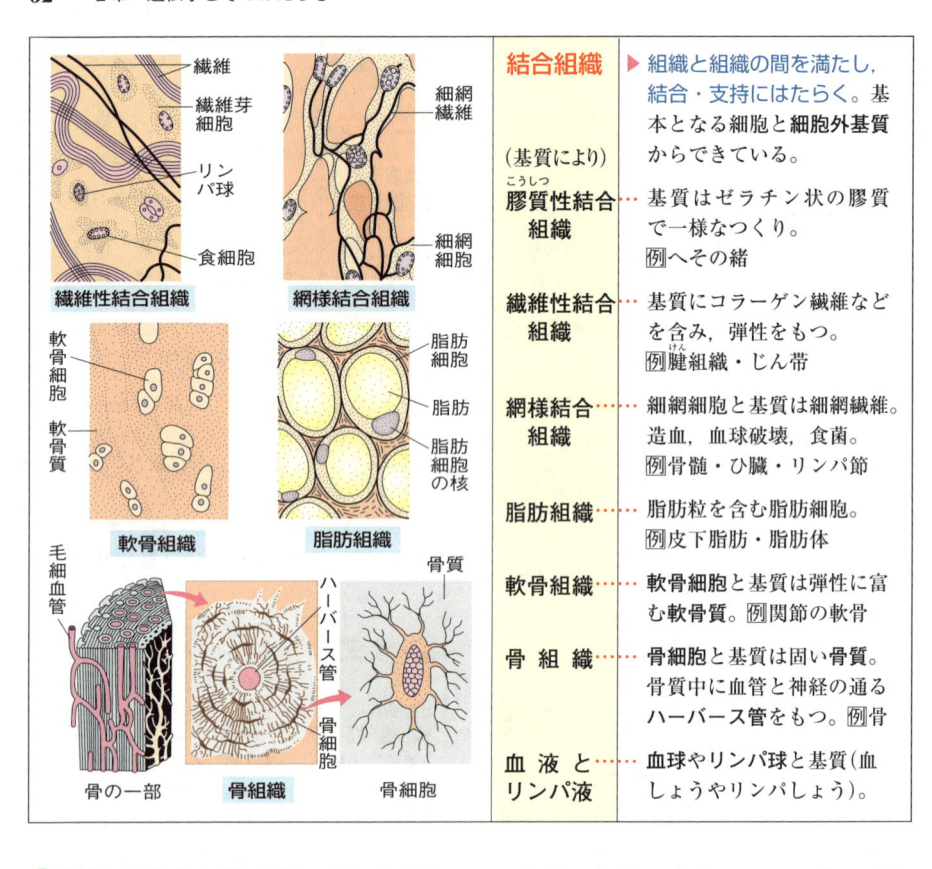

結合組織	▶組織と組織の間を満たし，結合・支持にはたらく。基本となる細胞と**細胞外基質**からできている。
（基質により）	
膠質性結合組織	基質はゼラチン状の膠質で一様なつくり。 例 へその緒
繊維性結合組織	基質にコラーゲン繊維などを含み，弾性をもつ。 例 腱組織・じん帯
網様結合組織	細網細胞と基質は細網繊維。造血，血球破壊，食菌。 例 骨髄・ひ臓・リンパ節
脂肪組織	脂肪粒を含む脂肪細胞。 例 皮下脂肪・脂肪体
軟骨組織	軟骨細胞と基質は弾性に富む軟骨質。例 関節の軟骨
骨組織	骨細胞と基質は固い骨質。骨質中に血管と神経の通る**ハーバース管**をもつ。例 骨
血液とリンパ液	血球やリンパ球と基質（血しょうやリンパしょう）。

❷ **動物の器官と器官系**　多細胞動物では，複数の組織が集まって，一定の形とはたらきをもった**器官**が形成される。さらに，はたらきの関連した器官がまとまって**器官系**を形成する。

補足　多細胞動物でも，器官の分化が見られるのはヒドラなどの刺胞動物以上の動物である。

器官系	おもなはたらき	おもな器官
消化系	食物の消化と，養分の吸収	口・食道・胃・小腸・大腸・肝臓・すい臓
呼吸系	ガス交換	肺・気管・えら
循環系	体液循環による養分・酸素・老廃物の運搬	心臓・血管・リンパ管
排出系	余分な水と老廃物の排出	腎臓・輸尿管・ぼうこう・尿道
内分泌系	ホルモンを分泌し，各器官の作用を調節	脳下垂体・甲状腺・副腎・生殖腺
感覚系	外界の刺激を受け入れる	目・耳・鼻・舌・皮膚・側線・触角
神経系	興奮の伝達と，各器官の作用の調節	脳・脊髄・末梢神経
保護・支持系	からだを保護し，支持する	皮膚・骨格
運動系	運動する	四肢（手・足）・つばさ・ひれ
生殖系	受精し，子孫をつくる（なかまをふやす）	精巣・卵巣・輸精管・輸卵管・子宮
特殊器官系	発光・発電・発音などの特殊な作用をする	発光器・発電器・発音器

4 植物の組織と器官

❶ 植物の組織　植物では生活様式のちがいにともなって，動物とはちがった組織や器官の分化が見られる。動物では組織はたった4種類で，その組み合わせによって複雑な器官や器官系が形成されるのに対し，植物の基本的器官は根・茎・葉の3種類で，それを構成する組織が複雑になっている。

❷ 分裂組織と永久組織　植物の組織は分裂組織と永久組織に大別される。
① **分裂組織**　細胞分裂を続ける未分化の細胞集団で，茎や根の先端付近（頂端）や形成層にある。
② **永久組織**　分裂組織でつくられた細胞が成長・分化してできる組織。永久組織はさらに表皮組織・柔組織・機械組織・通道組織の4種類に分けられる（▷*p.65, 66*）。また，これらの組織が互いに関連しあってまとまったものを組織系といい，表皮系・基本組織系・維管束系の3つがある（▷表10）。

❸ 植物の組織系　植物が分化してできた植物の永久組織は，関連のあるものどうしが秩序ある配列をして，さらに大きな集団である組織系をつくっている。組織系は，ふつう，はたらきの上から次の3つに大別される。
① **表皮系**　植物体の表面をおおって内部を保護する組織の集まり。
② **基本組織系**　植物体の基本的なはたらきをする組織の集まり。
③ **維管束系**　植物体の支持と通道する組織の集まり。

（補足）植物の組織系の分類には，各組織を構造の上から，**表皮・皮層・中心柱**の3つに分ける方法もある。各組織と組織系の関係をまとめると，表10のようになる。

表皮系	表皮組織（毛・気孔・水孔など）	表　皮
基本組織系	根・茎の皮層（柔組織・機械組織）	皮　層
	葉の柵状組織と海綿状組織（柔組織）	
	根・茎の髄（柔組織・機械組織）	中心柱
維管束系	師部＝師管（通道組織）・師部繊維（機械組織）・師部柔組織	
	木部＝道管（通道組織）・仮道管（通道組織）・木部繊維（機械組織）・木部柔組織	

表10　植物の組織系（左；機能上の分類，右；構造上の分類）

❹ 植物の器官　植物のなかで，器官の分化が見られるのは，シダ植物と種子植物だけである。コケ植物や藻類では，器官の分化は見られない。
　植物の器官は栄養器官と生殖器官に大別される。
① **栄養器官**　シダ植物と種子植物に共通する器官で**根・茎・葉**がこれにあたる。
② **生殖器官**　生殖に関係する器官で，シダ植物では**造卵器・造精器**が，種子植物では**花**（葉から分化）がこれにあたる。

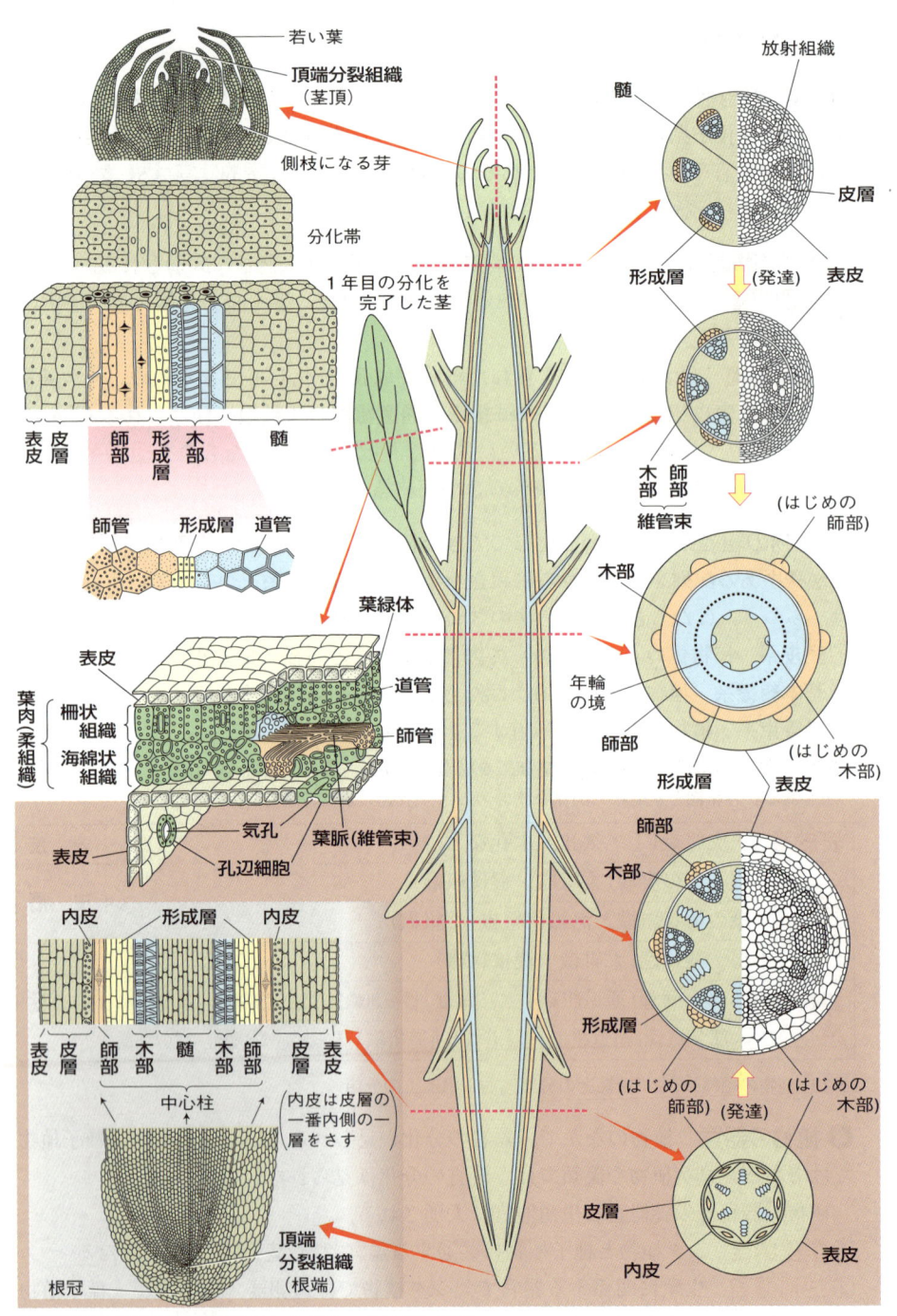

図59 種子植物（双子葉類）のからだのつくり（模式図）

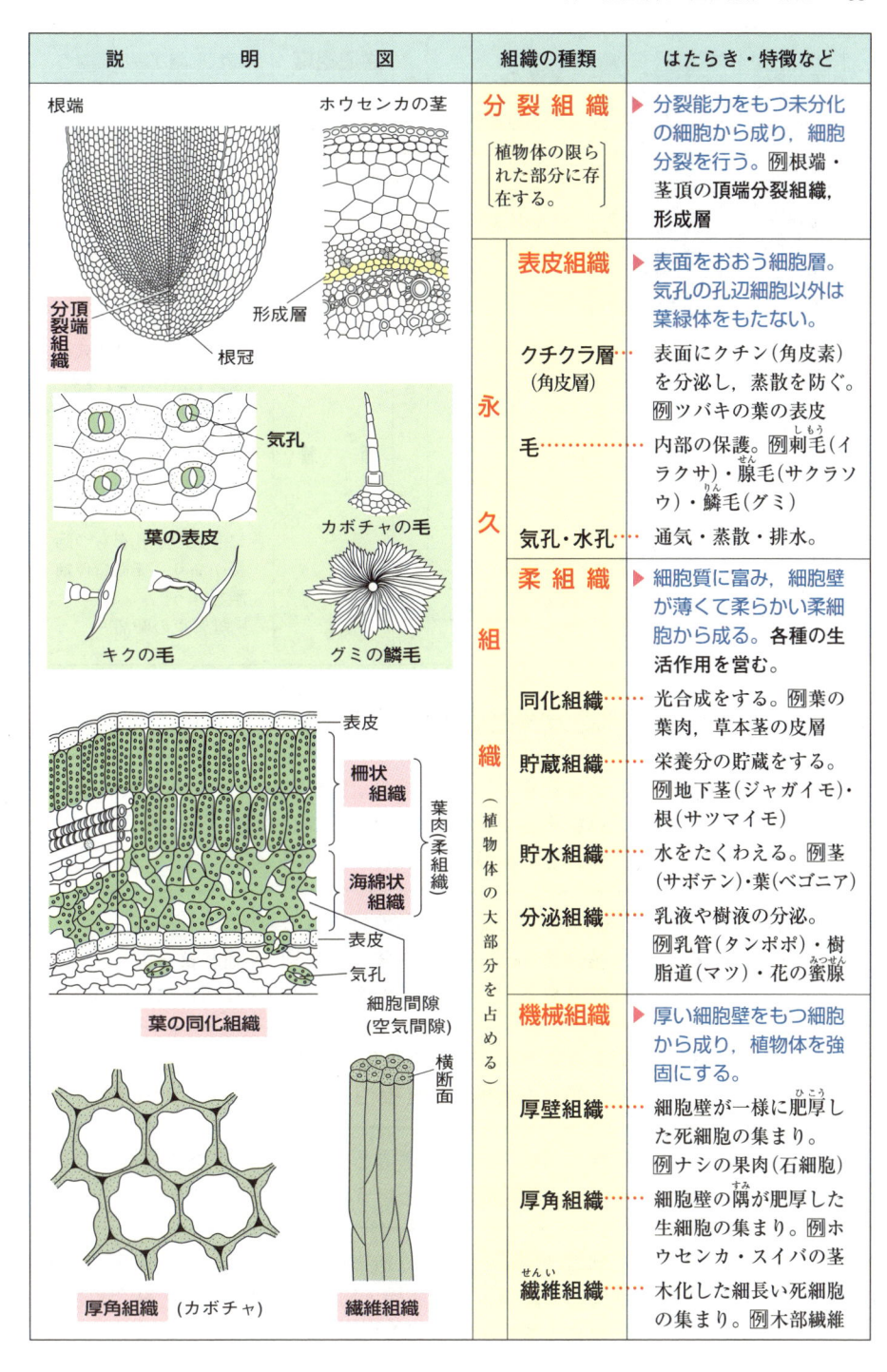

2節 細胞分裂と遺伝情報の分配

第1編 細胞と遺伝子

説　明　図	組織の種類		はたらき・特徴など
根端／ホウセンカの茎／頂端分裂組織／形成層／根冠	**分裂組織**〔植物体の限られた部分に存在する。〕		▶ 分裂能力をもつ未分化の細胞から成り，細胞分裂を行う。例根端・茎頂の頂端分裂組織，形成層
気孔／葉の表皮／カボチャの毛／キクの毛／グミの鱗毛	**永久組織**（植物体の大部分を占める）	**表皮組織**	▶ 表面をおおう細胞層。気孔の孔辺細胞以外は葉緑体をもたない。
		クチクラ層（角皮層）	表面にクチン（角皮素）を分泌し，蒸散を防ぐ。例ツバキの葉の表皮
		毛	内部の保護。例刺毛（イラクサ）・腺毛（サクラソウ）・鱗毛（グミ）
		気孔・水孔	通気・蒸散・排水。
表皮／柵状組織／葉肉（柔組織）／海綿状組織／表皮／気孔／細胞間隙（空気間隙）／葉の同化組織		**柔組織**	▶ 細胞質に富み，細胞壁が薄くて柔らかい柔細胞から成る。各種の生活作用を営む。
		同化組織	光合成をする。例葉の葉肉，草本茎の皮層
		貯蔵組織	栄養分の貯蔵をする。例地下茎（ジャガイモ）・根（サツマイモ）
		貯水組織	水をたくわえる。例茎（サボテン）・葉（ベゴニア）
		分泌組織	乳液や樹液の分泌。例乳管（タンポポ）・樹脂道（マツ）・花の蜜腺
横断面／厚角組織（カボチャ）／繊維組織		**機械組織**	▶ 厚い細胞壁をもつ細胞から成り，植物体を強固にする。
		厚壁組織	細胞壁が一様に肥厚した死細胞の集まり。例ナシの果肉（石細胞）
		厚角組織	細胞壁の隅が肥厚した生細胞の集まり。例ホウセンカ・スイバの茎
		繊維組織	木化した細長い死細胞の集まり。例木部繊維

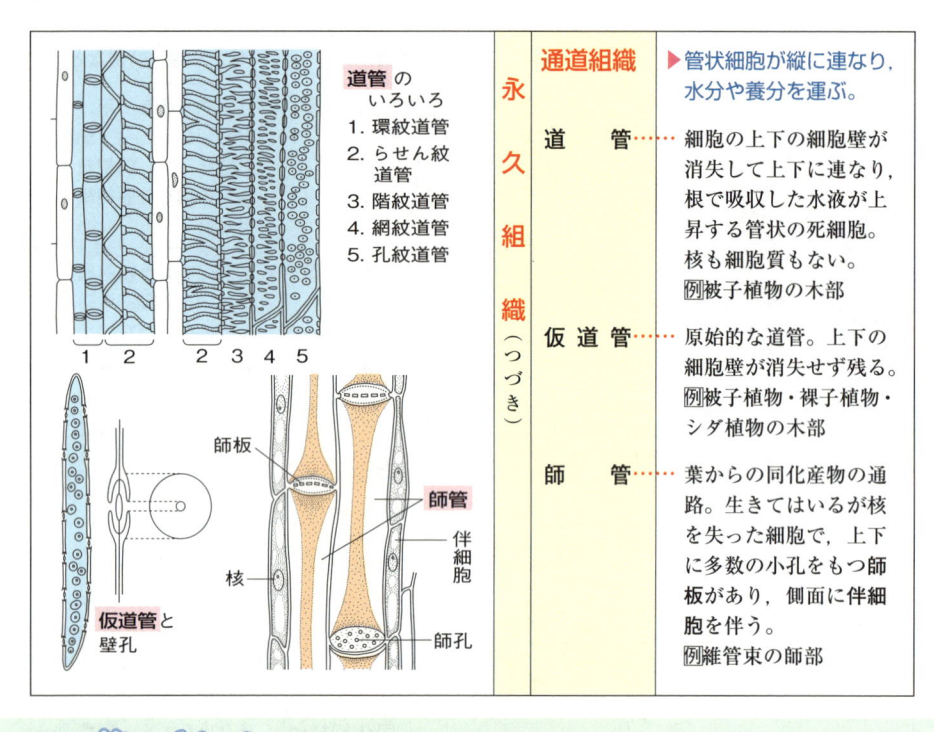

道管のいろいろ
1. 環紋道管
2. らせん紋道管
3. 階紋道管
4. 網紋道管
5. 孔紋道管

仮道管と壁孔

師板
師管
核
伴細胞
師孔

永久組織（つづき）	通道組織	▶管状細胞が縦に連なり，水分や養分を運ぶ。
	道　　管	細胞の上下の細胞壁が消失して上下に連なり，根で吸収した水液が上昇する管状の死細胞。核も細胞質もない。 例 被子植物の木部
	仮 道 管	原始的な道管。上下の細胞壁が消失せず残る。 例 被子植物・裸子植物・シダ植物の木部
	師　　管	葉からの同化産物の通路。生きてはいるが核を失った細胞で，上下に多数の小孔をもつ師板があり，側面に伴細胞を伴う。 例 維管束の師部

この節のまとめ　細胞分裂と遺伝情報の分配

□細胞内でのDNAのようす ▷p.49	●原核細胞ではDNAは少量で核膜に包まれず環状構造。 ●真核細胞ではDNAはヒストンに巻きつき，糸状の染色体として核膜に包まれた核の中に存在。
□体細胞分裂とその過程 ▷p.50	●細胞分裂に先立つ間期にDNAの複製などを行う。 ●核分裂（前期→中期→後期→終期）➡細胞質分裂 ●核分裂では，各染色体が2つに分かれ両極に移動する。
□染色体 ▷p.54	●大きさと形が同じ染色体を相同染色体という。 ●体細胞の核相は$2n$（複相）で，生殖細胞はn（単相）。
□細胞の分化 ▷p.57	●同じ起源の細胞が構造とはたらきの異なる細胞になることを細胞の分化という。
□生物のからだのつくり ▷p.59	●細胞→組織→組織系（植物）→器官→器官系（動物）→個体 ●動物の組織…上皮組織・筋組織・神経組織・結合組織 ●植物の器官…栄養器官（根・茎・葉）と生殖器官

章末練習問題

解答▷*p.193*

1 〈染色体とDNA〉

真核生物の染色体を示した図を見て，次の文の空欄に適した語句を答えよ。ただし①～⑦については下記語群から選ぶこと。

図中の**ア**は①(　　)とよばれる②(　　)で，**イ**は③(　　)という構成要素が結合してできた物質④(　　)である。**ア**と**イ**のうち，遺伝情報を含むのは⑤(　　)である。

③(　　)は塩基・(　a　)・(　b　)の3成分から構成される。核酸を構成する塩基にはA・C・G・T・Uで略称される5種類が存在するが，正式名称はそれぞれ(　c　)・(　d　)・(　e　)・(　f　)・(　g　)である。このうちTは⑥(　　)にだけ，Uは⑦(　　)にだけ存在する。DNAは，③(　　)の塩基のAと(　h　)，Cと(　i　)の間に特異的な塩基対を形成して，2本鎖となる。

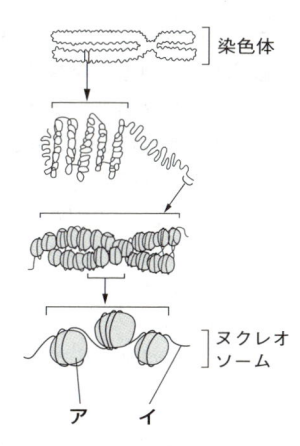

〔語群〕　オペロン　　リボソーム　　クエン酸　　DNA　　RNA　　タンパク質
　　　　エキソン　　ヒストン　　デオキシリボース　　リボース　　ヌクレオチド
　　　　ミトコンドリア

2 〈体細胞分裂〉 テスト必出

次の①～⑥は，ある植物の根端部の体細胞分裂を観察するための実験手順を示したものである。これについて，あとの問いに答えよ。

① 新鮮な根端部を切り取る。
② 約7℃の45%酢酸に5分間浸す。
③ 根端部を3%塩酸(60℃)に浸す。
④ 酢酸オルセイン液を2～3滴加える。
⑤ 根端部の上にカバーガラスをかける。
⑥ 根端部を押しつぶす。

(1) 上記の手順のなかで，②～④の処理をする目的を次の**ア**～**ウ**から選び，その記号を記せ。
　ア　染色をする。
　イ　材料を固定する。
　ウ　細胞間を解離しやすくする。

(2) 上記の手順にしたがって観察された細胞の模式図を次に示した。この図に関して，**(a)**～**(e)**の細胞を，時間の順に並べよ。

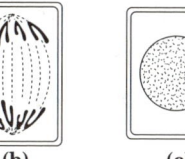

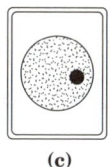

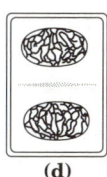

(a)　　(b)　　(c)　　(d)　　(e)

定期テスト予想問題

解答 ▷ p.193　　時　間 50分　　合格点 70点　得点

1 右の表は、いろいろな生物を構成する細胞について、細胞小器官や膜構造の有無を、存在する場合を＋、存在しない場合を－で示し、A～D型としてまとめたものである。

①～⑤の生物は、それぞれ何型にあてはまるか。〔各3点…合計15点〕

型	細胞構造				
	細胞壁	細胞膜	核膜	ミトコンドリア	葉緑体
A	－	＋	＋	＋	－
B	＋	＋	＋	＋	－
C	＋	＋	＋	＋	＋
D	＋	＋	－	－	－

① アメーバ
② クロレラ
③ 大腸菌
④ シアノバクテリア
⑤ 酵母菌

2 図1および図2は、高等植物の体細胞分裂のようすと根の縦断面を、それぞれ模式的に示したものである。図1のⓐ～ⓕは、それぞれの分裂中の細胞のようすを、ⓖは細胞分裂のサイクルから離脱する過程を表している。また、図2のア～エは組織を示している。これらの図に関して、あとの問いに答えよ。

〔(1)2点×2、(2)(3)各2点、(4)2点×2、(5)4点…合計16点〕

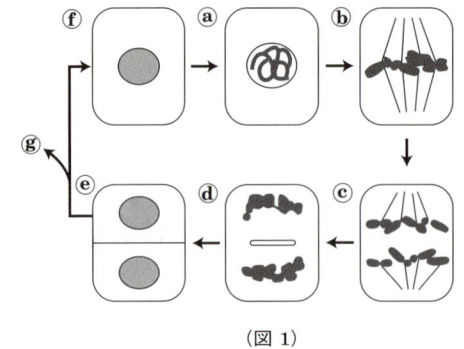

(1) DNAと染色体が複製されるのは図中のどの分裂時期に該当するか、記号で答えよ。
(2) 図1のⓕの時期を何というか。
(3) 図1のⓖの過程を何というか。
(4) ⓐ～ⓕ間での時期の細胞がよく見られる根の組織を、図2から選んで記号で答え、その名称を記せ。
(5) (4)で答えた部分を取り出して押しつぶし法でプレパラートを作成し、顕微鏡下で各時期の細胞を数えた結果を下表にまとめた。細胞分裂が1回りするのに18時間かかり、すべての細胞が細胞分裂のサイクルをまわっていると仮定すると、前期に要する時間は何分か。表をもとにして求めよ。

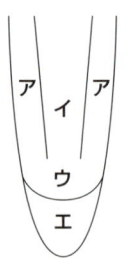

	間期	前期	中期	後期	終期
細胞数	1138	62	16	14	10

(図1)

(図2)

3 下の図1は，生物が行っている代謝とエネルギーの利用のようすを表した模式図，図2は，呼吸を行うミトコンドリアと光合成を行う葉緑体の模式図である。これについて，以下の問いに答えよ。

〔(1)(2)各2点，(3)2点×4，(4)3点×4，(5)3点…合計27点〕

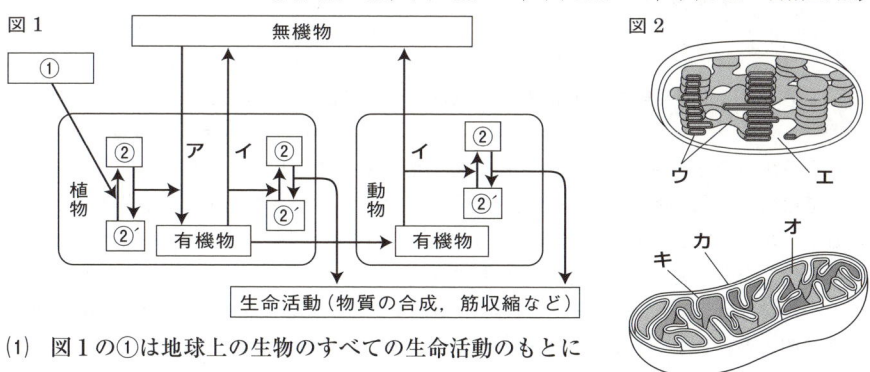

(1) 図1の①は地球上の生物のすべての生命活動のもとになるエネルギーである。適当な語句を入れよ。

(2) 図1の②は，エネルギーを蓄えるはたらきをもつ化合物である。この物質の名称を答えよ。

(3) 次にあげた**a～d**の現象は，図1の反応**ア・イ**のいずれにおいて起こっているか，記号で答えよ。ただし，両方にあてはまる場合は両方の記号で答え，あてはまらない場合は×で答えること。

　　a 酸素を消費する　　　**b** 二酸化炭素を吸収する
　　c ADPを分解する　　　**d** 各種酵素を利用する

(4) 図2の**ウ・エ・オ**にあてはまる名称を答えよ。

(5) 図2の**ウ～キ**のうちクロロフィルを含んでいる部分を1つ選び記号で答えよ。

---

4 DNAに含まれる塩基について以下の問いに答えよ。

〔(1)4点，(2)2点×2，(3)4点…合計12点〕

(1) いろいろな生物のDNAに含まれる4種類の塩基のモル％を調べたところ，右の表のようになった。この数値からどのようなことがらを導くことができるか。簡単に説明せよ。

生物名	A	T	C	G
ヒ ト（肝臓）	30.3	30.3	19.9	19.5
ウ シ（肝臓）	28.8	29.0	21.1	21.0
ニワトリ（赤血球）	28.8	29.2	21.5	20.5
サ ケ（精子）	29.7	29.1	20.4	20.8

(2) DNAの遺伝情報は連続する3つの塩基が1つのアミノ酸を決めることで成り立っている。

　①3つの塩基から成る1組の暗号を何とよぶか。

　②4種類の塩基でこの暗号をつくると，計算上何通りの組み合わせができるか。

(3) DNA2本鎖のうちの一方で，塩基が以下のように配列している部分をmRNAに転写した。mRNAの塩基配列を答えよ。ただしアデニンをA，シトシンをC，グアニンをG，チミンをT，ウラシルをUで表すものとする。

―CCGGAGATCGGA―

5 ゲノムについて説明した次の文を読み，以下の各問いに答えよ。
〔(1)完答3点，(2)9点…合計12点〕

ある生物の種の生存に必要な1組の遺伝情報をゲノムという。ゲノムには，遺伝子としてはたらく部分の塩基配列と遺伝子としてはたらいていない部分の塩基配列が含まれ，ヒトの場合，23組の染色体1セット分のDNAの塩基配列，約32億塩基対が1ゲノムである。したがって，卵や精子などの核に含まれるゲノムは（ ① ）セット，体細胞の核がもつゲノムは（ ② ）セットになる。1990年代より1つの生物種のDNAの塩基配列をすべて明らかにしようという国際的なプロジェクトがさかんになり，これまで，ヒトの塩基配列が99％決定したことを含めて，いくつもの生物種の塩基配列が明らかになった。今後，塩基配列解明によってもたらされた情報は，さまざまな方面で応用できると期待されている。

(1) 文章中の空欄①②にあてはまる数値を答えよ。
(2) 下線部で示した「応用」の例をあげ，その内容を100字程度で説明せよ。

6 遺伝子の発現について説明した下の文と図について，空欄に適した語句を答えよ。
〔3点×6…合計18点〕

ある生物について，その生物の種が生存するのに必要な1組の遺伝情報を（ ① ）という。①に含まれる遺伝子DNAの塩基配列は（ ② ）を合成するための情報になっている。②の種類は多様であるが，②を構成する単位の（ ③ ）の種類は20種類しかない。②の合成は細胞質中の（ ④ ）で行われる。DNAの塩基配列は塩基3つで1つの③を示す遺伝情報となっていて，②を合成する際には，相補性のある（ ⑤ ）がつくられることで転写が起こる。これが核外に出て⑤の遺伝情報にしたがって，（ ⑥ ）の運んできた③が鎖状に結合することでタンパク質が合成される。

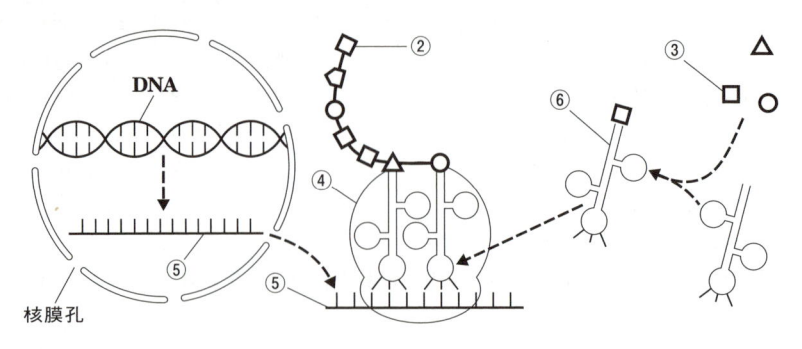

第2編
環境と生物の反応

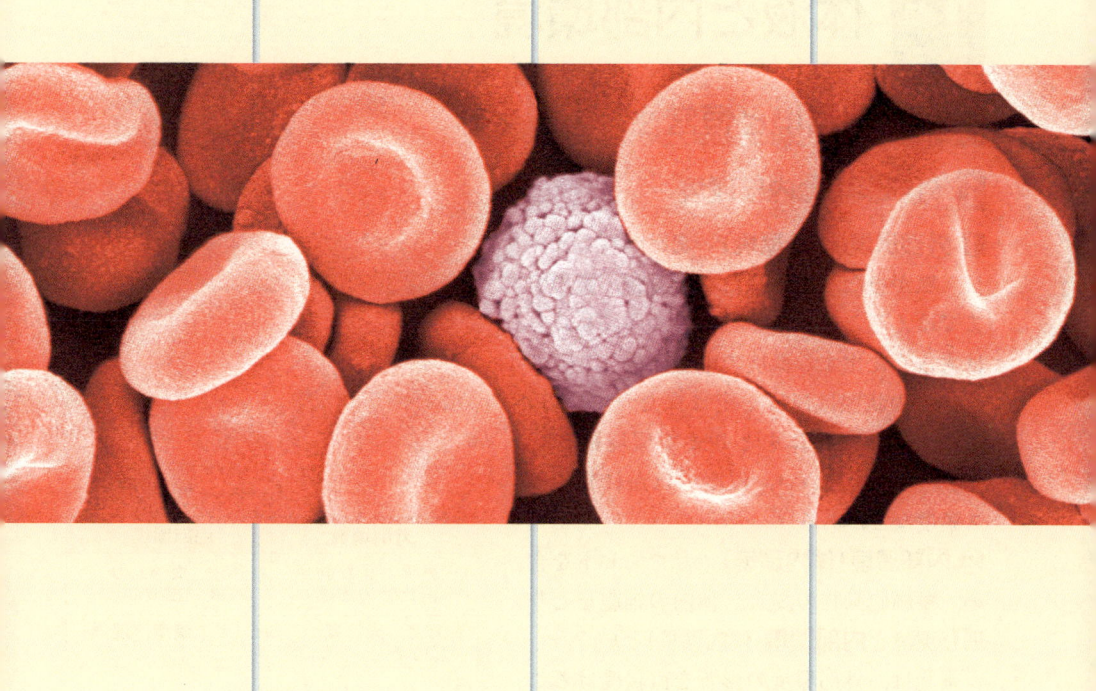

1章 体液の恒常性

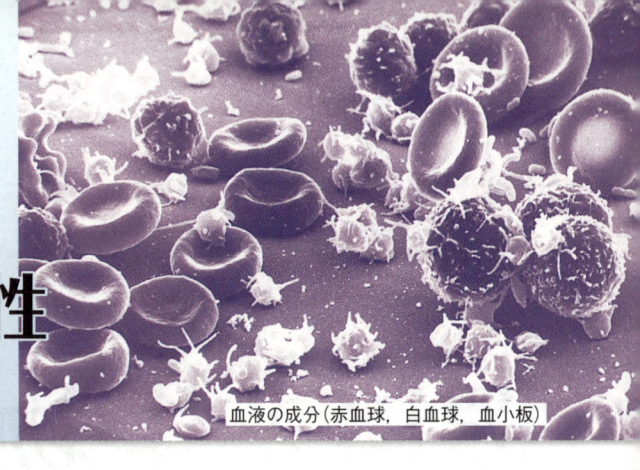

血液の成分(赤血球, 白血球, 血小板)

1節 体液と内部環境

1 内部環境と恒常性

1 外部環境と内部環境 重要

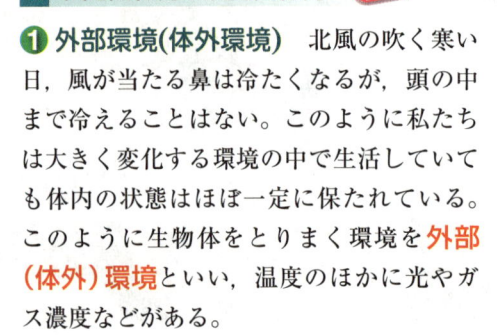

❶ **外部環境(体外環境)** 北風の吹く寒い日, 風が当たる鼻は冷たくなるが, 頭の中まで冷えることはない。このように私たちは大きく変化する環境の中で生活していても体内の状態はほぼ一定に保たれている。このように生物体をとりまく環境を**外部(体外)環境**といい, 温度のほかに光やガス濃度などがある。

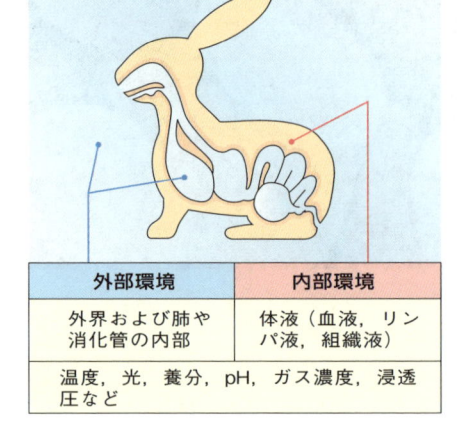

❷ **内部環境(体内環境)** 私たちヒトを含め, 多細胞動物の場合, 体内の細胞をとり囲む環境を**内部環境(体内環境)**という。

細胞は, 外部環境の影響を直接受けることは少なく, 自らをとりまく体液によって変動の小さい安定した環境(内部環境)中に生きている。体液は, からだ全体を循環し, 組織・器官のはたらきと密接な関係にある。

外部環境	内部環境
外界および肺や消化管の内部	体液(血液, リンパ液, 組織液)
温度, 光, 養分, pH, ガス濃度, 浸透圧など	

図1 外部環境と内部環境

(補足) 単細胞生物では, 細胞が外部環境と直接接しており, 外部環境の要因すべてが直接細胞内に影響を及ぼす。

❸ **恒常性** 構造が複雑な多細胞動物ほど, **外部環境が変化しても内部環境を一定に保とうとするしくみがある。これを恒常性(ホメオスタシス)**という。これには, 体液, 肝臓や腎臓などの臓器, 自律神経系や内分泌系などが協調してはたらく。

小休止　恒常性の研究の歴史

内部環境を一定に保とうとする，多細胞動物のこのようなしくみは，いつ頃，どのようにして発見されたのだろうか。

◆**恒常性の発見**　内部環境の恒常性の重要性にはじめて気がついたのは，フランスの**ベルナール**[★1]（1813～1878年）である。彼は，血液の組成が食物の種類によって変化せず，つねに一定であることを発見した。そして，内部環境の恒常性は，細胞が安定して活動し，生物が最も自由に生きるための条件であると考えた（1852年）。

◆**恒常性のしくみの説明**　その後，アメリカの生理学者**キャノン**（1871～1945年）は，ベルナールの考え方を一歩進め，「内部環境の状態は固定的に一定に保たれているのではなく，変化しながら相対的に安定するように保たれている」とした。そして，そのような状態を**恒常性（ホメオスタシス）**[★2]とよんだ（1932年）。彼はまた，恒常性が維持されるのは，自律神経系と内分泌系の協調作用によると説明した。

2　内部環境をつくる体液

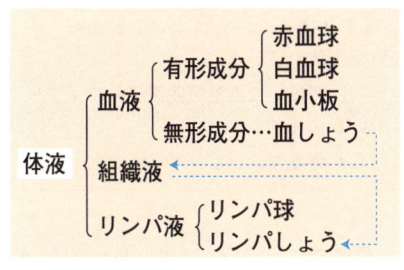

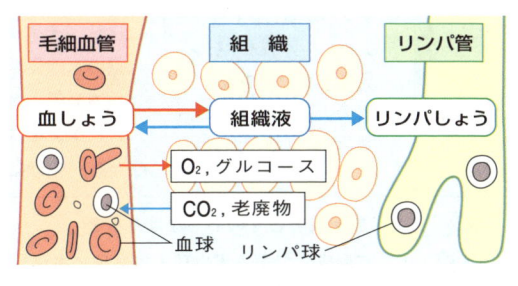

1　脊椎動物の体液　重要

脊椎動物の体液は，血管を流れる**血液**・リンパ管を流れる**リンパ液（リンパ）**・細胞をとり囲む**組織液**の3つである。

❶**血　液**　血球と血しょうからなる（▷p.74）。

❷**組織液とリンパ液**　血液中の血しょうが毛細血管から組織中へしみ出したものが**組織液**である。組織液は，細胞との間で養分や老廃物などの受け渡しをしたあと，その大部分は毛細血管内にもどって**血しょう**となる。また，組織液の一部は毛細リンパ管内に入って**リンパしょう**となる。リンパしょうの組成は血しょうと似ているが，小腸では吸収した脂肪を多く含む。

環境要素	平均値
血糖値	90mg/100mL
血清タンパク質	7g/100mL
ヘモグロビン　男	16g/100mL
ヘモグロビン　女	14g/100mL
血清pH値	pH 7.36

表1　血液成分の恒常性（成人）

図2　脊椎動物の体液

★1　ベルナールは，パリ大学の実験医学の教授で，生理学の創始者と言われる。「実験医学序説」（1865年）を著し，医学研究における実験の重要性を説いた。

★2　homeostasis：同一の状態（ホモイオス）＋継続（スタシス）を意味するギリシャ語からの造語。

2 血液の組成とはたらき 重要

血液は，私たちの体重の約$\frac{1}{13}$（8％）の重さを占めている。その組成とはたらきをまとめると，下の表2のようになる。この表からわかるように，血液のおもなはたらきは，①物質やガスの運搬，②生体防御（免疫機能），③血液凝固，④恒常性の維持（体温・血糖値・pHなどの調節）である。

	種類	形　　状	大きさ〔直径μm〕	数〔個／mm³〕	おもな特徴とはたらき
有形成分（細胞成分）〔45％〕	赤血球	無核	7～8	約500万(男) 約450万(女)	●呼吸色素ヘモグロビンを含んでおり，酸素を運搬する（▷p.75）
	白血球	有核	7～25	4000～8500	●ヘモグロビンをもたない。アメーバ運動をして，異物（細菌など）を捕食（食作用；細胞内消化）する。また，血中の白血球の約30％はリンパ球で，免疫に関係している。
	血小板	無核不定型	1～4	10万～40万	●血液凝固因子を含んでおり，出血時の血液凝固にはたらく。
		性　　状		おもなはたらき	
無形成分（液体成分）〔55％〕	血しょう	●やや黄味をおびた中性の液体で，次のような成分を含んでいる。 　水　　　　　約90％ 　タンパク質 7～8％ 　脂質　　　　　1％ 　糖　　　　 約0.1％ 　無機塩類　　約1％ ＊タンパク質は，アルブミン・フィブリノーゲン・免疫グロブリンなど。 ＊糖の大部分はグルコース（ブドウ糖；血糖）。		●血液の細胞成分の運搬…赤血球などの細胞成分を浮かべ，血管中を循環する。 ●養分の運搬…小腸で吸収した養分を全身の組織に運ぶ。 ●ホルモンの運搬…分泌されたホルモン（▷p.98）を運ぶ。 ●老廃物の運搬…細胞の呼吸の結果生じた二酸化炭素や，組織で生じた老廃物などを溶かして，肺や腎臓に運ぶ。 ●内部環境の恒常性の維持…一定濃度の無機塩類により，体内のpHや浸透圧（▷p.90）を一定に保つ。また，水は比熱が大きく，暖まりにくくさめにくいことから，多量の水は体温の急変を防いでいる。 ●血液凝固…血液凝固に関係する血液凝固因子やフィブリノーゲンを含んでいる★1（▷p.77）。 ●免疫…免疫にはたらく免疫グロブリン（抗体）を含む。	

表2　ヒトの血液成分とそのおもなはたらき

補足　1．有形成分である赤血球・白血球・血小板は，骨髄でつくられる。なお，血小板は，骨髄中の巨核球（巨核細胞）の破片である（そのため，無核で形が一定ではない）。
　　　2．脊椎動物のうち，赤血球が無核なのは哺乳類だけで，他の動物の赤血球には核がある。

★1　血しょうからフィブリノーゲンを除いたものが血清である。したがって，血液＝血球＋フィブリノーゲン＋血清。採血した血液を放置しておくと，血餅と血清（上澄み）に分離する（▷p.77）。

3 赤血球と呼吸色素

❶ 赤血球とヘモグロビン　赤血球は骨髄でつくられ，寿命は約120日である。古くなった赤血球は，肝臓やひ臓で破壊され，ビリルビンという黄色の物質となって，便とともに体外に排出される(便の色はビリルビンの色)。

ヘモグロビン(Hbと略す)は脊椎動物の赤血球に含まれる呼吸色素の1つで，赤血球の乾燥質量の約94%を占めている。

❷ ヘモグロビンの構造とはたらき　ヘモグロビンは，鉄(Fe)を中心に含む円盤状構造の**ヘム**という色素と**グロビン**というポリペプチド鎖(▷p.37)が4個，右の図3のように並んでできている。

ヘモグロビンは，次ページで示すように酸素濃度(分圧)の高いところでO_2と結合し，低いところでO_2を離す性質があるため，肺で酸素と結合して**酸素ヘモグロビン**(HbO_2)となり，組織では酸素と解離してヘモグロビン(Hb)にもどる。

(補足) ヒトの血中のヘモグロビンは約900gで，1日あたり，約600Lの酸素をからだじゅうの組織に運んでいる。

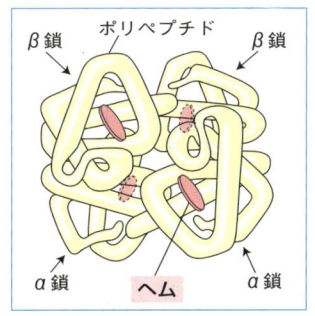

図3 ヘモグロビンの立体構造

(視点) ヘムの鉄原子1個が酸素分子1個と結合するので，ヘモグロビン1分子あたり，4分子の酸素と結合することができる。

4 白血球

白血球には，リンパ球，顆粒球，マクロファージなどがあり，いずれも**骨髄でつくられる**。

❶ リンパ球　リンパ液中の細胞のほとんどを占める**リンパ球**は，骨髄でつくられたのち，リンパ節・ひ臓・胸腺で増殖する。リンパ球には，B細胞とT細胞があり，さまざまな免疫作用にはたらいている(▷p.83)。

❷ 顆粒球(果粒球)　染色に対する性質の違いで**好中球，好酸球，好塩基球**に分けられる。**好中球**は顆粒球の大部分を占め，外部から侵入した細菌などを処理(食作用)する。顆粒球のなかでは数は少ないが，好酸球や好塩基球も免疫作用に関係していると考えられている。

❸ マクロファージ(大食細胞)　血管内の**単球**(白血球の一種)が血管外に出て分化した細胞。食作用により細菌などを処理しT細胞に抗原提示(▷p.84)を行う。

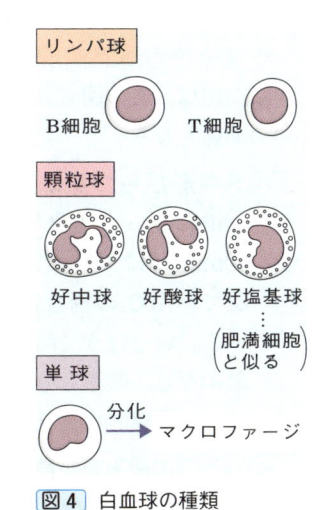

図4 白血球の種類

(補足) からだの組織中には，マクロファージのほか，抗原提示を行い，T細胞を活性化させる**樹状細胞**がある。この細胞は，骨髄中の前駆細胞から分化し，樹枝状の突起を伸ばす。▷p.84, 86

4 酸素の結合と運搬

❶ 気体の分圧 混合気体中に含まれる単一気体の占める圧力を**分圧**といい，単位はmmHgで示される。ヒトでは，肺胞と組織をくらべると，酸素分圧は肺胞で高く，二酸化炭素分圧は組織で高い。

（補足）分圧の単位として用いているmmHgは，760mmHgが1013hPa（1気圧）に等しい。

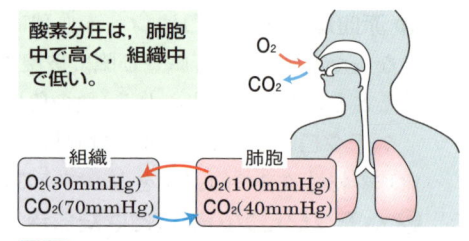

酸素分圧は，肺胞中で高く，組織中で低い。

組織 O_2(30mmHg) CO_2(70mmHg) ／ 肺胞 O_2(100mmHg) CO_2(40mmHg)

図5 ヒトのO_2とCO_2の分圧

❷ ヘモグロビンの性質 ヘモグロビンは，酸素分圧や二酸化炭素分圧によって，次のポイントのように酸素と結合したり，酸素を放出したりする。

> **ポイント**
> ヘモグロビン（Hb；暗赤色） ＋ O_2 ⇌ 酸素ヘモグロビン（HbO_2；鮮紅色）
> 　　（→：肺胞（O_2分圧高，CO_2分圧低），←：組織（O_2分圧低，CO_2分圧高））

（参考）イカ・タコなどの**軟体動物**やエビ・カニ（甲殻類）・クモなどの**節足動物**は，呼吸色素として，銅（Cu）原子を分子内にもつヘモシアニンを血しょう中に含んでいる。

❸ 酸素解離曲線 酸素分圧と酸素ヘモグロビン（HbO_2）の割合を示したグラフを**酸素解離曲線**という。酸素解離曲線は，右の図6のように，S字形の曲線となる。

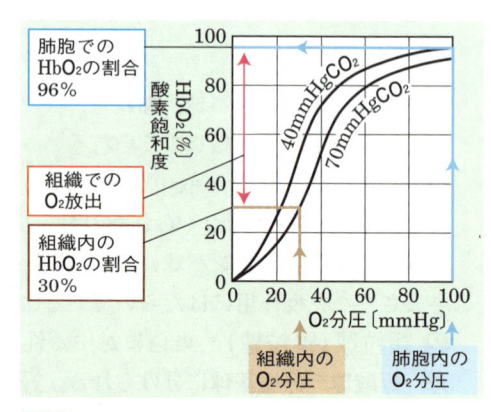

① **S字形がもつ意味** たとえば，高い山に登って空気中の酸素分圧が80mmHgに下がったとしても，肺胞でのHbO_2の割合は高く保たれている。いっぽう，酸素分圧の低い組織中では，酸素を積極的に解離するので，直線的なグラフの場合より効率的に酸素を組織に供給することができる。

肺胞でのHbO_2の割合 96%
組織でのO_2放出
組織内のHbO_2の割合 30%
組織内のO_2分圧
肺胞内のO_2分圧

図6 酸素解離曲線

② **グラフの読み方** 酸素の結合と解離は，二酸化炭素分圧の影響も受けるので，解離された酸素の割合は，二酸化炭素分圧の異なる2本のグラフより求める。図6の場合，肺胞内のO_2分圧が100mmHg，CO_2分圧が40mmHgで，肺胞でのHbO_2の割合は96%。組織内のO_2分圧が30mmHg，CO_2分圧が70mmHgで，組織でのHbO_2の割合は30%。したがって，組織で酸素を解離する割合は，$\frac{96-30}{96} \times 100 = 69$〔%〕になる。

5 血液凝固 [重要]

❶ 血液凝固 小さな傷は，ほうっておいても自然に血液が固まり出血が止まる。これは**血液の凝固**によって生じる**血餅**というかたまりが傷をふさぐためで，体液の減少や病原体の侵入を防ぎ，体内環境を一定に保つはたらきの1つである。

❷ 止血のしくみ 血管が傷つくと，まずその部分に**血小板**が集まり，かたまりをつくる。次に，**フィブリン**とよばれるタンパク質の繊維ができて赤血球などの血球にからみつき，血餅となって傷をふさぐ(▷図7)。

❸ 血液凝固のしくみ 血液凝固は，図8のように血小板から放出される凝固因子と血しょう中に含まれている凝固因子がはたらいて血中のフィブリノーゲンが水に溶けないフィブリンに変わることで起こる。

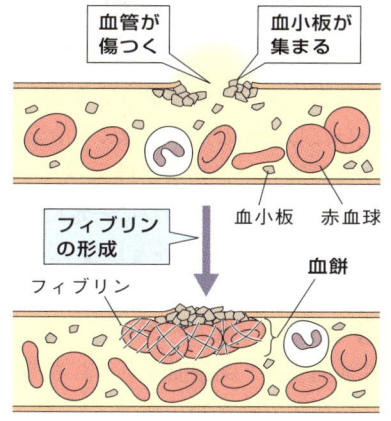

図7 止血のしくみ

血液の凝固は採血した血液を静置しておいても起こり，このとき血液は赤褐色の血餅とうす黄色の液体である**血清**とに分離する。

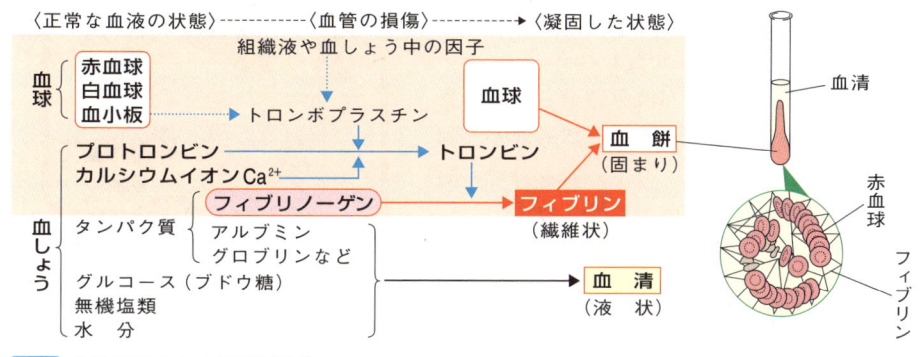

図8 血液凝固のしくみ(模式図)

① 出血すると血小板がこわれて血小板因子が放出され，その因子と組織液や血しょう中の因子が反応して，血しょう中に**トロンボプラスチン**ができる。
② トロンボプラスチンは，血しょう中に含まれているカルシウムイオン(Ca^{2+})と協同して，血しょう中のプロトロンビンをトロンビン(タンパク質分解酵素)に変える。
③ トロンビンは，血しょう中に溶けているフィブリノーゲンを分解して，水に溶けないフィブリンに変える。
④ 血しょう中に生じた多数のフィブリンが，赤血球や白血球などにからみついて血液が凝固する。

❹ 線溶 血管に血餅がつまると，血流が妨げられる。これを防ぐため，酵素によって血餅を溶かす**線溶**(**フィブリン溶解**)というしくみが存在する。

3 循環系とそのつくり

1 循環系とその種類

❶ 循環系 単細胞の生物は体表で直接外界との物質のやりとりができるが、多細胞動物では、内部の細胞は多くの細胞に囲まれているためそれができない。そこで、からだじゅうのどの細胞にも酸素や養分が行きわたり、老廃物の回収が行われるように発達した器官系が**循環系**である。循環系は、酸素や養分・代謝産物などを運搬し、**内部環境をつねに一定に保っている**。循環系には、**血管系**と**リンパ系**の2つがある。

❷ 血管系 血液を循環させる器官系で、**開放血管系**と**閉鎖血管系**がある（▷p.81）。

陸生の脊椎動物の血管系には、心臓を出た血液が肺を巡り心臓へともどる**肺循環**と、心臓を出た血液が全身を巡り心臓へともどる**体循環**とがある。肺循環では肺胞との間でガス（酸素・二酸化炭素）交換が行われ、体循環では組織細胞との間で物質（養分・老廃物）やガスの交換が行われる。

❸ リンパ系 リンパ液を循環させる器官系で、脊椎動物に見られる。組織液が毛細リンパ管に流れ込み、リンパ管を経て、胸管からふたたび静脈に入る（▷p.81）。

図9 ヒトの循環系（閉鎖血管系）

2 心臓のつくりとはたらき

❶ 心臓とそのつくり 体液を循環させているのは、血液を送り出すポンプのはたらきをしている心臓である。ヒトの心臓は、右の図10（正面から見た図）のようなつくりをしており、成人で平均65回/分拍動し、血液を全身に送り出し循環させている。体重70kgのヒトの安静時の心拍出量は5.8L/分である。

図10 ヒトの心臓のつくり

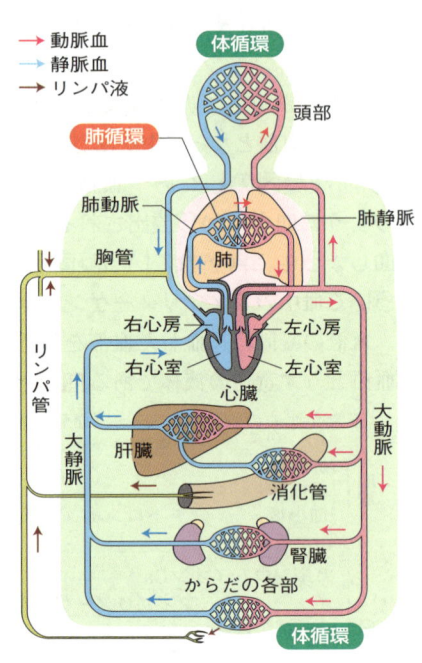

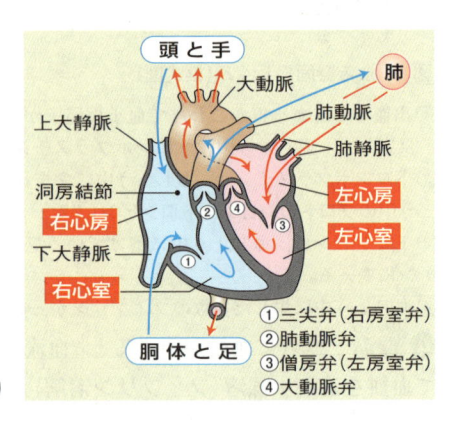

❷ 心臓の拍動

心臓は横紋筋でできており，その拍動は筋肉の収縮によって起こる。心筋外部からの刺激なしで自動的に収縮をくり返す性質(**心臓の自動性**)がある。それは，右心房の上部にある**洞房結節**(ペースメーカー)の定期的な興奮によって引き起こされている。さらにこの洞房結節は**自律神経系**と**ホルモン**によってたえず調整を受けている。

(補足) 洞房結節からの興奮は，次のような心臓内の刺激伝達系を経て伝えられていく。〔洞房結節→房室結節→ヒス束→左右の脚束→プルキンエ繊維〕

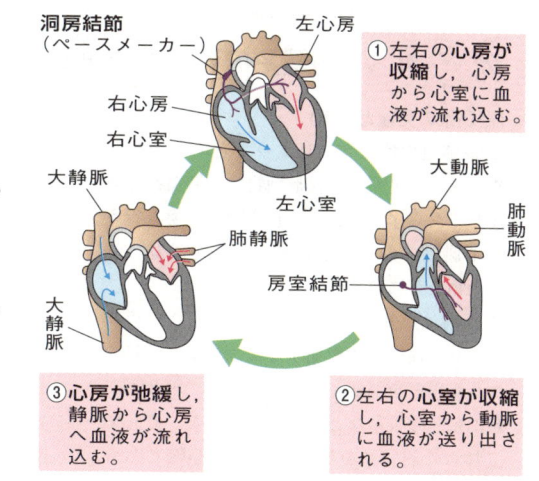

① 左右の**心房が収縮**し，心房から心室に血液が流れ込む。
② 左右の**心室が収縮**し，心室から動脈に血液が送り出される。
③ **心房が弛緩**し，静脈から心房へ血液が流れ込む。

図11 ヒトの心臓の収縮

(視点) 4つの弁のうち，まず僧房弁と三尖弁が，次に大動脈弁と肺動脈弁が同時に開閉し，4つの弁が同時に開いていることはない。

3 血管系 重要

❶ 血管の種類

血液が通る通路が血管で，**動脈，静脈，毛細血管**の3種類がある。いずれも，いちばん内側は内皮とよばれる細胞層でおおわれている。

① **動脈** 筋層と繊維性の結合組織から成る壁がひじょうに発達しており，その厚さは静脈よりも厚く，高い血圧に耐えられるようになっている。太い動脈には，血管壁内部に毛細血管があり，動脈の細胞との間で物質のやりとりを行っている。

② **静脈** 血管をつくる壁は動脈と似た結合組織でできているが，その厚さは動脈より薄い。特に下肢などの静脈のところどころには，**静脈弁があり，血液の逆流を防いでいる。平滑筋の伸縮にともなう圧迫で血流を生じる**はたらきもある。

③ **毛細血管** 動脈と静脈をつなぐ血管で，その壁はひじょうに薄く，**1層の内皮細胞層**でできている。血液中の血しょうの一部は，おもに毛細血管の内皮細胞のすきまからにじみ出て組織液となる。毛細血管は閉鎖血管系にしかない。

図12 ヒトの血管のつくり

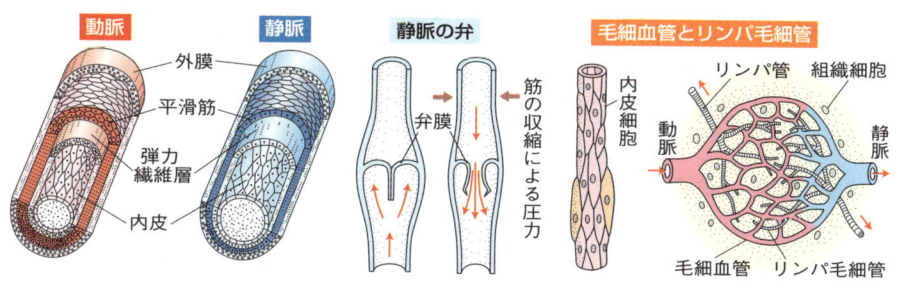

発展ゼミ　循環系の発達と脊椎動物の心臓

〔循環系の発達と心臓〕

◆多細胞生物でも、ヒドラなどの刺胞動物やプラナリアなどの扁形動物は、循環系は発達しておらず、体表を通して物質交換を行う。

◆心臓は、おもに軟体動物・節足動物・脊椎動物などに見られる。

◆動物は、進化してからだのつくりが複雑になり、運動量が増加するにつれて、大量のエネルギーを消費するようになり、消化系・排出系・呼吸系などが発達してきた。そして、これらの器官系を結ぶ循環系が心臓とともに形成されるようになった。

〔脊椎動物の心臓〕

◆脊椎動物の心臓のつくりには、次の4つのタイプがある。

① **魚類の心臓（1心房1心室）** からだから流れてきた静脈血が静脈洞に入り、心房・心室を経てえらの動脈に送られる。静脈洞はペースメーカーとしてはたらく。

② **両生類の心臓（2心房1心室）** 幼生には対になったえらへの血管が見られる。肺呼吸を行う成体の心臓は心室が1つしかないため、肺からの動脈血と全身からの静脈血が混ざって動脈に送り出される。

③ **ハ虫類の心臓（2心房1心室）** 心室内に、流入する動脈血と静脈血の流れをしきる壁があるが、壁の発達は不十分。

④ **鳥類・哺乳類の心臓（2心房2心室）** 心室は左右に完全にしきられ、動脈血と静脈血は混ざらない。胚の時代にあった静脈洞（ペースメーカー）が洞房結節になる。

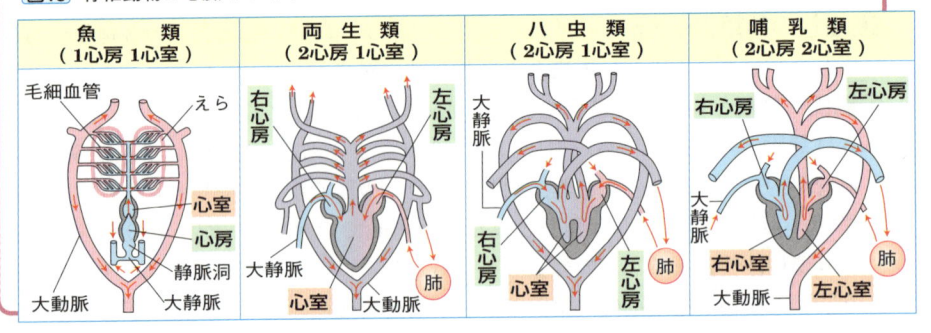

図13 脊椎動物の心臓のつくり

❷ 血管系の種類

動物の血管系には、**開放血管系**と**閉鎖血管系**とがある。

① **開放血管系** 毛細血管がなく、血液は動脈の末端から組織へ流れ出て、細胞間を流れたのち、直接、または静脈やえらを経て、心臓へともどる。 例 節足動物（エビなど）・貝のなかま

図14 エビの開放血管系

② **閉鎖血管系** 動脈と静脈が毛細血管でつながっている血管系（▷p.78 図9）。血液はつねに血管内に閉じ込められている。 例 脊椎動物・環形動物（ゴカイ・ミミズなど）・イカ・タコ

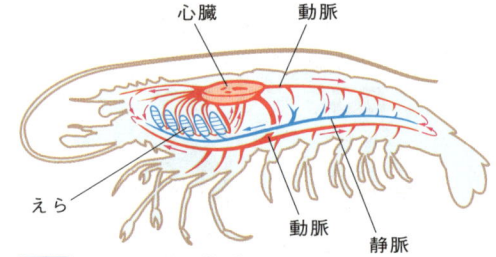

4 リンパ系 重要

❶ リンパ系　リンパ系は血管系とはちがって，リンパ管だけで循環経路をつくっているのではなく，一方の端は毛細リンパ管となり，もう一方の端は静脈とつながっている。つまり，組織液をとり込んだ**毛細リンパ管**は，しだいに太くなって**リンパ管**となり，**胸管**や左右のリンパ総管に集まって，首の近くで**鎖骨下静脈**と合流する。なお，リンパ管には**逆流を防ぐ弁**があり，心臓へと向かって一定の方向性をもって流れることができるようになっている。

補足　小腸や小腸の腸間膜にあり，脂肪や脂溶性ビタミンを吸収するリンパ管を**乳び管**という。脂肪吸収時には，乳び管内のリンパ液は乳白色をしている。

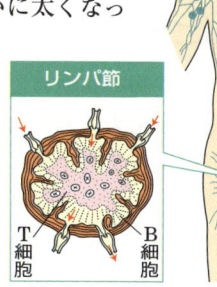

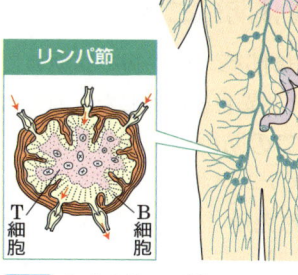

図15　ヒトのリンパ系

❷ リンパ節　哺乳類では，リンパ管のところどころに**リンパ節**とよばれる節状の組織があり，細菌や異物が侵入してくると，マクロファージやリンパ球によって捕捉される。ヒトでは，からだ全体で300〜600個のリンパ節がある。

補足　傷口から細菌が侵入すると，リンパ節が腫れて押すと痛むことがある。これは，リンパ節内に多くのリンパ球が集まって，細菌を免疫機能によって排除しているためである。

ポイント

循環系 ┃ 血管系 ┃ **開放血管系**…動脈と静脈をつなぐ毛細血管がない。
　　　　┃　　　　┃ **閉鎖血管系**…動脈と静脈をつなぐ毛細血管がある。
　　　　┃ **リンパ系**…ところどころに**リンパ節**があり，免疫に関与。

この節のまとめ　体液の恒常性

□ 恒常性の維持 ▷p.72	○ **恒常性**…外部環境（温度・光など）の変化に対して，内部環境（体液）が一定に保たれるしくみ。
□ 体　液 ▷p.73	○ 体液…**血液，組織液，リンパ液** ○ 血液…赤血球，白血球，血小板，血しょうから成る。 ○ **ヘモグロビン** + O_2 ⇌(肺胞)(組織) **酸素ヘモグロビン** 　（Hb；暗赤色）　　　　　　　　　　　　　　（HbO_2；鮮紅色）
□ 循環系 ▷p.78	○ **閉鎖血管系**…動脈と静脈が毛細血管でつながっている。 ○ **開放血管系**…動脈と静脈をつなぐ毛細血管がない。

2節 生体防御

1 自然免疫と獲得免疫

1 生体防御とは

❶ **生体防御** 微生物や異物の侵入を食い止めたり，体内に侵入した微生物の増殖を抑え，異物を排除したりして自分自身を守ろうとするしくみを**生体防御**という。

❷ **2つの防御システム** 生体には，自然免疫と獲得（適応）免疫という2つの防御システムがある。

① **自然免疫** 外界からの微生物は皮膚や呼吸器官・消化管の粘膜によって体内への侵入が食い止められており（**物理的排除**），また，涙・だ液・気管支の粘液中に多く含まれる酵素は，微生物の細胞膜を溶かし，活動できなくしている（**化学的排除**）。これらの障壁を突破して体内に侵入した細菌などは，樹状細胞など**白血球**のなかまが微生物や異物を直接細胞に取り込み消化する（**食作用**）。これらのはたらきは動物がうまれながらにもっているもので，**自然免疫**（または**先天免疫**）とよばれる。

表3 自然免疫による防御

物理的排除	皮膚，呼吸器官・消化管の粘膜
化学的排除	涙，消化液，粘膜中の酵素
食作用	白血球のなかま

② **獲得免疫（適応免疫，後天性免疫）** 特に**リンパ球**とよばれる白血球が，血管内やリンパ管内で微生物を処理する。その方法は，直接細胞を攻撃して破壊するやり方（**細胞性免疫** ▷p.86）や，抗体とよばれる"飛び道具"を放出して細菌などの異物を処理するもの（**体液性免疫** ▷p.84）などがある。

> **ポイント**
> 生体防御 ｛ 自然免疫…物理的排除・化学的排除・食作用
> 獲得（適応）免疫…体液性免疫・細胞性免疫

2 自然免疫

❶ **食細胞** 組織内や粘膜中には，体外から侵入した病原体や異物を取り込み，細胞内で消化する白血球のなかまがいる。これらの細胞は**食細胞**とよばれ，**好中球**，**マクロファージ**，**樹状細胞**などがある。

❷ **炎症反応** 食細胞は，抗原を取り込むと情報伝達物質（**サイトカイン**）を放出して毛細血管を拡張させ，血管透過性が高まる。これによって血液中の免疫にかかわる白血球が血管から組織内へ出てきやすくなり，血しょうも平常時より多く組織内

へしみ出してくる。これが**炎症反応**であり、腫れや痛み、高熱を伴うことがある。このようなしくみは、動物が生まれながらにしてもっている。

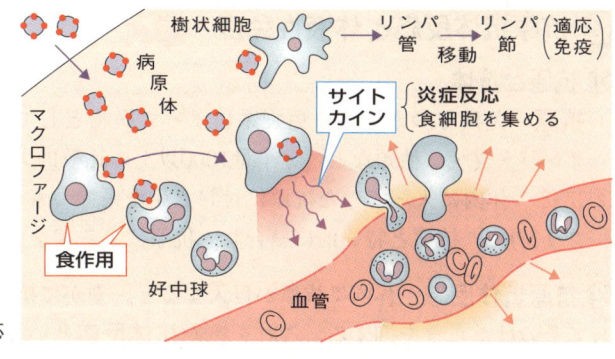

図16 炎症反応

2 体液性免疫と細胞性免疫

1 リンパ球とリンパ系の器官

❶ **獲得免疫に関係するリンパ球**　獲得免疫に関係するリンパ球には**T細胞**(**T**リンパ球)と**B細胞**(**B**リンパ球)の2種類がある。

①**T細胞**　骨髄でつくられたT細胞のもとになる細胞が胸腺でふえて、成熟してできる。ヘルパーT細胞、キラーT細胞などの区別がある。

②**B細胞**　骨髄でつくられ、胸腺を通過せず、直接ひ臓やリンパ節に行く。T細胞によって活性化されると、**形質細胞**(抗体産生細胞)に変身する。

(補足)　T細胞は胸腺(thymus)、B細胞は骨髄(bone marrow)の頭文字をとった名称。

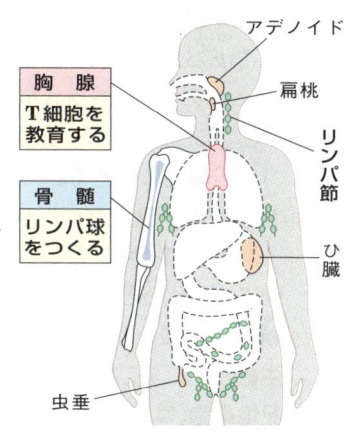

図17 ヒトのリンパ系

❷ **免疫に関係する器官**

①**リンパ節**　リンパ管の途中にあり、リンパ液を濾して異物を除去するはたらきをもつ(▷p.81)。マクロファージやリンパ球が特に多く存在し、食作用や抗体の産生(▷p.84)など、免疫にかかわる作用や反応が行われる。

(補足)　このほか、のどの扁桃、鼻の奥のアデノイド、盲腸の虫垂も同様のはたらきをもつ。

②**骨髄**　ほかの血球と同様に、リンパ球も骨髄でつくられる。ただし分化が完了するのは、血流にのって他の器官で成熟したり、侵入した微生物や異物の情報を受けて活性化してからである。

③**胸腺**　T細胞の分化と成熟の場で、正常なT細胞だけを選択的に増殖させる。

④**ひ臓**　リンパ管の途中ではなく、血管系の途中にある。ひ臓中のマクロファージやリンパ球によって血流中の感染源を防御する。また、古い赤血球を破壊する。

★1　マクロファージは体内のいたる所に存在するが、リンパ系器官(リンパ節、胸腺、ひ臓など)に特に多い。

2 抗原抗体反応と体液性免疫 【重要】

❶ 抗原と抗体
① **抗原** 免疫をつかさどる免疫系によって異物として認識される物質が**抗原**で，タンパク質・多糖類など，分子量1000以上の比較的大きな分子が抗原となる。
② **抗体** 体内に入ってきた抗原に対して免疫系でつくられるタンパク質(免疫グロブリン)で，抗原と特異的に結合し，抗原による害を抑えるはたらきをする。

❷ 抗原抗体反応
体内に抗原が侵入すると，やがて抗体がつくられ，抗原と結合してそのはたらきを抑える。これを**抗原抗体反応**という。

❸ 体液性免疫
抗原抗体反応によって抗原を無害化し排除する生体防御のしくみを**体液性免疫**という。抗体生産(産生)のしくみは以下のとおりである。
① 抗原が侵入すると，組織中やリンパ節などに存在するマクロファージや樹状細胞(▷p.75)が異物として認識し，細胞内に取り込んで分解する(**食作用**)。
② マクロファージや樹状細胞から分解された抗原の情報(抗原の断片)が，ヘルパーT細胞に伝えられる(**抗原提示**)。また，B細胞も抗原を捉えて，その断片をヘルパーT細胞に伝える。
③ 情報を受け取ったヘルパーT細胞は活性化し，**活性因子**(サイトカインあるいはインターロイキンとよばれる)を放出してマクロファージからの抗原情報をB細胞に伝えるとともに，B細胞の分化・増殖を促進する。
④ 抗原の情報を受け取った**B細胞**は活性化し，分裂してふえ，**形質細胞(抗体産生細胞)に分化する**。一部のB細胞は，その抗原に対する抗体の情報を記憶する**記憶細胞**(寿命が長く，体内を循環する)に分化する。

図18 体液性免疫

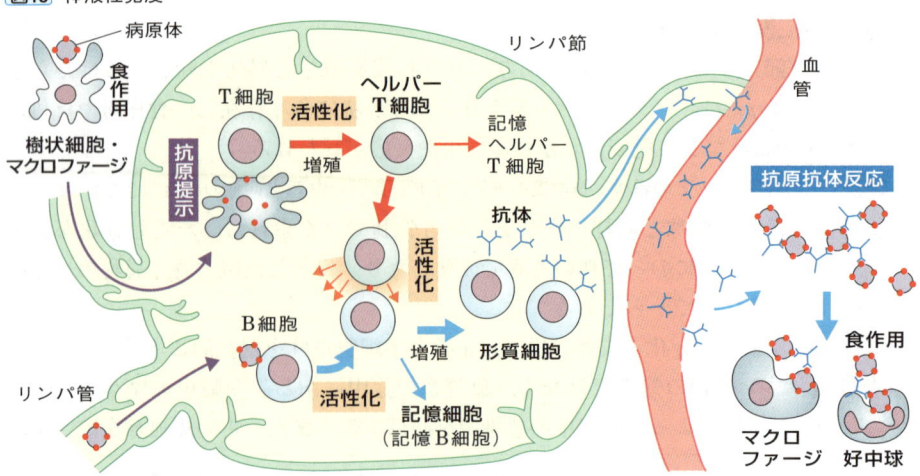

⑤ 分化した形質細胞は，その抗原に対応した**抗体を産生**し，**体液中に分泌**する。
⑥ **抗原抗体反応**によって抗体と結合した抗原は，マクロファージや好中球の食作用などによって除去される。

> **ポイント**
> ［体液性免疫］　樹状細胞・マクロファージ　　　　　B細胞→形質細胞
> 　　　　異物　食作用→抗原提示→活性因子　　　　　　　抗体産生
> 　　　　　　　　　　　　ヘルパーT細胞

❹ **免疫の記憶**　同じ抗原が再侵入した場合，大量の抗体がすみやかにつくられる。これは，その抗原に対する抗体の情報が記憶細胞にすでにあり，再侵入した抗原と出会うと，すみやかに増殖して抗体を産生するためである。

① 抗原Aが体内に侵入すると，先に述べた❸のような過程によって抗原Aに対する抗体（抗A抗体）がつくられる（**一次応答**）。
② 抗原Aが体内から除去されると抗A抗体の量も減少するが，抗原刺激を受けたB細胞の一部は記憶細胞として体内に残る（**免疫の記憶**）。
③ ふたたび抗原Aが体内に侵入すると，抗原Aに対する記憶細胞から形質細胞がすみやかに分化・増殖し，抗A抗体が①のときよりも短時間で大量につくられる（**二次応答**）。
④ ②の後に抗原Aとは異なる抗原（抗原B）が侵入した場合は，これに対する生体防御の反応は新たな一次応答であり，抗B抗体がつくられる速さ・量は①と同等となる（図19の青い曲線）。

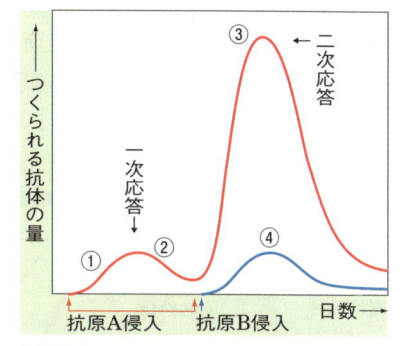

図19　免疫の記憶と二次応答

> **小休止**　**胸腺は思春期がはたらきのピーク**
>
> **胸腺**は心臓の少し上に位置する20〜30gの臓器で，この大きさは10代前半でピークを迎えると，その後は萎縮し脂肪に置き換わるといわれている。**胸腺はT細胞に抗原の情報を教育する学校にたとえられる**。この学校は，抗原が自己か非自己かの見分け方をT細胞に教える。つまり人生において思春期までの時期にはさまざまな抗原と出会い，胸腺という学校で厳しく教育されたT細胞たちが体中をめぐり免疫機能を担う。しかし，この時期を過ぎると，その役割は新たに生じた免疫記憶細胞に徐々に委ねられていくのである。

3 細胞性免疫 重要

① 細胞性免疫 T細胞やマクロファージなどが標的細胞を直接攻撃する免疫を**細胞性免疫**といい、抗体が主役となる体液性免疫と対比される。他人の臓器を移植したときに起こる**移植拒絶反応**は、その例である。

① 細胞性免疫のしくみは、標的細胞（異物）の情報を**ヘルパーT細胞**に提示されるまでは体液性免疫と同じ。この後ヘルパーT細胞は活性化し、標的細胞（異物）の情報を**キラーT細胞**に伝え、ヘルパーT細胞とともに増殖する。一部は**記憶細胞**として体内に残る。

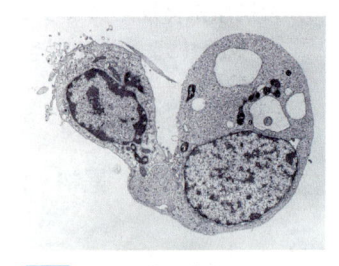

図20 がん細胞を攻撃するキラーT細胞

② 増殖したキラーT細胞は、表面に非自己物質をもつ**標的細胞**（ウイルスに感染された細胞や他個体からの移植細胞、がん細胞など）を**直接攻撃し、破壊する**。

③ 死滅した細胞はマクロファージによって食べられる。

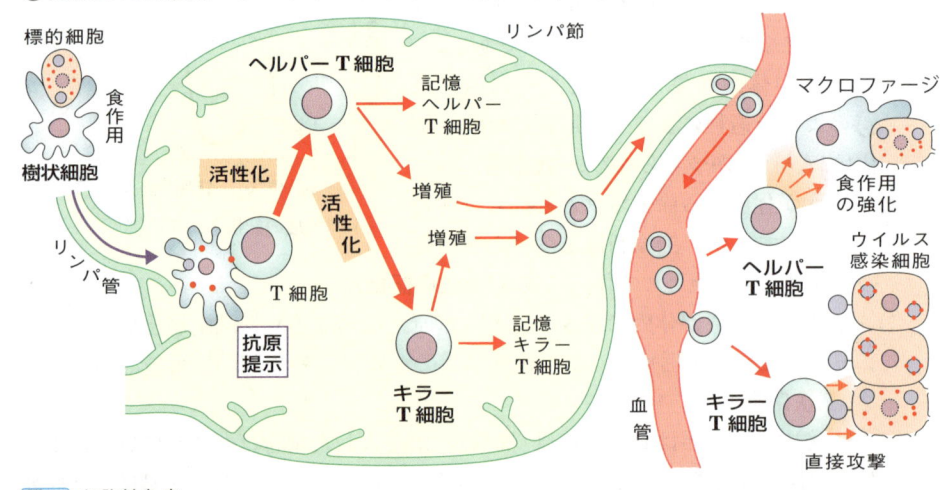

図21 細胞性免疫

小休止 ツベルクリンとBCG

◆**ツベルクリン** 細胞性免疫による反応の例として、移植拒絶反応のほかに**ツベルクリン反応**がある。ツベルクリン反応は、結核菌の培養液から得た**ツベルクリンタンパク質**（結核菌の細胞壁成分）を皮内注射して、結核菌に対する細胞性免疫の有無を判定するものである。ツベルクリンタンパク質が注射されると、その場所で結核菌に感染したことのある人の体内に残っていた記憶ヘルパーT細胞が認識し、そのT細胞がマクロファージを集め、活性化して炎症を起こさせるため赤く腫れる。

◆**BCG** 炎症が起こらない場合（陰性）、無毒化した生きた結核菌（**BCGワクチン**）を接種して結核菌に対する適応免疫をつける。

2節 生体防御　87

❷ **移植拒絶反応**　他人の臓器や組織片を移植すると，移植片はやがて変質して脱落してしまう。これを**移植拒絶反応**といい，細胞性免疫によって起こる現象である。そのしくみは次のとおり。

① 臓器の細胞表面には，自分と他人を識別する標識（タンパク質）があり，マクロファージ，樹状細胞，ヘルパーT細胞，キラーT細胞は，この標識を区別できる。

② 自己と異なった標識をもった細胞が移植されると，マクロファージや樹状細胞が異物と認識し，細胞性免疫のしくみによってキラーT細胞が増殖，移植片のまわりに集まり，移植細胞を攻撃して死滅させてしまう。

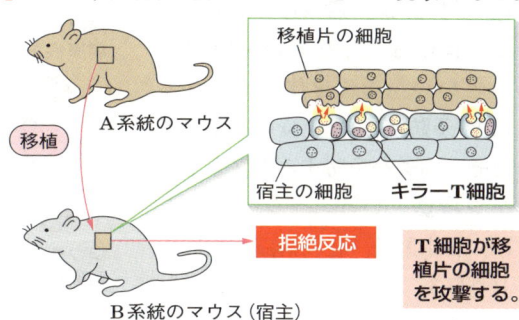

図22　異系統間マウスの移植拒絶反応

❸ **細胞性免疫の特徴と体液性免疫のちがい**

細 胞 性 免 疫	体 液 性 免 疫
① **キラーT細胞**そのものが標的細胞を攻撃する。 ② 標的細胞（異物）は，T細胞が出す物質で攻撃され，破壊される。	① 形質細胞によって**抗体**がつくられる。 ② 抗体は血液中にあり，全身で**抗原抗体反応**が起こる。 ③ 抗原の種類に応じて異なる抗体がつくられ，抗原と特異的に結合して抗原のはたらきを抑える。

❹ **アレルギー**　免疫反応が過敏に起こり，じんましんや粘膜の炎症（くしゃみや鼻水・涙・かゆみ）などの症状が生じることを**アレルギー**という。花粉やほこり，動物のタンパク質などアレルギーの原因となる物質を**アレルゲン**という。

アレルギーは，免疫の記憶（IgEという抗体）を細胞表面にもった**肥満細胞（マスト細胞）**が，抗原（アレルゲン）の再侵入によって壊れ，ヒスタミンなどの化学物質を放出することで起こる。ヒスタミンには，血管壁を拡張させるはたらきや気管支や気管を収縮させるはたらきがあり，これによってアレルギー症状が出る。

（補足）　アレルゲンには，気管に吸い込んだほこり，花粉，カビ，ダニ，動物の毛や，摂取したサバ，サンマなどの魚介類，たけのこ，大豆，そば，小麦粉，卵，牛乳や，注射されたワクチン，抗生物質（ペニシリンなど）などがある。これらアレルゲンの再侵入によって，即時的に激しいアナフィラキシーというアレルギー反応（おう吐や呼吸困難などのショック症状を伴う）を生じることがある。

4 免疫の応用

❶ ワクチン 病原体を不活性化または弱毒化した製剤を**ワクチン**といい，これを体内に入れること(**予防接種**)で免疫の記憶をもたせ，病気を予防する方法を**ワクチン療法**という。インフルエンザ，日本脳炎，狂犬病，A型肝炎，B型肝炎，ポリオ，麻疹(はしか)，風疹などさまざまな感染症の予防接種として活用されている。

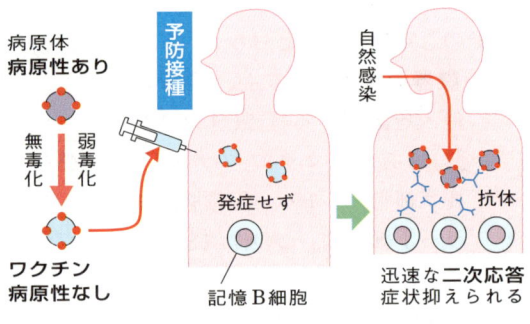

図23 ワクチン

❷ 血清療法 動物にワクチンを注射してその体内にできた抗体(血清に含まれる)をジフテリア・破傷風・ヘビ毒などの治療に用いることを**血清療法**という。

発展ゼミ インフルエンザワクチンとトリインフルエンザ

◆インフルエンザウイルスにはA・B・Cの3種類あり，毎年流行を引き起こす**季節性**のものはA型とB型である。これらのインフルエンザウイルスの表面には抗原となる糖タンパクがあり，これが**変異**（形を変えること）を起こすため，前年に流行したウイルスに効果があったワクチンも，今年，変異を起こしたウイルスが流行した場合には効力がなくなってしまうのである。しかもワクチンの製造には数か月かかるため，流行するであろうインフルエンザの型を予測して事前にワクチンをつくり始めなければならない。近年では**新型インフルエンザ**(今までにない変異を起こしたウイルス)と季節性のインフルエンザに対するワクチンを混合したものを接種する試みがなされている。

◆A型のインフルエンザウイルスだけでも変異の大きい種が数多く知られている。その中には**トリインフルエンザ**も含まれており，本来，鳥にだけ感染していたこのウイルスが変異してヒトにも感染できるようになったものである。これはヒトのインフルエンザウイルスとトリインフルエンザウイルスが混在した環境(家畜など)の中で遺伝子が変異し，ヒトにも感染できるようになったものと考えられる。トリインフルエンザウイルスは病原性は非常に高いものの，ヒトからヒトへの感染力が低かったため過去の発生では大流行とはならなかったが，今後，更なる変異が起こった場合には，ヒト間の感染力が強いトリインフルエンザウイルスも現れるかもしれない。

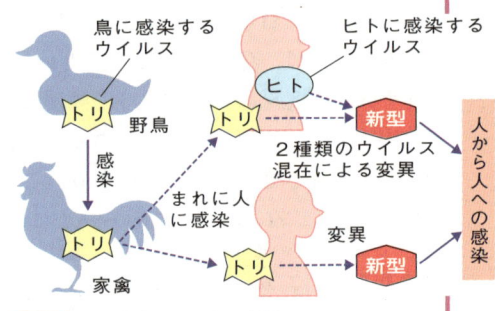

図24 インフルエンザの変異

補足 動物の血清を用いた治療は，抗体以外の物質を含むことで効き目が弱かったりアレルギーを生じる短所があった。現在では1種類の抗体を産生する形質細胞を培養し，純粋な抗体（モノクローナル抗体）だけを投与する治療法が開発されている。

❸ **花粉症の抑制** 花粉症は花粉成分をアレルゲン（抗原）とするアレルギー（▷p.87）の一種である。花粉の侵入により，肥満細胞の表面にIgEという抗体が結合する。再び侵入した花粉の成分がIgEに結合すると，肥満細胞が壊れ，細胞内からヒスタミンが放出され，アレルギー症状を引き起こす。

そこで花粉症に対しては，さまざまな薬が用いられているが，大きく2つにわけることができる。1つは抗アレルギー薬で，肥満細胞表面の抗体への抗原の結合を妨げるもの。もう1つは，放出されたヒスタミンが鼻などの粘膜の受容体に付着しないようにする抗ヒスタミン薬である。

❹ **エイズ** AIDS（後天性免疫不全症候群）は**HIV**（ヒト免疫不全ウイルス）によって起こる。このHIVは抗原情報の変異が激しく，ワクチンを生成することができない状況にある。HIVはヘルパーT細胞に感染し徐々にヘルパーT細胞を死滅させていく。体液性免疫においても細胞性免疫においても要であるヘルパーT細胞がはたらけなくなることで免疫システム自体が失われ，感染力の弱い病原菌に対しても発病してしまうことになる（日和見感染）。

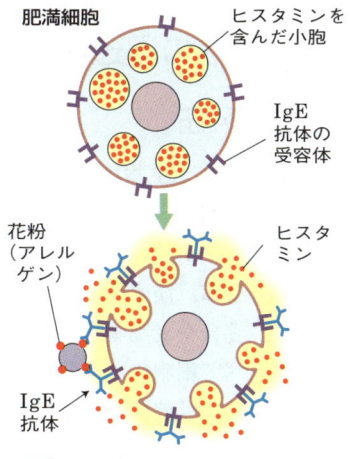

図25 花粉症のしくみ

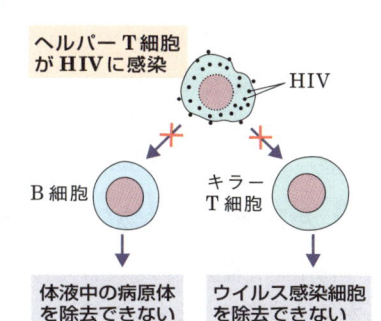

図26 AIDS（後天性免疫不全症候群）

この節のまとめ　生体防御

□ 自然免疫と適応免疫 ▷p.82	● 自然免疫…生得的にもっている防御のしくみ。食作用など。 ● 適応免疫…特定の異物を攻撃。体液性免疫，細胞性免疫
□ 体液性免疫と細胞性免疫 ▷p.83	● 体液性免疫…リンパ球（形質細胞）が抗体を放出，抗原と結合（抗原抗体反応）して除去する。 ● 細胞性免疫…細胞を直接攻撃，破壊する。 ● ワクチン…弱毒化した抗原，血清療法…抗体を取り入れる。

3節 体液の浸透圧と老廃物の排出

1 体液の浸透圧(濃度)の調節

1 浸透圧

❶ **水の浸透** 生物の細胞膜は，溶媒(水など)は通すが分子の大きい溶質は通さない性質(半透性)があり，この半透性をもった膜を半透膜とよぶ。淡水生の単細胞生物のゾウリムシは，養分や老廃物などによって細胞外の水にくらべて細胞内の溶質の濃度が高くなっているため，外部の水が半透膜を通して内部に移動してくる。この現象を浸透といい，浸透を起こさせる力を浸透圧という。

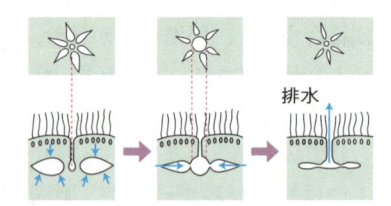

図27 ゾウリムシの収縮胞のはたらき
(視点) ゾウリムシ(▷p.59)には，細胞内の余分な水を排出するために収縮胞という細胞小器官が発達している。

❷ **高張・低張** このとき濃度が高く水が入ってくる側を高張(液)，水が出ていく側を低張(液)であるという。また，両方の水溶液の濃度が等しく，見た目上，水の出入りのない状態を等張(液)という。

(補足) 細胞膜は完全な半透膜ではなく，特定の物質を出し入れすることもできる。

2 海産無脊椎動物の浸透圧

海産無脊椎動物の多くは，体液の浸透圧を一定に保つ能力をもっていないが，なかには調節能力をもつものもいる(▷図28)。

❶ **外洋域に生息する無脊椎動物**
浸透圧を調節するしくみが未発達なため，体液は外液と等張になる。塩分濃度が低い水域では生きられない。 例 ケアシガニ

❷ **河口域(汽水域)に生息する無脊椎動物**
浸透圧調節のしくみが備わっているため，川の流量の増減によって，外液の浸透圧が変動しても，ある程度までの調節が可能。
例 ガザミ(ワタリガニ)

❸ **川と海を往復する無脊椎動物**
浸透圧調節のしくみがよく発達している。 例 モクズガニ(川で生活し海で産卵)

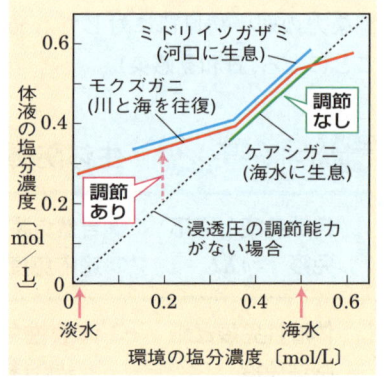

図28 カニの体液と外液の関係

3節 体液の浸透圧と老廃物の排出　91

③ 硬骨魚類の浸透圧調節　重要

同じ硬骨魚類でも、淡水産と海産とでは浸透圧調節のしくみが次のように異なる。

❶ 海産硬骨魚類の浸透圧調節　海産硬骨魚類の体液の浸透圧は、外液(海水)より低張なため、体内の水が海水へと出ていく。そこで、**多量の海水を飲んで腸から水を吸収し、余分な塩類をえらから積極的に排出したり、尿の排出を少量に抑えて、体液の浸透圧が上がらないようにしている。**

❷ 淡水産硬骨魚類の浸透圧調節　淡水産硬骨魚類の体液の浸透圧は、外液(淡水)より高張なため、水が体内に浸透してくる。そこで、**腎臓での塩分の再吸収をさかんにして水分の多い体液より低張な尿を排出したり、えらから積極的に塩類を吸収して、体液の浸透圧が下がらないようにしている。**

海産硬骨魚類…体液のほうが低張なため、**多量の水が出ていきやすい環境。**

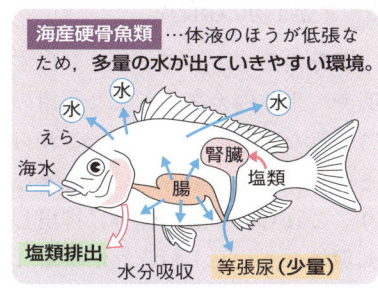

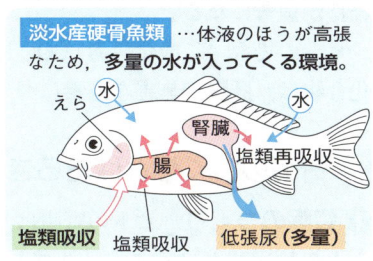

淡水産硬骨魚類…体液のほうが高張なため、**多量の水が入ってくる環境。**

図29　硬骨魚類の浸透圧調節

❸ 海水と淡水を行き来する魚類　サケ(成魚は海で生活するが、産卵のため川を遡(さかのぼ)り、稚魚は川で育つ)やウナギ(成魚は川で生活するが、産卵は深海で行う)のように海と川を行き来する魚は、塩類調節のはたらきを切り替えて両方の環境に対応することができる。

> **ポイント**
> 海産魚類…えらから塩類を排出し、**少量の等張尿**を排出。
> 淡水産魚類…えらから塩類を吸収し、**多量の低張尿**を排出。

(補足)　サメやエイなどの**海産軟骨魚類**は、尿素を体内に蓄積することで、体液を海水とほぼ等張に保っている。そのため、えらから塩類を排出したり、尿量を減らす必要はない。それでも浸入した塩類は直腸から排出する。

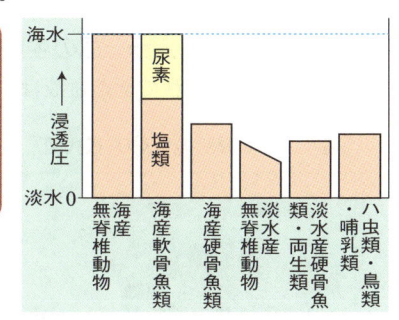

図30　いろいろな動物の体液の浸透圧

④ 陸上動物の浸透圧調整

❶ 塩類腺　海産のハ虫類・鳥類には**塩類腺**という外分泌腺(▷p.99)があり、海水よりも濃度の高いNaCl溶液を体外に排出し、浸透圧を保っている。

❷ 腎臓での調節　ヒトなどの高等な動物では、バソプレシンや鉱質コルチコイドといったホルモンが腎臓に作用して浸透圧が調節される(▷*p.93, 104*)。

2 老廃物の排出

1 老廃物の排出

　養分からエネルギーをとり出すときの呼吸や，生体内のさまざまな代謝の結果，いろいろな不要物が生じる。これらを**老廃物**という。老廃物のなかには有害な物質があり，これらは早急に体外に排出しないと内部環境が悪化し，恒常性が保たれず生命の維持が困難になる。

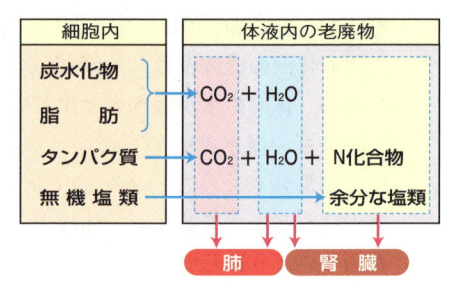

図31 老廃物の排出の2経路

　ヒトの場合，二酸化炭素（CO_2）は肺から排出し，アンモニアのような有害な窒素化合物は，肝臓で無害な**尿素**につくり変えて**腎臓**から排出している。

2 腎臓のつくりとはたらき　重要

❶ 腎臓のつくり　ヒトの腎臓は，腹腔の背側に1対あり，それぞれの腎臓からは1本の輸尿管がぼうこうと連絡している。ヒトの腎臓は図32のようなつくりをしている。腎臓の皮質には**腎小体**（**マルピーギ小体**）があり，これは**糸球体**（毛細血管が集まって小球状になったもの）とそれを包む**ボーマンのう**より成る。腎小体は**細尿管（腎細管）**につながっている。腎小体と細尿管は，腎臓の構造上・機能上の単位なので，あわせて**腎単位（ネフロン）**とよばれ，1つの腎臓中に約100万個ある。

❷ 腎臓のはたらき――尿の生成
①腎動脈から流れてきた血液は，腎小体中の**糸球体**に流れ込む。

図32 ヒトの腎臓のつくり（模式図）

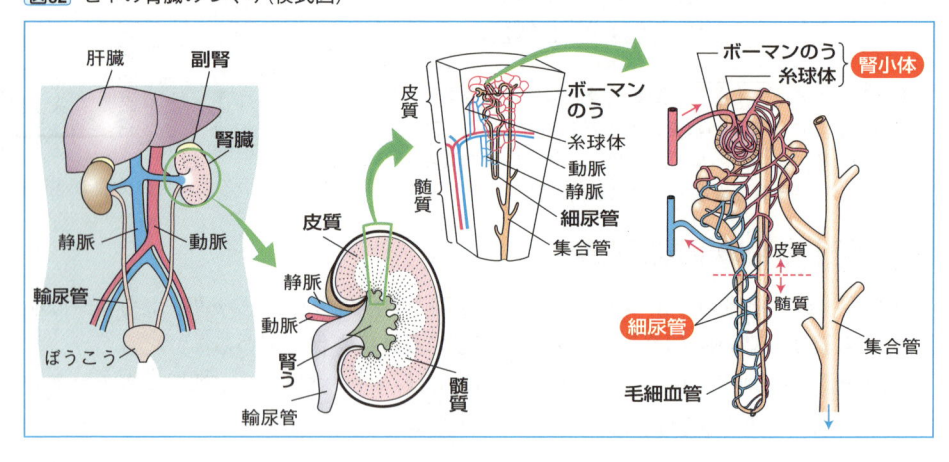

② 血しょう中のタンパク質を除く成分が，糸球体からボーマンのう中にろ過される。このろ液を**原尿**といい，ヒトでは1日に約170Lの原尿がつくられる。
③ 原尿中のすべてのグルコースと，約95%の水と必要な無機塩類が，**細尿管を流れる間に毛細血管へと再吸収される**。この再吸収は，ATPのエネルギーを用いた**能動輸送**によるものである。さらに約4%の水が集合管で再吸収される。
④ 細尿管や集合管で毛細血管に再吸収されなかった成分が**腎う**に集まって**尿**となる。尿量は，ヒトでは1日に約1.5Lである。
⑤ 塩類や水の再吸収は鉱質コルチコイドやバソプレシンなどの**ホルモン**によって調節され，体液の浸透圧維持にはたらく。

表4 ヒトの血液(血しょう)と尿の固形成分

成　分	血しょう〔%〕	原尿〔%〕	尿〔%〕	濃縮率
タンパク質	7〜9	0	0	0
グルコース	0.1	0.1	0	0
尿　素	0.03	0.03	2	67
尿　酸	0.004	0.004	0.05	12.5
クレアチニン	0.001	0.001	0.075	75
アンモニア	0.001	0.001	0.04	40
ナトリウム	0.32	0.32	0.35	1.2
塩　素	0.37	0.37	0.6	1.6
カリウム	0.02	0.02	0.15	7.5

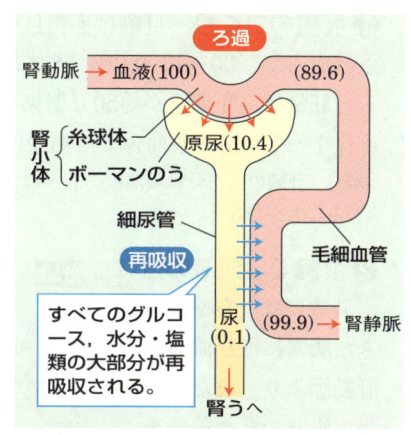

図33 尿生成のしくみ(模式図)──( )内の数字は，糸球体に入ってくる血液を100としたときのそれぞれの割合を示す。

ポイント
血しょう成分の**ろ過** ⇨ **原尿**の生成(170L／日)
原尿からの**再吸収** ⇨ **尿**の生成(1.5L／日)＝原尿の約1%

例題 腎臓での再吸収量の計算

イヌリン(キクイモの塊茎に含まれる多糖類)は，すべてボーマンのうへろ過され，細尿管ではまったく再吸収されない。イヌリンを人工的に血しょうに加え，その濃縮率を調べたところ120であった。いま，1時間に100mLの尿が排出されたとすると，その間に再吸収された液体の量は何mLか。

着眼 イヌリンの濃縮率と尿量から，生成された原尿量をまず求める。原尿量と尿量の差が再吸収量である。

解説 再吸収されない物質の濃縮率は，原尿がどれだけ濃縮されて尿が生成されたのかを示している。したがって，原尿量＝尿量×イヌリンの濃縮率＝100×120＝12000〔mL〕。再吸収量＝原尿量−尿量＝12000−100＝11900〔mL〕。　**答 11900mL**

3 肝臓のつくりとはたらき

1 肝臓のつくり

肝臓は，一般に肝とよばれ，日本では古くから五臓六腑の1つとされてきた。「肝心」という言葉もあるように，人体にとって重要な器官である。

❶ 肝臓のつくり 肝臓は赤褐色をしており，重さは成人で1200～1400gで，人体最大の器官である。肝臓は，肝細胞が約50万個集まった**肝小葉**という構造単位から成る。肝小葉は，直径1～2mmの多面体で，典型的なものでは，横断面は六角形となる。

(補足) 肝臓の大部分は横隔膜の右下にあり，左右の肋骨の腹側の中央付近で，腹の上から手でさわることができる。

❷ 肝臓での血液の流れ 肝臓には，心臓からきた酸素に富む血液が**肝動脈**より，また，小腸で吸収された養分を多く含む血液が**肝門脈**より入る。これらの血液は，肝小葉に並んだ肝細胞の列の間を流れ，中心静脈から肝静脈を経て心臓に行き，全身に送られる。

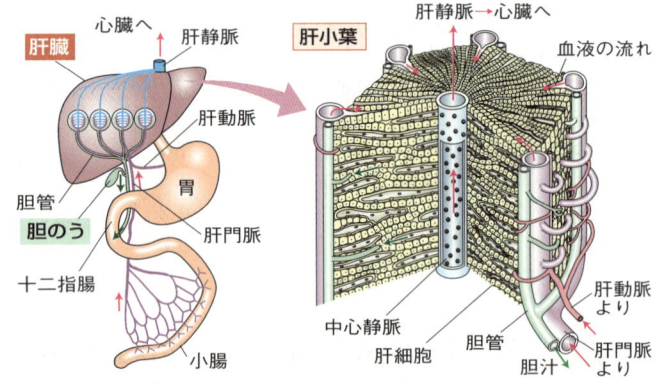

図34 ヒトの肝臓のつくりと血液の流れ

(視点) 肝細胞でつくられた胆汁は，血液の流れと逆に流れ，胆管を通って胆のう，十二指腸へと送られる。

2 肝臓のはたらき 重要

❶ グリコーゲンの合成と貯蔵 小腸で消化・吸収されたグルコースは，肝門脈から肝臓に運ばれ，肝細胞でグリコーゲンにつくり変えられて貯蔵される。グリコーゲンは血糖値が低下すると，グルコースに分解されて，血液中に送り出される。また，アミノ酸や脂質の代謝も行われる。

❷ 尿素の合成（オルニチン回路） タンパク質がアミノ酸を経て，代謝・分解されると，有毒なアンモニア（NH_3）が生じる。軟骨魚類・両生類・哺乳類は，体内で生じたアンモニアを，次のように，肝臓の**オルニチン回路**（尿素回路）で毒性のほとんどない**尿素**につくり変えて，**腎臓**から排出する。

3節 体液の浸透圧と老廃物の排出

① おもに肝細胞内でアミノ酸が分解されて生じたNH_3とCO_2は，ATPと各種の酵素のはたらきによって，オルニチンと結合し，シトルリンになる。
② シトルリンは，さらに1ATPを消費してアスパラギン酸と反応し，アミノ基($-NH_2$)の転移を受けてアルギニンになる。

(補足) このアスパラギン酸は，呼吸のクエン酸回路(▷p.27)で生じるオキサロ酢酸からの中間産物である。アミノ基を失ったアスパラギン酸はフマル酸となり，クエン酸回路にもどっていく。

③ アルギニンは，アルギナーゼという酵素のはたらきによって分解し，オルニチンと尿素〔$CO(NH_2)_2$〕になる。オルニチンは，ふたたび①の反応へと入っていく。

(補足) オルニチン回路は，軟骨魚類・両生類・哺乳類にあり，硬骨魚類・ハ虫類・鳥類にはない。

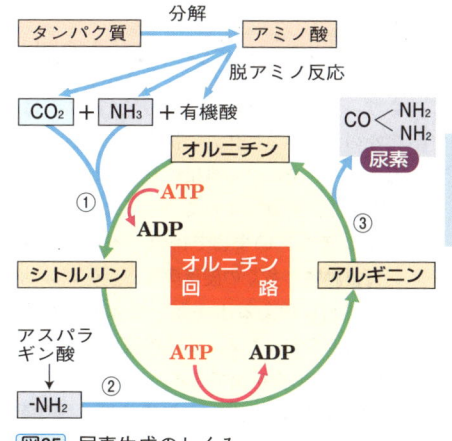

図35 尿素生成のしくみ

> **ポイント**
> アミノ酸の分解で生じた**アンモニア**(NH_3)は，肝臓の**オルニチン回路**で**尿素**〔$CO(NH_2)_2$〕につくり変えられて，腎臓から排出される。

❸ その他のはたらき

① **解毒作用** 体外からとり込まれた有害物質であるアルコールや薬物は，肝細胞で無毒な物質に変えられ，尿中や胆汁中に排出される。
② **血液成分の調節** 血液中のアルブミン・フィブリノーゲン(▷p.77)などを合成する。また，古くなった赤血球を破壊する。
③ **胆汁の合成** 胆汁をつくって，胆管より十二指腸へ分泌する。1日につくられる胆汁量は，成人で約1500mLである。胆汁には消化酵素は含まれておらず，脂肪を細かな粒にして(これを**乳化**という)消化を助ける。

(補足) 胆汁中にあるビリルビンという黄色い色素は，肝臓やひ臓などで古い赤血球が破壊された後のヘモグロビンに由来する(▷p.75)。ビリルビンが血液中に増加すると，黄疸になる。

④ **発熱** 代謝に伴って熱が発生し，体温の保持に使われる。肝臓での発熱量は，からだ全体での発熱量の約20%にもなる。

> **ポイント**
> [肝臓のはたらき]
> ① 養分の代謝と貯蔵　② **尿素の合成(オルニチン回路)**
> ③ **解毒作用**　　　　④ 血液タンパクの合成と古い赤血球の破壊
> ⑤ **胆汁の合成**　　　⑥ 発熱による体温の保持

発展ゼミ アンモニアの排出のしかた

◆アミノ酸の分解で生じる<u>アンモニア</u>は有害なので，早急に体外に排出しなければならない。アンモニアの排出のしかたには次の3つがあり，動物によって決まっている。

① アンモニアのままで排出…多くの<u>水生無脊椎動物</u>，多くの<u>硬骨魚類</u>，<u>両生類の幼生</u>。
　➡排出に使える水が豊富で体内にため込む必要がないため，毒性の高いアンモニアNH_3のままで排出できる。

② 尿素に変えて排出…<u>軟骨魚類</u>，<u>両生類</u>，<u>哺乳類</u>。➡<u>肝臓</u>で，アンモニアを毒性のほとんどない尿素$CO(NH_2)_2$に変える。軟骨魚類は尿素を体内にため，浸透圧の調節を行う。(▷p.91)

③ 尿酸に変えて排出…<u>昆虫類</u>，<u>ハ虫類</u>，<u>鳥類</u>。
　➡アンモニアを毒性の低い尿酸につくり変えてから排出する。鳥の(糞)尿中の白いものが尿酸である。尿酸は水に溶けない。また，ヒトでも，核酸の分解物は尿酸として排出される。もし，尿酸が体内にたまると，痛風という病気になる。

表5　アンモニアの排出のしかた

生活形態	水中生活		陸上生活
	毒性高く，水に溶ける。	毒性ほとんどなく，水に溶ける。	毒性低く，水に溶けない。
排出形態	アンモニア	尿素	尿酸
動物	無脊椎動物，硬骨魚類，両生類の幼生	軟骨魚類，両生類，哺乳類	昆虫類，ハ虫類，鳥類

この節のまとめ　体液の浸透圧と老廃物の排出

□体液の浸透圧の調節 ▷p.90	●硬骨魚類の浸透圧調節 　海　産…えらから塩類を排出，<u>等張尿を少量排出</u>。 　淡水産…えらから塩類を吸収，<u>低張尿を多量排出</u>。
□老廃物の排出 ▷p.92	●腎臓で，<u>ろ過</u>と<u>再吸収</u>により，血しょう中の老廃物・水分・塩類などから尿をつくる。
□肝臓のはたらき ▷p.94	●<u>オルニチン回路</u>で，アンモニアを<u>尿素</u>に変える。 ●養分の代謝と貯蔵，<u>解毒作用</u>，<u>古くなった赤血球の破壊</u>，<u>胆汁の合成</u>，発熱による体温保持など。

章末練習問題 解答▷ p.195

1 〈免疫のしくみ〉 テスト必出

生体防御に関する次の文を読んで，下の問いに答えよ。

生物体では，細菌やウイルスなどの異物を非自己物質として区別し，排除することにより体内の正常な状態を維持している。異物は（ ① ）や樹状細胞に取り込まれ，次にリンパ球の（ ② ）によって抗原として認識される。抗原を認識した（ ② ）は（ ③ ）を活性化し，（ ③ ）は抗体産生細胞へと分化して，その抗原に対する抗体を産生する。抗体は（ ④ ）字形で，先端部は対応する抗原によって異なり（ ⑤ ）という。抗体は侵入した抗原と特異的に反応し，病原体や毒素などの異物を排除する。その結合を（ ⑥ ）反応とよび，この生体防御のしくみを（ ⑦ ）免疫とよぶ。

一方，抗体には関係なく，（ ⑧ ）が直接抗原の排除に関与する反応を（ ⑨ ）免疫とよぶ。（ ⑨ ）免疫では，活性化した（ ⑧ ）が他者からの移植片の細胞を直接攻撃する。

(1) 文中の①〜⑨に入る適語を記せ。
(2) 文中の下線部の作用を利用して感染症を事前に防御するため，以下のような方法が行われている。その方法名を答えよ。
　(A) 人や動物に抗原を注射する方法。
　(B) 人や動物に抗体（血液の液体成分）を注射する方法。

2 〈肝臓の構造とはたらき〉

次の文を読んで，問いに答えよ。

ヒトの肝臓は，横断面が六角形状の構造単位（肝小葉）が集まってできている（図右）。その中心と各頂点には3種類の血管がみられ，心臓から出た血液の4分の1以上が肝臓に入り肝細胞の間を流れる（図左）。肝細胞では多様な①酵素による化学反応が活発に行われ，血液中のさまざまな物質を合成，貯蔵，分解し，血液中に送り出している。肝臓は血液成分の調節，発熱，解毒作用，②胆汁の生成など，恒常性の維持に重要な機能を果たしており，その機能の多くは③自律神経系やホルモンによって調節されている。

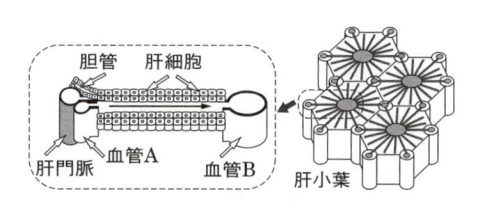

(1) 肝小葉の一部を拡大した図（左）中の血管Aと血管Bの名称を答えよ。
(2) 図（左）の肝門脈から入ってくる血液は，ある器官を経由してきたものである。そのある器官の名称を答えよ。
(3) 下線部①について，肝細胞には有害なアンモニアを比較的無害な物質に変えるしくみ（反応回路）がある。その回路名を答えよ。
(4) 下線部②の胆汁の多くは，肝臓から出て貯蔵・濃縮された後で放出される。貯蔵される器官名と放出される器官名をそれぞれ答えよ。
(5) 下線部③について，糖の貯蔵に関し促進的に作用する神経系とホルモンは何か。

2章 内分泌系と自律神経系

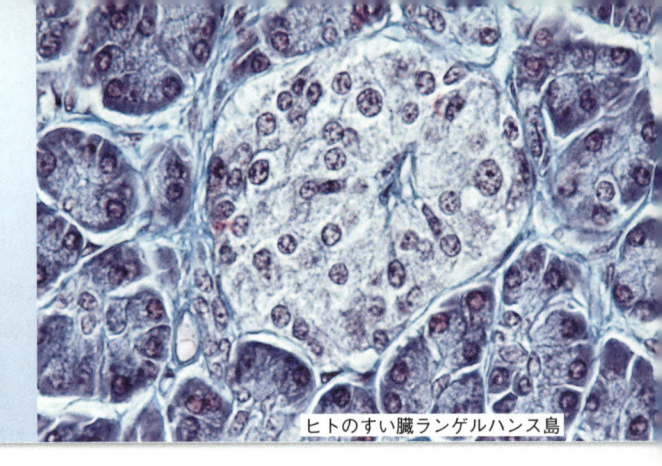

ヒトのすい臓ランゲルハンス島

1節 ホルモンとそのはたらき

1 ホルモンと内分泌系

　動物のホルモンは，自律神経系（▷p.105）と協同して，個体のいろいろな生理作用を調節することで，恒常性の維持にはたらいている。このような**ホルモンによる調節のしくみ全般**を**内分泌系**という。自律神経系は，用件を一方的にすばやく伝えることから電子メール機能に，内分泌系は，若干時間はかかるが周期的な情報や細かな情報を送ることができることから郵便にたとえることができる。

1 ホルモン

❶ ホルモンの発見

　1902年，イギリスのベイリスとスターリングは，十二指腸から血中に分泌され，すい臓にはたらくホルモンを発見し，セクレチンと名付けた。

（補足）食物とともに胃酸が十二指腸に送られると，刺激を受けて十二指腸はセクレチンを血液中に分泌する。セクレチンがすい臓に達すると，すい液の炭酸水素イオンの分泌が促進される。

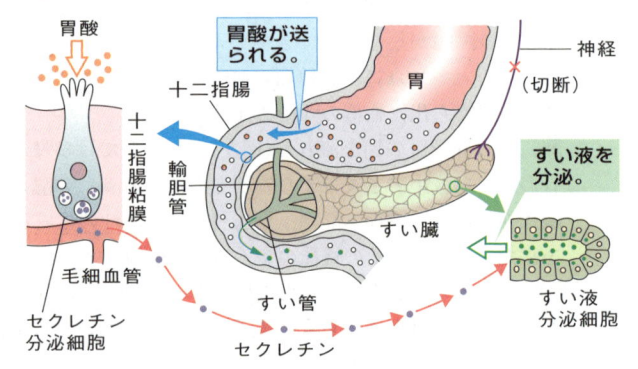

図36　セクレチンとすい液の分泌

（視点）すい臓につながる神経を切断してもすい液が分泌されることから，血液中を流れるセクレチンによってすい液が分泌されることがわかった。

❷ ホルモンの特徴　「**ホルモン**」という用語は，セクレチンを発見したベイリス

とスターリングによって1905年に提唱され，次のように定義された。

「動物体内の特定の腺（内分泌腺）で形成され，血液中に分泌され，遠く離れた体内の他の器官（標的器官とよぶ）に運ばれ，そこで，微量で特殊な影響を及ぼす物質」

図37 内分泌腺と外分泌腺

(視点) ホルモンを分泌する**内分泌腺**は，消化液や汗などを分泌する**外分泌腺**と異なり導管がなく，分泌物は分泌細胞をとりまく血管内に分泌され，血流によって体内の諸器官に運ばれる。これに対して，**外分泌腺**には導管があり，分泌物は導管を通って一定の場所へ分泌される。

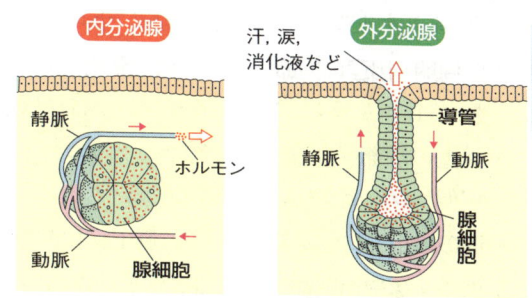

2 ホルモンと標的器官

❶ 標的器官と標的細胞 内分泌腺から血液中に放出されたホルモンは，それぞれ決まった器官や組織の細胞に受け取られて作用する。このように，作用が及ぼされる器官を**標的器官**といい，標的器官内にあって特定のホルモンを受容する細胞を**標的細胞**という。

❷ ホルモンの受容体 ホルモンが標的細胞にだけ作用するのは，標的細胞が特定のホルモンを受け取る受容体をもっているからである（受容体により，受け取るホルモンは決まっている）。あるホルモンに対してその受容体をもたない細胞は，ホルモンを受け取ることができず，したがって，その作用を受けない。

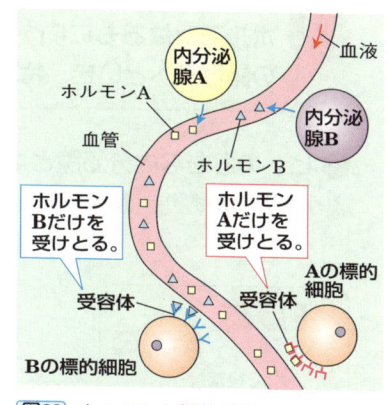

図38 ホルモンと標的器官

❸ 標的器官とホルモンの作用 ホルモンの作用は，標的となる器官や細胞ごとに決まっている。たとえばアドレナリンは心臓の心拍数を増やしたり収縮を強くするが，筋肉の血管に対しては収縮，皮膚の血管は拡張と逆の作用を示す。

3 ホルモンの種類とはたらき (重要)

❶ ホルモンの種類 ホルモンは，化学成分によって次の3つに大別される。
① **ステロイドホルモン** ステロイド核をもつホルモン。脂溶性。
　例 糖質コルチコイド，鉱質コルチコイド，雄性ホルモン，雌性ホルモン
② **ペプチドホルモン** ポリペプチドでできているホルモン。水溶性。
　例 脳下垂体・すい臓・副甲状腺・神経分泌細胞などでつくられるホルモン
③ **その他のホルモン** 例 副腎髄質のホルモン，甲状腺ホルモン（水溶性）

❷ **ホルモンのはたらき** ホルモンのはたらきをまとめると，次のようになる（個々のホルモンのはたらきについては，表6のとおり）。

① **成長・発生の促進** 体内のタンパク質合成を高め，成長・分化・変態を促進する。
　例 成長ホルモン（脳下垂体前葉），チロキシン（甲状腺）

② **性周期・出産の調節** 二次性徴を発現させたり，子宮筋の収縮を調節したりする。
　例 雄性ホルモン，雌性ホルモン，子宮筋収縮ホルモン

③ **代謝の調節** 肝臓や骨格筋でのグリコーゲンの糖化や糖のグリコーゲン化（▷p.109〜111）をうながす。例 アドレナリン，グルカゴン，インスリン

④ **他のホルモン分泌の調節** 例 脳下垂体前葉の各刺激ホルモン

⑤ **血圧・体温の調節** 内臓諸器官や動脈の壁をつくる平滑筋の収縮や弛緩を支配することで，血圧や体温を調節する。例 アドレナリン，バソプレシン

> **ポイント** ホルモンはおもに**内分泌腺**でつくられ，血流に乗ってからだじゅうの諸器官へといき，特定の細胞（**標的細胞**）にだけ作用する。

❸ **ヒトのおもな内分泌腺とホルモン** ヒトの内分泌腺には，下の図39に示したようなものがあり，表6のようなホルモンを分泌している。

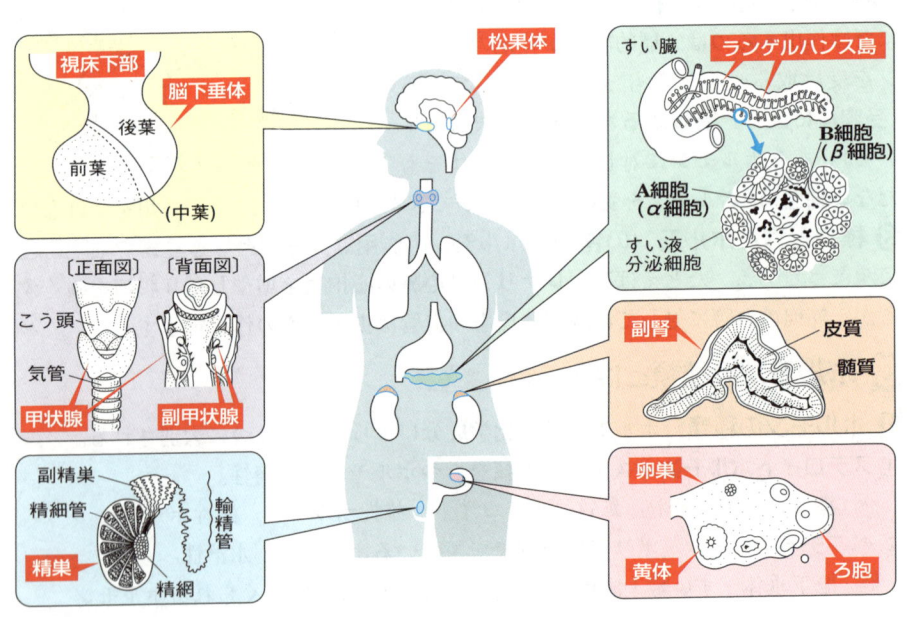

図39 ヒトのおもな内分泌腺

表6 ヒトを中心とした脊椎動物のおもな内分泌腺とホルモン（＋は過剰時，－は不足時の影響）
※系欄：㋺＝ペプチドホルモン，㋜＝ステロイドホルモン　＊視床下部でつくられる神経ホルモン
🔴血糖上昇にはたらくホルモン　🔵血糖下降にはたらくホルモン　🟠体温上昇にはたらくホルモン

内分泌腺			ホルモン		系	おもなはたらき	分泌異常
視床下部			ホルモン放出因子		㋺	脳下垂体前葉ホルモンの分泌を促進	
			脳下垂体後葉ホルモン		㋺	脳下垂体後葉に運ばれて後葉ホルモンになる	
脳下垂体	前葉		成長ホルモン 🔴		㋺	細胞の代謝を高め，成長を促進。血糖を高める	(+)巨人症 (+)末端肥大症 (-)小人症
			甲状腺刺激ホルモン		㋺	甲状腺ホルモンの分泌を促進	
			副腎皮質刺激ホルモン		㋺	コルチコイド分泌を促進	
			生殖腺刺激ホルモン			精巣・卵巣の成熟を促進	
			ろ胞刺激ホルモン		㋺	…ろ胞ホルモンの分泌を促進	
			黄体形成ホルモン		㋺	…排卵を促進。黄体の形成を促進	
			プロラクチン		㋺	黄体ホルモンの分泌と乳腺の乳汁分泌を促進	
	中葉		黒色素胞刺激ホルモン		㋺	黒色素胞中の黒色素顆粒の拡散を促進	
	後葉		バソプレシン＊ （血圧上昇ホルモン）		㋺	集合管での水分再吸収を促進し尿量を減らす 毛細血管を収縮させ，血圧を上昇させる	(-)尿崩症 (-)尿量増加
			オキシトシン＊		㋺	子宮筋の収縮を促進。乳汁を射出させる	
甲状腺			甲状腺ホルモン （チロキシン🟠 　トリヨードチロニン）			代謝（特に異化作用――呼吸）を促進 甲状腺刺激ホルモンの分泌を抑制 両生類では変態，鳥類では換毛を促進	(+)バセドウ病 (-)クレチン病 (-)粘液水腫
副甲状腺			パラトルモン		㋺	骨からカルシウムを放出させて血液中のカルシウム濃度を上昇させ，リン酸濃度を下降させる	(-)筋けいれん (+)骨折
すい臓 （ランゲルハンス島）			インスリン 🔵		㋺	血糖値の減少を促進（血糖の異化をうながし，血糖からのグリコーゲン合成を促進）	(-)インスリン依存性糖尿病
			グルカゴン 🔴		㋺	血糖値の増加を促進（グリコーゲン→グルコース）	
副腎	髄質		アドレナリン 🔴🟠 ノルアドレナリン			血糖値の増加を促進（肝臓中のグリコーゲン分解を促進する），交感神経と同じはたらき	(+)アドレナリン依存性糖尿病
	皮質	コルチコイド	鉱質コルチコイド		㋜	無機イオン量の調節（細尿管におけるナトリウムの再吸収促進やカリウムの排出促進など） 細胞内の水分量や透過性を調節。炎症促進	(+)アルドステロン症 (-)アジソン病
			糖質コルチコイド 🔴🟠		㋜	血糖値の増加を促進（タンパク質・脂肪からのグルコース新生をうながす） 副腎皮質刺激ホルモンの分泌を抑制。炎症抑制	(+)クッシング病 (-)アジソン病
生殖腺	精巣		雄性ホルモン		㋜	雄の性活動の発現を促進。雄の二次性徴の発現を促進。生殖腺刺激ホルモンの分泌を抑制	(-)精巣萎縮 (-)性徴消失
	卵巣	ろ胞	雌性ホルモン	ろ胞ホルモン（エストロゲン）	㋜	雌の性活動の発現を促進。雌の二次性徴の発現を促進。生殖腺刺激ホルモンの分泌を抑制	(-)卵巣萎縮 (-)性徴消失
		黄体		黄体ホルモン（プロゲステロン）	㋜	排卵を抑制し，妊娠を持続させる 乳腺の発育促進	(-)性周期異常 (-)流産
	胎盤		胎盤ホルモン		㋺㋜	胎盤性生殖腺刺激ホルモン，黄体ホルモンなどを分泌し，妊娠維持	

補足 このほか，松果体からメラトニン（黒色素顆粒の凝集・光周性），十二指腸からはセクレチン（すい液消化酵素や胆汁分泌の促進）が，胃からはガストリン（胃の塩酸の分泌促進）が，それぞれ分泌される。

2 間脳の視床下部と脳下垂体

1 視床下部とそのはたらき

視床下部は間脳（視床と視床下部より成る）の腹側部分で，次のようなはたらきをする。
① 内臓諸器官のはたらきを調節する自律神経系の中枢である（▶p.106）。
② 視床下部の**神経分泌細胞**が合成するホルモンには，脳下垂体前葉ホルモンの放出を促進・抑制するもの（図40のⓐ；甲状腺刺激ホルモン放出因子など）と，脳下垂体後葉に運ばれて後葉ホルモンになるもの（図40のⓑ）がある。

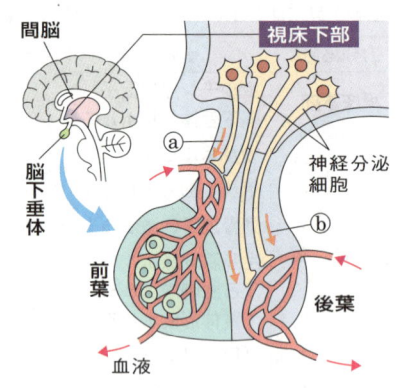

図40 間脳の視床下部と脳下垂体

2 脳下垂体 重要

❶ **脳下垂体の構造** 脳下垂体は視床下部にぶらさがった位置にある小さな内分泌腺で，**前葉・中葉・後葉**の3つの部分からできている。

❷ **脳下垂体前葉のはたらき** 脳下垂体前葉は，成長ホルモンのように各器官に直接作用するホルモンのほか，各種刺激ホルモンのように他の内分泌腺に作用することで間接的に諸器官にはたらくホルモンを生産・分泌するのが特徴である（図41）。

図41 脳下垂体前葉ホルモンのはたらき

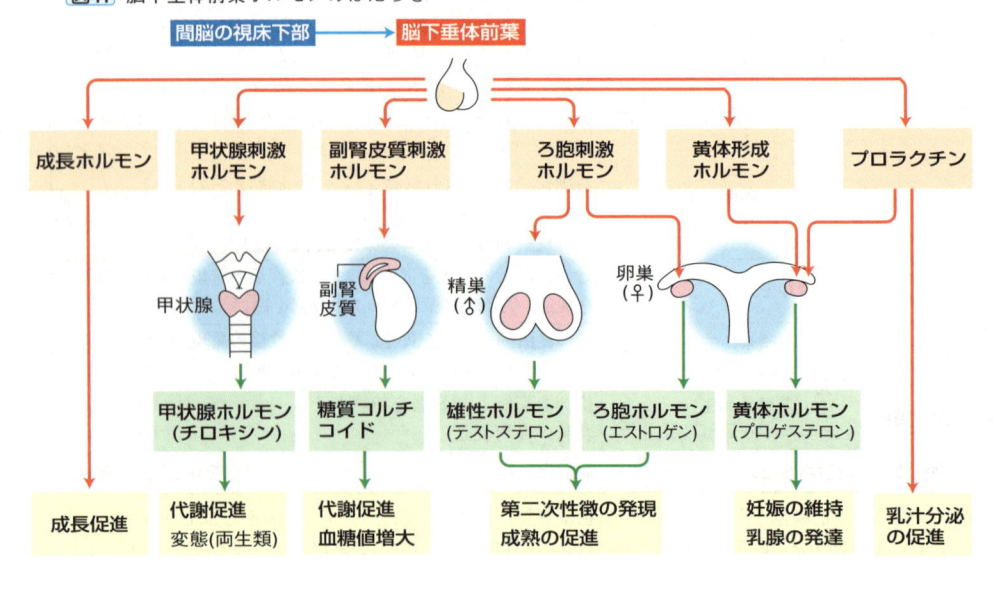

間脳の視床下部 → 脳下垂体前葉					
成長ホルモン	甲状腺刺激ホルモン	副腎皮質刺激ホルモン	ろ胞刺激ホルモン	黄体形成ホルモン	プロラクチン
	甲状腺	副腎皮質	精巣（♂）	卵巣（♀）	
	甲状腺ホルモン（チロキシン）	糖質コルチコイド	雄性ホルモン（テストステロン） / ろ胞ホルモン（エストロゲン）	黄体ホルモン（プロゲステロン）	
成長促進	代謝促進　変態(両生類)	代謝促進　血糖値増大	第二次性徴の発現　成熟の促進	妊娠の維持　乳腺の発達	乳汁分泌の促進

❸ **脳下垂体中葉のはたらき**　中葉はヒトでは発達していない。**魚類・両生類・ハ虫類**では，黒色素胞刺激ホルモンが黒色素胞中の黒色素(メラニン)顆粒を拡散させ，体色を暗くする。

❹ **脳下垂体後葉のはたらき**　脳下垂体後葉からはバソプレシン(**血圧上昇ホルモン，抗利尿ホルモン**)とオキシトシン(**子宮筋収縮ホルモン**)が放出される(▷p.101 表6)が，これらのホルモンは脳下垂体後葉でつくられたものではなく，視床下部の神経分泌細胞がつくった神経ホルモンを脳下垂体後葉で貯蔵したものである。

3 ホルモンの相互作用

1 甲状腺と甲状腺ホルモン

❶ **甲状腺**　甲状腺は，*p.100*の図39のように，のどの気管をとり囲むように存在する重さ約20gの器官で，1層の上皮細胞がつくる**分泌上皮**に囲まれた**ろ胞**(卵巣に生じるろ胞とは別)が多数集まってできている。

❷ **甲状腺ホルモン**　ろ胞上皮では**チロキシン**や**トリヨードチロニン**というホルモン(▷*p.101*)がつくられる。

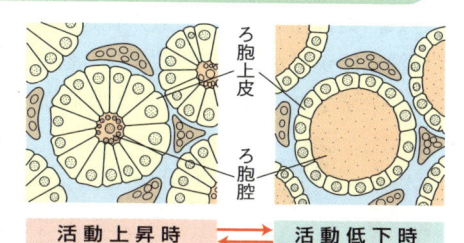

図42　甲状腺のろ胞上皮の変化のようす

(視点)　ろ胞上皮でつくられたホルモンは，ろ胞腔内にためておき，甲状腺刺激ホルモンがくると周囲の血管に放出される。

2 ホルモン分泌の調節　重要

❶ **脳下垂体と甲状腺のはたらきあい**　甲状腺ホルモンの分泌は次のように調節されている。

① 間脳の視床下部中の毛細血管内の甲状腺ホルモン濃度が減少すると，視床下部の神経分泌細胞が興奮し，**甲状腺刺激ホルモン放出因子**が分泌され，脳下垂体前葉を刺激する。また，甲状腺ホルモン濃度の情報は，脳下垂体前葉にも直接とどけられる。

② 脳下垂体前葉から，甲状腺刺激ホルモンが分泌される。

③ すると，甲状腺刺激ホルモンのはたらきによって，**甲状腺のろ胞腔にたまっていた甲状腺ホルモンが血中へ分泌される。**

④ 血液中の甲状腺ホルモン濃度が高まると，それが刺激となって，視床下部からの甲状腺刺激ホルモン放出因子の分泌や，脳下垂体前葉からの甲状腺刺激ホルモンの分泌が**抑制**される。これによって，ホルモン濃度が適当な範囲に保たれる。

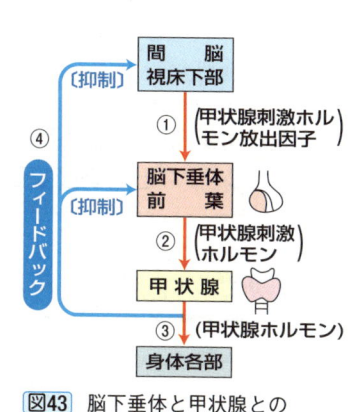

図43　脳下垂体と甲状腺との相互作用

104　2章　内分泌系と自律神経系

❷ **性周期に関するホルモンの調節**　女性の性周期は，脳下垂体前葉から分泌される**ろ胞刺激ホルモン**（卵巣でのろ胞の発達を促す）・**黄体形成ホルモン**（排卵促進，ろ胞の壁から黄体をつくる）と，それらの作用で分泌される**ろ胞ホルモン**（生殖器の発育促進）・**黄体ホルモン**（排卵抑制，妊娠維持）の相互作用によって調節されている。

❸ **浸透圧調節**　塩分をとり過ぎて体液の浸透圧が上がると，脳下垂体後葉からバソプレシン①が放出され，集合管の水分再吸収が促進される。逆に体液の浸透圧が下がると副腎皮質より**鉱質コルチコイド**②が分泌され，細尿管のNa^+再吸収が促進される。

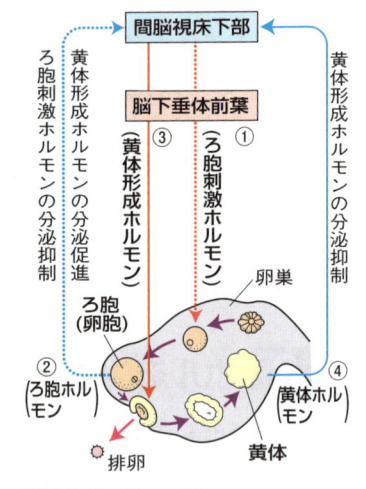

図44　性周期の調節

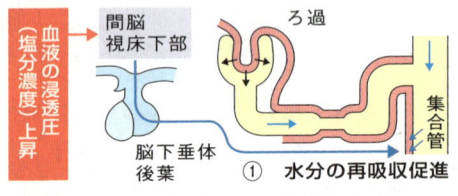

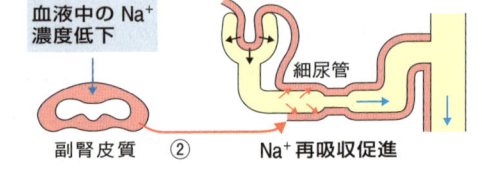

図45　ホルモンと腎臓による浸透圧の調節

❹ **フィードバック**　このように，調節されるものが調節するものに作用し，調節が行われるしくみを**フィードバック（作用）**という。

（補足）調節される側（最終産物など）が調節する側を抑制する場合を負のフィードバックという。

> **ポイント**　ホルモン分泌作用は，ホルモンの血中濃度が，調節する側の**脳下垂体前葉**などを調節する**フィードバック**によって調節されている。

この節のまとめ　ホルモンとそのはたらき

□ **ホルモン** ▷p.98	● おもに**内分泌腺**でつくられ，血液で運ばれる。 ● 特定の細胞（**標的細胞**）にだけ作用する。
□ **視床下部と脳下垂体** ▷p.102	● **視床下部**｛脳下垂体前葉ホルモン放出因子を分泌。 　　　　　脳下垂体後葉ホルモンを合成し，後葉へ送る。
□ **ホルモンの相互作用** ▷p.103	● ホルモンの分泌は**フィードバック作用**によって調節されている。

2節 自律神経系とそのはたらき

1 ヒトの神経系

1 中枢神経系と末梢神経系

神経系は神経組織(▷p.61)によって構成されている器官系で，次の2つから成る。

❶ **中枢神経系** 脳および脊髄から成り，外部の刺激を認識して判断と全身への命令を行う。

❷ **末梢神経系** 中枢と全身の間で情報を伝える。受容器(感覚器官)で受けた刺激を中枢へ伝える**感覚神経**，中枢の命令を筋肉などの効果器(作動体)に伝える**運動神経**，内臓のはたらきを調節する**自律神経**がある。

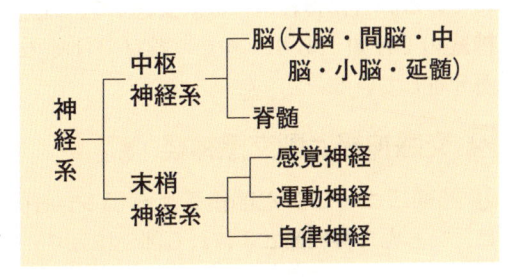

```
         ┌ 中枢   ┌ 脳(大脳・間脳・中脳・小脳・延髄)
         │ 神経系 └ 脊髄
神経系 ──┤
         │ 末梢   ┌ 感覚神経
         │ 神経系 ├ 運動神経
         └        └ 自律神経
```

2 神経細胞による興奮の伝導と伝達

❶ **興奮の伝導** 神経細胞(ニューロンともよばれる)は核のある**細胞体**とそこから伸びる多数の突起(軸索，樹状突起)から成り，興奮は神経細胞の細胞膜に生じる電位変化(活動電位)が伝わる(興奮の**伝導**)。

❷ **興奮の伝達** 神経細胞が他の神経細胞や筋肉などの効果器と接続する部分を**シナプス**といい，軸索の末端(神経終末)から放出される**伝達物質**によって次の細胞へ情報が伝えられる(興奮の**伝達**)。

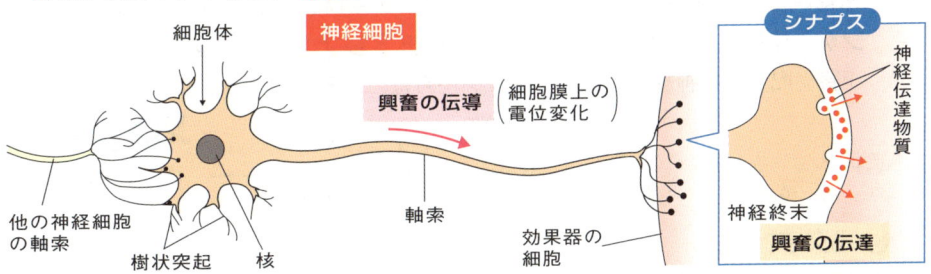

図46 神経細胞のつくりとシナプス

> **ポイント** 情報は神経細胞を**電気信号**の形で伝わり(**伝導**)，細胞間を**伝達物質**によって伝えられる(**伝達**)。

★1 神経細胞の細胞膜に電位変化(活動電位)が生じている状態を**興奮**という。

2 自律神経系

1 自律神経系

　自律神経系は末梢神経の1つで，その末端はおもに内臓に分布しており，内臓のはたらきを無意識のうちに自律的に調節している。自律神経系のはたらきは，間脳の視床下部によって調節されている。自律神経系には，交感神経と副交感神経の2種類があり，多くの器官ではその両方が分布している。

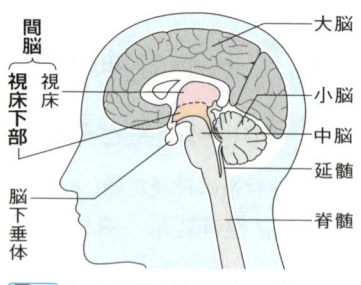

図47 ヒトの脳と視床下部の位置

2 交感神経と副交感神経 　重要

❶ **節前ニューロンと節後ニューロン**　中枢から出た自律神経（節前ニューロン）は，いったん神経節とよばれる部分に入り，ここで，神経節を出て器官に至る神経（節後ニューロン）の細胞体とシナプスで接続する。このように，自律神経は節前・節後の2本の神経細胞（ニューロン）より成る。

❷ **交感神経**

①**交感神経の出発点と接続**　交感神経は脊髄（胸髄・腰髄）から出ており，脊髄を出た節前ニューロンは，すぐに，脊髄の両側にある交感神経節（交感神経節は交感神経幹として縦に鎖状につながっている）に入る（▷p.107）。そして，多くの節前ニューロンはここで節後ニューロンと接続する。しかし，ここでは接続せず，腹腔や腸間膜にある交感神経節で節後ニューロンと接続するものもある。

　補足　副腎髄質へいく交感神経は，（シナプスを経ないので）節前ニューロンである。

②**伝達物質**　交感神経が興奮すると，節前ニューロンの末端からはアセチルコリンが，節後ニューロンの末端からはノルアドレナリンが分泌される。[1]（例外；汗腺支配の交感神経の節後ニューロンからは，アセチルコリンが分泌される）

図48　交感神経の接続のしかた（模式図）

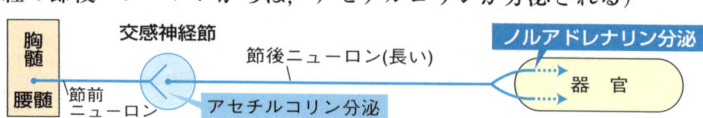

❸ **副交感神経**

①**副交感神経の出発点と種類**　副交感神経には，中脳から出る動眼神経，延髄から出る迷走神経・顔面神経，脊髄の下の端の仙髄から出る仙椎神経がある。

②**副交感神経の接続**　中枢を出た副交感神経の節前ニューロンは，胃・腸・心臓・肺などの各器官の近くまたは中にある神経節へ伸び短い節後ニューロンと接続する。

★1　ノルアドレナリンは副腎髄質からも分泌される（▷p.101）。

図49 副交感神経の接続のしかた（模式図）

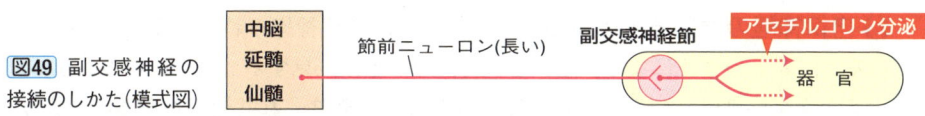

中脳
延髄
仙髄
　　　節前ニューロン（長い）　　副交感神経節　　アセチルコリン分泌
　　　　　　　　　　　　　　　　　　　　　　　器官

③ **伝達物質**　副交感神経が興奮すると，節前ニューロンの末端からも節後ニューロンの末端からも**アセチルコリン**が分泌される。

> ポイント
> **自律神経**は，大脳の影響を受けない**間脳（視床下部）の支配下**にある末梢神経系で，意思とは無関係に自律的にはたらく。

3 自律神経のはたらきあい　重要

❶ **拮抗作用**　交感神経と副交感神経は，ふつう同一器官に分布しており，それぞれの末端から分泌されるノルアドレナリンとアセチルコリンのはたらきによって，互いにほぼ正反対のはたらきを行い，各器官のはたらきに過不足がないように調節している。このような正反対のはたらきを**拮抗作用**という。

❷ **拮抗作用の例**　たとえば，目の瞳孔（ひとみ）の調節について見てみると，交感神経は瞳孔が拡大するようにはたらき，逆に，副交感神経は瞳孔が縮小するように，拮抗的にはたらいて目に入る光の量を調節する。

図50 自律神経とそのはたらき（模式図）

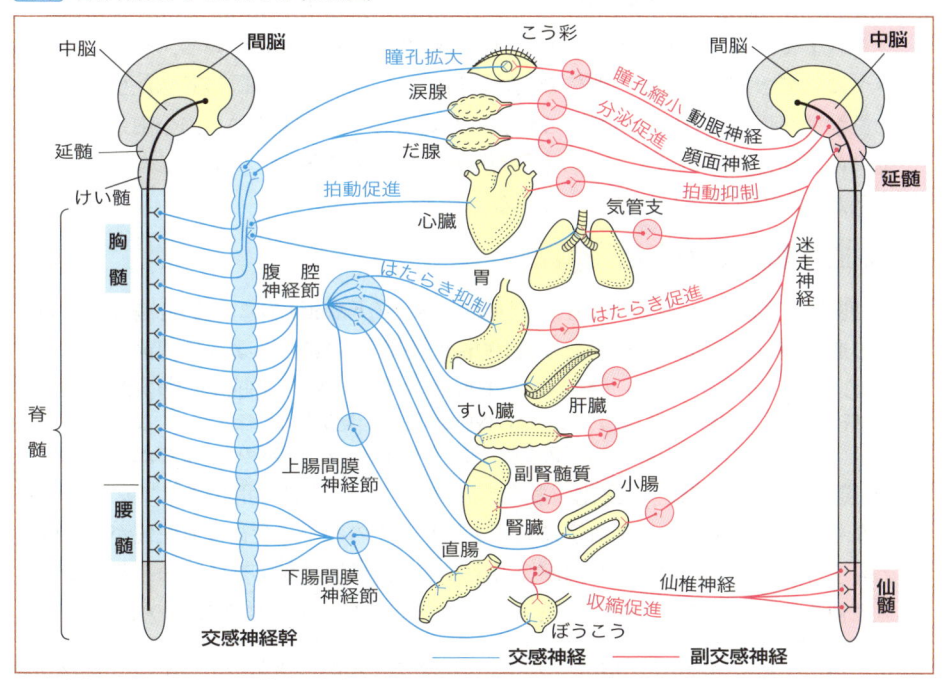

★1　皮膚の血管や汗腺，立毛筋には交感神経のみがとどいていて，アセチルコリンを分泌する。

❸ 自律神経のはたらきの特徴

交感神経と副交感神経のおもなはたらきをまとめると、表7のようになる。それぞれのはたらきは一見するとばらばらのように見えるが、交感神経、副交感神経のはたらきには、それぞれ共通点がある。つまり、交感神経は、敵と戦ったり緊張したりするとき(興奮状態)にはたらき、副交感神経は、交感神経の反応をやわらげ休息するとき(安静状態)にはたらく。

作用＼種類	瞳孔	心臓拍動	血圧	気管支平滑筋	消化作用	尿量	皮膚の血管	立毛筋
交感神経	拡大	促進	上昇	弛緩	抑制	抑制	収縮	収縮
副交感神経	縮小	抑制	下降	収縮	促進	促進	(分布せず)	(分布せず)

表7 自律神経のはたらき

> **ポイント**
> 伝達物質 ┌ 交感神経 ➡ ノルアドレナリン ┐ 同一器官で拮抗的に
> 　　　　 └ 副交感神経 ➡ アセチルコリン 　┘ はたらくことが多い。

3 自律神経系とホルモンの協調

1 個体の内部環境の維持のしくみ

これまで、内分泌系による調節と自律神経系による調節について、それぞれべつべつに見てきたが、実際の個体の生理作用では、これらが協同してはたらき、個体の恒常性が保たれる。そして、これまでも説明してきたように、内分泌系と自律神経系の調節作用の中枢となるのが間脳の視床下部であり、視床下部の支配のもとに私たちの内部環境は維持されている。

2 血糖値とその変化 【重要】

❶ **血糖と血糖値** 血しょう中のグルコース(ブドウ糖)のことを血糖という。ヒトの血糖値は、血液100mLあたり約100mg(**約0.1%**)になるように調節されている。

> (参考) 血しょう中のグルコースを最も多く利用するのは脳であり、100mg/分の割合で消費する。血糖値が60mg/100mL以下になると、脳の機能が低下し、痙攣したり意識がなくなることがある。逆に、血糖値が160mg/100mLを超えると、腎臓の細尿管での再吸収の限度を超え、糖尿となる。

❷ **食事による血糖値の変化** 私たちが食べた炭水化物は消化されてグルコースとなり、小腸の柔毛で毛細血管に吸収される。そのため、食後は血糖値が一時的に上昇する。しかし、食後2時間が経過すると、血糖値は正常な値にもどる。これは、血糖値を低下させるインスリン[1]というホルモンのはたらきによるものである。

---

[1] インスリンは、イギリスのサンガーらによって52個のアミノ酸から成るタンパク質であることが解明された(1956年)。血糖を細胞内にとり込み、グリコーゲンの合成を促進する。

❸ **血糖値の変化とホルモン濃度の変化**　インスリンは血糖値を低下させるホルモンであるが，これとは逆に，血糖値を上昇させるホルモンに**グルカゴン**がある。特に糖を多く含む食事の前後の血糖値と，血液中のインスリンとグルカゴンの濃度の変化を調べると図51のようになり，食事により血糖値が急に上昇すると，血糖値の低下にはたらくインスリン濃度は上昇し，血糖値の上昇にはたらくグルカゴン濃度は低下することがわかる。

❹ **インスリンとグルカゴン**　インスリンとグルカゴンは，**すい臓のランゲルハンス島**で異なる細胞によってつくられる。インスリンはランゲルハンス島のB細胞（β細胞）で，グルカゴンはランゲルハンス島のA細胞（α細胞）でつくられる。

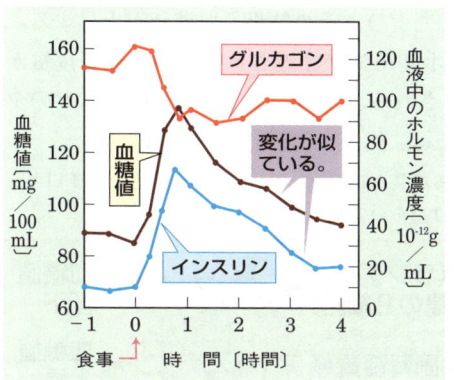

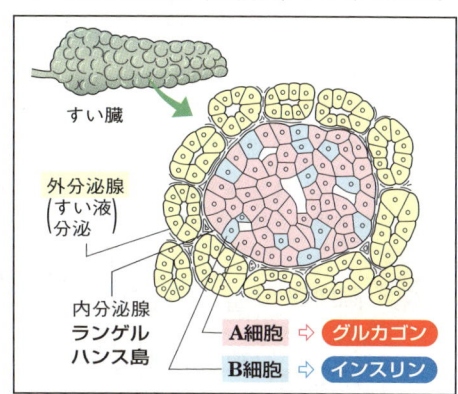

図51　糖を多く含む食事の前後の血糖値とホルモン（インスリン・グルカゴン）濃度の変化

図52　すい臓のランゲルハンス島のつくりと分泌されるホルモン

> **ポイント**　ヒトの血糖値は，食後一時的にふえるが，**インスリン**のはたらきで正常な値（**約100mg/100mL**）にもどるよう調節される。

3 血糖値の調節　重要

❶ **高血糖のときの調節のしくみ**　血糖値が高くなり過ぎると，そのことが刺激となって，フィードバックによって次のようにして血糖値を低下させる。
① 血糖値が上昇すると，間脳の視床下部がこれを感知する。
② すると，視床下部が興奮し，その興奮が副交感神経の一種である**迷走神経**を介して，すい臓のランゲルハンス島のB細胞に伝えられる。
③ また，これとは独立に，高血糖の血液がすい臓のB細胞を直接刺激する。
④ B細胞から血液中に，**インスリン**が分泌される。
⑤ インスリンは，血糖を肝臓や筋肉中に取り込み，グリコーゲン合成を促進する一方，組織でのグルコースの消費（呼吸）を促進して，血糖値が低下する。

❷ **低血糖のときの調節のしくみ** 逆に，血糖値が低下しすぎると，次のようにして血糖値を上昇させる。

① 血糖値が低下すると，**間脳の視床下部**がこれを感知する。
② すると，視床下部が興奮し，その興奮が**交感神経**を介して**副腎髄質**に伝えられる。
③ 副腎髄質から血液中に，**アドレナリン**が分泌される。
④ また，これとは独立に，血中の低血糖がすい臓のランゲルハンス島のA細胞を直接刺激したり，交感神経の興奮が同じくランゲルハンス島A細胞に伝えられたりすると，A細胞から**グルカゴン**が血液中に分泌される。
⑤ アドレナリンやグルカゴンのはたらきで，肝臓や筋肉中にたくわえられていた**グリコーゲンが分解されてグルコースにもどり**，その結果，血糖値が上昇する。
⑥ さらに脳下垂体前葉より副腎皮質刺激ホルモンが分泌され，次いで**副腎皮質**からは**糖質コルチコイド**が血液中に分泌される。このホルモンは，**筋肉などのタンパク質を分解してグルコースを生成するはたらき**(**糖新生**)がある。

(補足) このほかにも脳下垂体前葉から分泌される**成長ホルモン**，甲状腺から分泌される**チロキシン**(逆に血糖値を減少させる作用もある)などもはたらいて血糖値が上昇する。

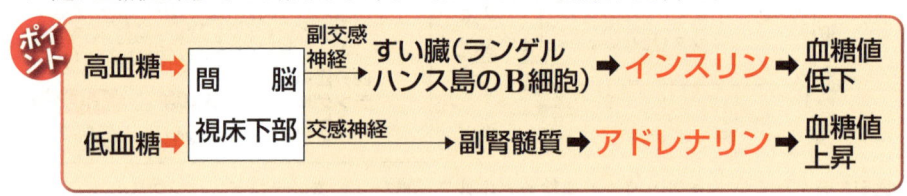

図53 ヒトの血糖値調節に関する内分泌系と自律神経系によるフィードバック作用

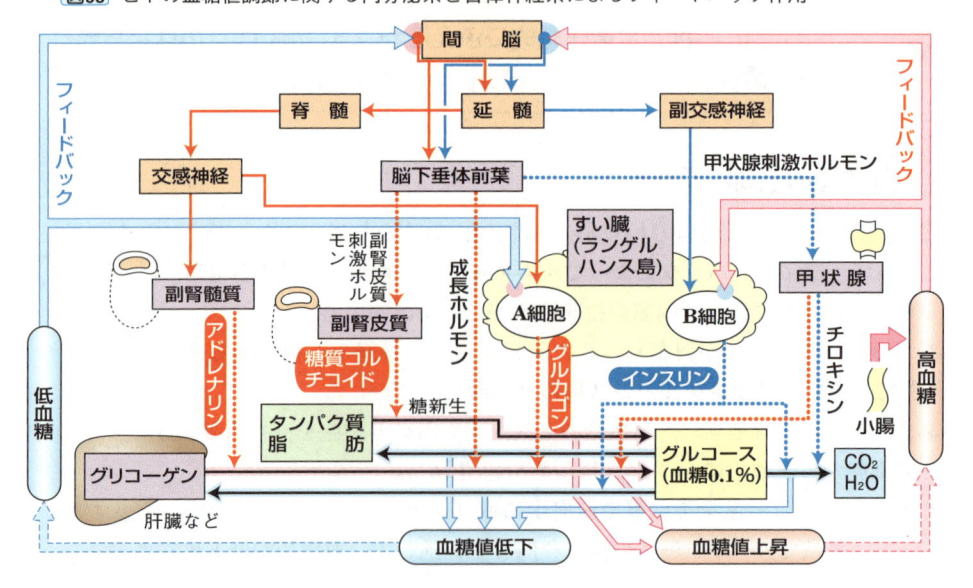

小休止　糖尿病

◆**糖尿病とは**　腎臓のボーマンのうで血液中からろ過された原尿に含まれる**グルコースは，本来，すべて細尿管で血液中に再吸収される**が，**糖尿病では，血糖量が高すぎるために腎臓の再吸収能力を超えてしまいグルコースが尿中に出てしまう。**

◆**糖尿病とインスリン**　糖尿病にはインスリンの分泌が減少するⅠ型（日本では全患者の3％以下）とインスリンに対する反応性が低下するⅡ型が知られており，生活習慣病とされる糖尿病はⅡ型である。インスリン依存型ともよばれるⅠ型はインスリンの注射で血糖量の上昇を抑えることができる。Ⅱ型の場合は，食事療法が治療に役立つ。

◆**糖尿病の症状**　低血糖は意識障害など命にかかわる異状を伴うが，高血糖の自覚症状は**のどの渇きや手足のしびれ**程度で軽視されがちである。しかし長期間放置していると，**神経障害**や血管が破壊されて**網膜症による失明**や**腎症，各部の壊死**などを発症する。

4 体温の調節

❶ 熱の発生と放熱　動物の体内では，肝臓での代謝や筋肉での運動などによって，つねに熱が発生している。しかし，これとは逆に，発生した熱の約8割が体表から放熱され，また約1割が肺からの呼気で放熱されている。

❷ 体温調節　われわれヒトをはじめとする哺乳類や鳥類などの恒温動物では，つねにほぼ一定の体温を保っている。これは，間脳の視床下部を中枢とする自律神経内分泌系による体温調節作用がはたらいているからである。

❸ 刺激の受けとり　外界の寒暑の刺激は，皮膚にある**温点・冷点**という**感覚点**[★1]で受けとられ，感覚神経を介して大脳の感覚中枢へ伝えられ，そこから視床下部の**体温調節中枢**へと伝えられる。

❹ 寒いときの調節のしくみ　寒いときには，次のようにして発熱量を増加させ，放熱量を減少させることで，体温の低下を防ぐ。

① 低温の刺激を受けとると**視床下部**が興奮し，その興奮が**交感神経**を介して皮膚に伝えられる。すると，皮膚の血管が収縮し，また，立毛筋が収縮して，体表からの放熱量が減少する。

（補足）皮膚の血管が収縮すると，皮膚を流れる血液量が少なくなるため，皮膚からの放熱量が減少する。

図54　体毛と立毛筋

② 同様に，視床下部からの指令が交感神経を介して**副腎髄質**に伝えられる。すると，副腎髄質から**アドレナリン**が分泌されて，その結果，血糖値が上昇して（▶p.110）代謝がさかんになり，発熱量が増加する。

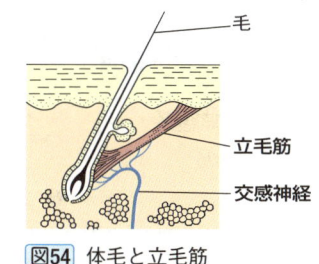

★1　皮膚には，温点・冷点・圧点・痛点とよばれる4種類の感覚点があり，それぞれ，暖かさ・冷たさ・圧力・痛みの刺激をとらえている。また，それぞれの感覚点には特殊な感覚器があり，感覚神経の終末になっている。

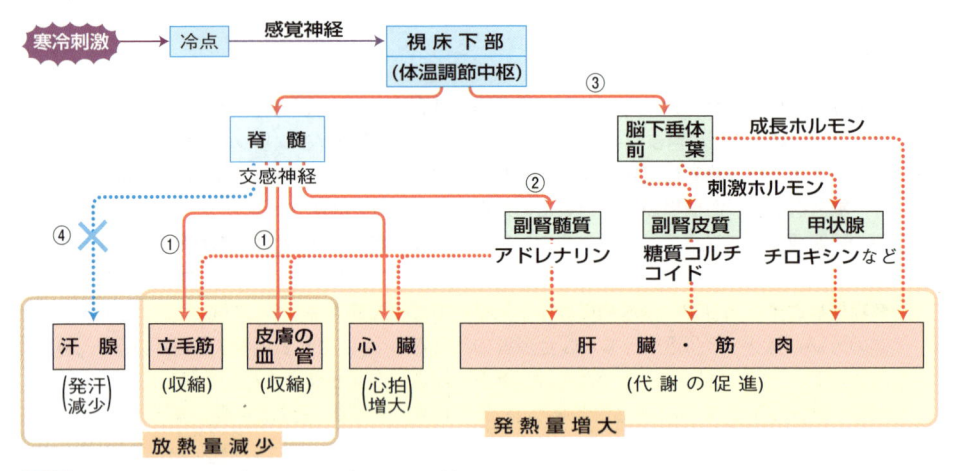

図55 寒いときの体温調節のしくみ（ヒトの場合）

③また，視床下部の興奮は**脳下垂体前葉**にも伝えられ，そこから副腎皮質刺激ホルモンや甲状腺刺激ホルモン・成長ホルモンなどが分泌される。そして，刺激ホルモンのはたらきによって，**副腎皮質**からは**糖質コルチコイド**が，**甲状腺**からは**チロキシン**などが分泌され，肝臓や筋肉での代謝が促進されて発熱量が増加する。

④汗腺を支配する交感神経は，寒いときにははたらかない。

❺ **暑いときの調節のしくみ** 暑いときには，発熱量を減少させたり，放熱量を増加させることで，体温の上昇を防ぐ。この場合の調節の中枢も**視床下部**で，視床下部からの指令により，汗腺を支配する交感神経がはたらくので発汗はさかんになり，また，皮膚の血管や立毛筋を支配する交感神経がはたらかないので皮膚の血管は拡張し，立毛筋はゆるんで，放熱量は増加する。

この節のまとめ　自律神経系とそのはたらき

□自律神経系　▷p.106

- 交感神経…**ノルアドレナリン**を分泌 ┐ 拮抗的に作用
- 副交感神経…**アセチルコリン**を分泌　┘
- 交感神経…興奮時，副交感神経…休息時にはたらく。

□自律神経系とホルモンの協調　▷p.108

- **間脳の視床下部**が最高位の中枢としてはたらく。
- 血糖値調節のしくみ（約100mg／100mLに保たれる）
  - 高血糖 ➡ 視床下部—（副交感神経）→すい臓のランゲルハンス島B細胞 ➡ **インスリン** ➡ 血糖値低下
  - 低血糖 ➡ 視床下部—（交感神経）→副腎髄質 ➡ **アドレナリン** ➡ 血糖値上昇

章末練習問題　解答▷ p.195

① 〈ホルモンと血糖値調節〉 テスト必出

内分泌腺でつくられ，血液によって運ばれ，微量で特定の組織や器官のはたらきを調節する物質をホルモンという。特定のホルモンは特定の細胞だけに作用するが，このような細胞をそのホルモンの（ ① ）という。細胞の表面や内部にはそのホルモンと結合する（ ② ）が存在し，その細胞のはたらきを促進したり抑制したりする。

ホルモンのはたらきの例として血糖値の調節作用がある。糖質を多量に食べると血糖値が一時的に増加する。これを（ ③ ）が感知し，（ ④ ）神経を介してⅠインスリンの分泌が促され，血糖値が低下して平常値を示すようになる。一方，血糖値の低下も（③）で感知され，（ ⑤ ）神経が興奮してⅡ血糖上昇ホルモンの分泌を促すと同時に，インスリンの分泌は抑制され血糖値が増加する。血糖値の調節にみられるように，あるはたらきを調整するためにそのはたらきの結果(生産物の量や効果の程度)が前の段階に戻されることを（ ⑥ ）といい，多くのこのようなしくみによって生体内の（ ⑦ ）が保たれている。

(1) 文中の①〜⑦に適語を記せ。
(2) 下線部Ⅰに関して，血糖値が減少するしくみを簡潔に説明せよ。
(3) 下線部Ⅱに関して，血糖値の調節にかかわる次の(A)〜(C)のホルモンを分泌する内分泌腺を下のア〜オからそれぞれ1つ選び，記号で答えよ。
　(A) アドレナリン　　(B) グルカゴン　　(C) 糖質コルチコイド
　ア 脳下垂体　　イ すい臓　　ウ 副腎皮質　　エ 副腎髄質　　オ 副甲状腺

② 〈自律神経系による調節〉

体液は細胞にとって（ A ）環境とよばれている。（ B ）環境が変化しても，細胞をとり囲む（ A ）環境は一定の範囲に維持されている。ヒトの間脳の（ C ）は体液の浸透圧，酸素量，血糖値，pHや温度などの変化を感知し，自律神経系が内分泌腺とともに各器官を調節する中心的な役割を担っている。自律神経は中脳，（ D ），（ E ）を起点とする（ F ）神経とおもに（ E ）を起点とする（ G ）神経の2つに分類される。

(1) 文中のA〜Gに適語を記せ。
(2) 自律神経のうち（ F ）神経が作用する場合に，①〜⑦の項目に対する最も適切な作用を括弧内のア〜ウより1つ選んで記せ。
① 血　圧　（ア 低下作用　　イ 上昇作用　　ウ 作用なし）
② 瞳　孔　（ア 縮小作用　　イ 拡大作用　　ウ 作用なし）
③ 気管支　（ア 収縮作用　　イ 拡張作用　　ウ 作用なし）
④ 心臓の拍動　（ア 抑制作用　　イ 促進作用　　ウ 作用なし）
⑤ 胃のぜん動　（ア 抑制作用　　イ 促進作用　　ウ 作用なし）
⑥ 立毛筋　（ア 収縮作用　　イ し緩作用　　ウ 作用なし）
⑦ 排　尿　（ア 抑制作用　　イ 促進作用　　ウ 作用なし）

定期テスト予想問題

解答 ▷ p.195　　時　間 50分　合格点 70点　得点

1 血液の循環に関する次の文を読んで，各問いに答えよ。

〔(1) 2点×8，(2) 2点，(3) 3点…合計21点〕

ヒトの血液の総量は体重の約7～8％を占めている。血液中の有形成分の1つである（①）にのみ（②）が存在する。有形成分のうち，一般に寿命が最も長いものは（③）である。有形成分と液体成分である（④）から成る血液には，以下のような生理作用が知られている。赤血球に含まれる（⑤）は（⑥）で酸素と結合して酸素を各組織に運搬する。また血液は各組織で生じた（⑦）を肺へ運搬する。（①）は免疫系において重要な役割を果たしており，病原体から身体を防御する生体防御の面で貢献している。血液中の液体成分である（④）は，消化管から吸収した各種の栄養素を含んでおり，身体の各組織に運搬する。また，（⑧）でつくられるホルモンも含まれている。

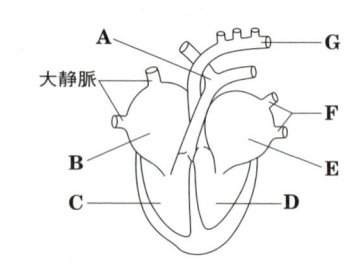

(1) 文中の空欄①～⑧に適語を入れよ。
(2) 右上の図はヒトの心臓を模式的に示したものである。全身から心臓に戻ってきた血液が右心房に入り，肺循環を経て再び全身へ送り出されるまでに通過する部位を右心房から順番に図中の記号で答えよ。
(3) ある人は安静時において1時間に17Lの酸素を消費する。そのために必要な量の血液を心臓は絶えず送り出している。心臓は1時間に何Lの血液を送り出す必要があるか計算せよ。ただし，1Lの血液中の赤血球は気体として25mLの酸素を結合しているものとする。

2 ヒトの生体防御において，いくつかの器官が重要な機能を果たしている。以下の問いに答えよ。

〔(1) 2点×4，(2) 2点×4，(3)～(5)各2点…合計22点〕

器官の1つ（①）では，リンパ球を含むすべての免疫担当細胞がつくられる。リンパ球には大別して（①）で成熟するものと，(①)から（②）に移動して成熟するものとがある。成熟したリンパ球は，血管とリンパ管を通って全身を循環し，リンパ管のところどころにある（③）や体内最大のリンパ系器官（④）で，抗原と出会って免疫応答を起こす。

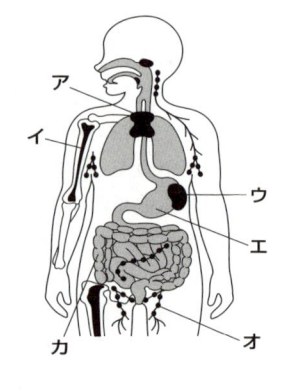

(1) 文中の空欄①～④にあてはまる器官名を答えよ。
(2) 文中の空欄①～④にあてはまる器官を図中のア～カより選んで答えよ。
(3) 下線部分のリンパ球のはたらきを述べたものを次のa～fからすべて選んで，記号で答えよ。

a　抗体をつくる　　　b　抗体産生を助ける　　c　移植片の細胞を攻撃する
　　d　免疫を記憶する　　e　食作用をもつ　　　　f　ヒスタミンを放出する
(4)　ヒトにおいて，リンパ管が血管と合流する部位はどこか。漢字で答えよ。
(5)　気管の粘膜や皮膚などで食作用を行ったり③や④でT細胞やB細胞に抗原を提示して免疫応答を起こすおもな細胞を下の**a**～**f**から2つ選び，記号で答えよ。
　　a　赤血球　　　　b　血小板　　　c　マクロファージ　　d　肥満細胞
　　e　樹状細胞　　　f　好中球

3 ヒトの腎臓に関する以下の問いに答えよ。
〔(1)2点×3，(2)(3)各2点，(4)3点×2…合計16点〕

(1)　図1は腎臓の模式図である。次の各部分に相当する適切な部分を図中の**A**～**E**を用いて答えよ。
　① ボーマンのう
　② 腎小体(マルピーギ小体)
　③ 腎単位(ネフロン)

(2)　腎臓の集合管に作用して水の再吸収を調節するホルモンについて述べた文章のなかで正しいものの記号を答えよ。
　ア　分泌する細胞の細胞体は脳下垂体にある。
　イ　分泌する細胞は軸索を脳下垂体前葉にまで伸ばしている。
　ウ　分泌する細胞は軸索を脳下垂体後葉にまで伸ばしている。
　エ　分泌は，放出ホルモンによって制御されている。
　オ　分泌量が増えると尿量が増加する。

(3)　鉱質コルチコイドについて述べた文章のなかで正しいものの記号をすべて答えよ。
　ア　副腎髄質から分泌される。　　イ　細尿管(腎細管)の細胞に作用する。
　ウ　血圧を下げる作用がある。　　エ　腎臓でのカリウムイオンの再吸収を促進する。
　オ　腎臓でのナトリウムイオンの再吸収を促進する。

(4)　ヒトの血しょう中と尿中のナトリウムイオンおよびイヌリンの濃度を表に示した。なお，イヌリンは静脈中に注射したもので，この物質は細尿管(腎細管)では分泌も再吸収もされない。また，図2に血しょう中と尿中のグルコース濃度の関係を示した。以下の問いに答えよ。ただし，尿は1分間に1mL生成されるものとする。

成分	血しょう中濃度〔mg／mL〕	尿中濃度〔mg／mL〕
ナトリウムイオン	3.00	3.50
イヌリン	0.01	1.20

　① 原尿中から1分間に再吸収されるナトリウムイオンは何mgか。
　② 腎臓が1分間に再吸収することのできるグルコースの最大量(mg)はいくらか。

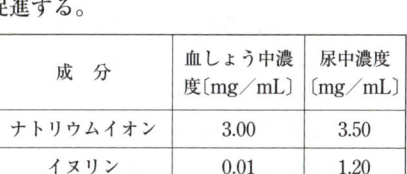

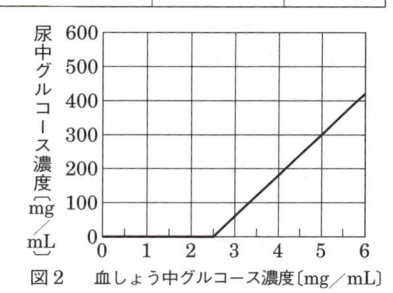

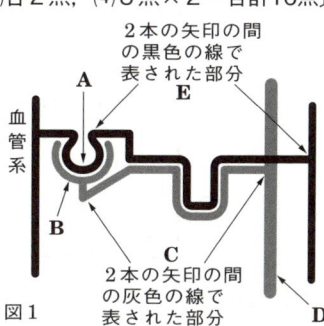

4 図はヒトにおける血糖値の調節機構を表したものである。下の問い(1)～(8)に答えよ。
〔(1)2点×12, (2)2点, (3)2点×2, (4)～(6)各2点, (7)3点, (8)2点…合計41点〕

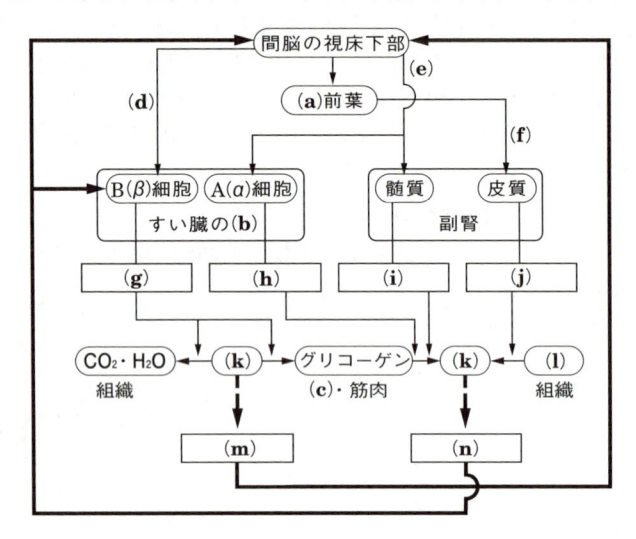

```
            間脳の視床下部
                │  (e)
         (d)  (a)前葉
          │   │  │ (f)
          ↓   ↓  ↓
    ┌──────────┐  ┌────────┐
    │B(β)細胞 A(α)細胞│ │髄質  皮質│
    │  すい臓の(b) │  │   副腎  │
    └──┬────┬──┘  └─┬────┬─┘
       (g)  (h)       (i)   (j)
        ↓    ↓         ↓    ↓
   CO₂·H₂O─(k)→グリコーゲン←(k)─(l)
     組織       (c)・筋肉       組織
        ↓                      ↓
       (m)                    (n)
```

(1) 図の(a)～(l)に適当な用語を入れよ。
　(a)～(c)：器官あるいはその部分の名称
　(d), (e)：神経の名称
　(f)～(j)：ホルモンの名称
　(k), (l)：物質の名称

(2) (m)と(n)はそれぞれ血糖値の変化を表している。正しい組み合わせを右の表のア～カから1つ選べ。

	(m)	(n)
ア	血糖値が上昇する	血糖値が低下する
イ	血糖値が低下する	血糖値が上昇する
ウ	血糖値が上昇する	血糖値は変化しない
エ	血糖値は変化しない	血糖値が上昇する
オ	血糖値は変化しない	血糖値が低下する
カ	血糖値が低下する	血糖値は変化しない

(3) 糖尿病について次の①, ②に答えよ。
　① 図の中の過程で, 糖尿病の原因として考えられることを答えよ。
　② 糖尿病になると, なぜ糖が尿中に排出されるか。その理由を説明せよ。

(4) 血糖に関する以下の文章のうち, 誤っているものを次のア～オから1つ選べ。
　ア 健常者の血糖値は常に一定である。
　イ 糖尿病患者の血糖値は健常者よりも高い。
　ウ 血糖値を調節するホルモンには, 注射で与えても効くものがある。
　エ 間脳の視床下部は, 血糖値の増減を感知している。
　オ すい臓に血糖値の増加を感知する細胞がある。

(5) 図の(d)と(e)から構成される神経系を何とよぶか答えよ。
(6) (l)から(k)がつくられる反応を何というか。
(7) この図の中で, 体温を上昇させるように作用するホルモンを3つ答えよ。
(8) 図では, 最終的な結果が再び最初の段階に作用して, 反応全体を調節している。このようなしくみを何というか答えよ。

第3編
生物の多様性と生態系

1章 植物群集とその多様性

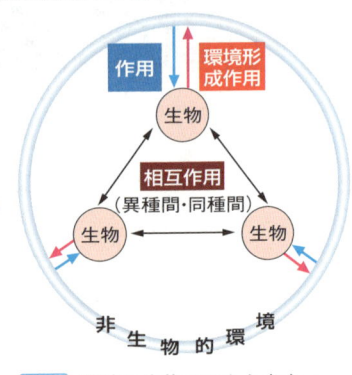

ハマナスの群集

1節 植物群集

1 環境と生物

1 環境と生物のはたらきあい 重要

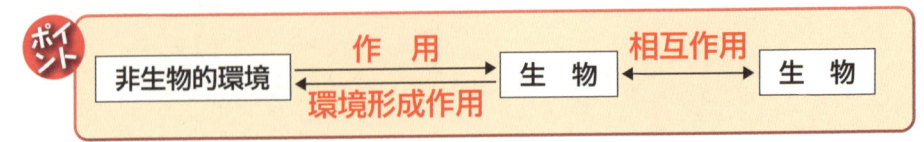

❶ **生物をとりまく環境** 非生物的環境と生物的環境の2つに大別される。
① **非生物的環境（無機的環境）** 温度・光・空気（O_2, CO_2など）・栄養塩類・土壌・水（海水）など、生物をとりまく非生物の環境。
② **生物的環境** 生物どうしの相互関係。動物の場合は食物となる生物など、その生物をとりまく生物環境。

（補足）一定地域内に生活する多種類から成る生物群集と非生物的環境から成り立つ1つのまとまりを生態系という（▷くわしくは、p.142）。

❷ **作用（環境作用）** 非生物的環境が生物に及ぼす影響を**作用**（環境作用）という。
例 春、気温の上昇に伴い桜前線が北上する。

❸ **環境形成作用** 生物のはたらきが非生物的環境を変えることを**環境形成作用**（反作用）という。
例 生物の活動によって大気の組成が変化する。

❹ **相互作用** 「食う−食われる」の関係のような、生物どうしのはたらきあいを**相互作用**という。

図1 環境と生物のはたらきあい

ポイント
非生物的環境 ─作用→ 生物 ─相互作用→ 生物
　　　　　　←環境形成作用─

2 植物の生活形

❶ 植物の形態と環境 植物の形態は無機的環境の作用を受けやすく，種類はちがってもその場所の環境に適応した姿形をしている。そのような植物の生活様式を類型化したものを**生活形**という。

❷ おもな生活形 生活形の例として次のようなものがある。
① **常緑広葉樹(高木)** 常緑で広葉をもつ木。タブノキ・クスノキなど。
② **落葉広葉樹(高木)** 冬になると落葉する高木。ブナ・ケヤキなど。
③ **針葉樹** 針状の葉をもつ木。スギ・ヒノキなど。
④ **低木** 小形の木本植物。ツツジ・ヒサカキ・マンリョウなど。
⑤ **地表植物** 地表にはうようにして生育する植物。亜低木ともいう。コケモモ・ハイマツなど。
⑥ **つる植物** 他の植物にまきついて伸びる植物。ヤブガラシ・ヤマフジ・クズなど。
⑦ **多肉植物** 茎や葉が厚くなった植物。アロエ・サボテン・トウダイグサなど。
⑧ **着生植物** 他の樹木などに付着して生活している植物。ノキシノブ・オオタニワタリなど。
⑨ **一年生草本** 発芽から種子の形成までを1年以内に行って枯死する草本植物。アサガオ・ブタクサ・ケナフなど。
⑩ **多年生草本** 地下部に栄養を蓄えながら何年も生育する草本植物。ヨモギ・ハナショウブ・ドクダミなど。

図2 マンリョウ

図3 ドクダミ

これらの生活形は，それぞれの環境に適応した生活様式を類型化したもので，たとえば，高木は他の植物にくらべて葉が高い位置にあるため光を受けやすい。しかし，逆に，水を高い位置にある葉まで運ばなければならず，乾燥しやすい環境では生育できない。一方，多肉植物は，厚くなった茎や葉に水をためることができ，乾燥しやすい環境に適応している。

参考 植物の系統や種類がちがっても，生活形が同じだと，姿形も似てくることがある。たとえば，アメリカ大陸の乾燥地帯のサボテン科の植物と，アフリカ大陸の乾燥地帯のトウダイグサ科の植物は，よく似た姿をしているので，**多肉植物**という同じ生活形にまとめる。

2 植物群集（植生）とその構造

1 植物群集と植生　重要

❶ **植物群集と植生**　白神山地のブナ林のように，ある地域にはえている何種類もの植物の集まりをひとまとめにして**植物群集**とよぶ（植物群落とよぶこともある）。また，「常緑広葉樹林」のように，ある場所の植物群集について生育している植物そのものではなく植物の集団をまとめて**植生**とよぶ。

❷ **植生の調査**　植物群集の構成を調べるには，対象となる群集全体を調べるのは困難なので植物群集内に一定の大きさの方形枠を多数設置し，出現する植物種ごとにその植物の地上部が枠内の地面をおおっている面積の割合（これを**被度**という）や，全方形枠数に対するその植物が出現している枠数の割合（**頻度**）や，植物の重さや高さを調べる。このような調査方法を**区画法（方形枠法）**という。

❸ **優占種と標徴種**　植物群集内で，背が高く被度や頻度が最も大きい植物をその植物群集の**優占種**という。植物群集を代表する植物で，これによりたとえば，ブナが優占種であれば「ブナ群集」，アカマツが優占種であれば「アカマツ群集」というようによぶ。一方，ある植物群集を特徴づける種を**標徴種**という。

> 補足　本州の暖かい地方（暖帯）の森林で多く存在する優占種はスダジイであるが，それぞれの地域で少しずつ環境条件が異なるため標徴種が違う。この場合，標徴種がタイミンタチバナであればスダジイ-タイミンタチバナ群集，ヤブコウジであればスダジイ-ヤブコウジ群集という。

❹ **相観**　植物群集の外観上の特徴を**相観**という。相観は，一般に，被度が最も大きくてよく目立つ優占種によって決まる。相観により植物群集の種類がわかる。

❺ **植生の分類**　植生は，相観をもとに**森林，草原，荒原，水生植物群集**などに大別，さらに森林を熱帯多雨林，照葉樹林，夏緑樹林，針葉樹林などの**バイオーム**に分類している（▷バイオームについてはp.134）。

❻ **陽生植物と陰生植物**　一般に，日なたに生育するのに適応した植物を**陽生植物**，日陰に適応した植物を**陰生植物**という（▷p.125）。草原では日なたに適応した陽生植物，森林では日陰に適応した陰生植物が中心となっている。

> **ポイント**
> **優占種**…被度が最大で，**相観**（植物群集の外観）を決定する種。
> **標徴種**…植物群集を特徴的づける種。

2 階層構造

❶ **森林の階層構造**　よく発達した森林では，階層構造が見られる。上から，**高木層，亜高木層，低木層，草本層，地表層**となる。群集内の各層がどのくらいの強さの光を受けるかは，群集全体の光合成による有機物の生産に影響する。

❷ 各階層の特徴

① **高木層** 林冠を形成する最上層の階層で，**優占種**で占められる。
② **亜高木層** 相対照度が10%くらいの所に見られる。
③ **低木層** 約2m以下の低木で形成されている。
④ **草本層** シダ植物などの陰生植物で，いわゆる下草。
⑤ **地表層** コケ植物や，キノコを含む菌類から成り立っている。草本層と地表層をまとめて林床という。 図4 林床のようす
⑥ **地中層** 地中には植物の根や地下茎などが存在する。冬の寒さを生き延びるため，球根・球茎・鱗茎・地下茎などをつくって過ごす植物を地中植物という。

補足 熱帯多雨林では，高木層の上にさらに大高木層や巨大高木層があり，7～8層に発達しているが，高緯度になると2層しかない場合もある。日本でも，植林でできたスギ林などでは，階層構造が単純になっている。

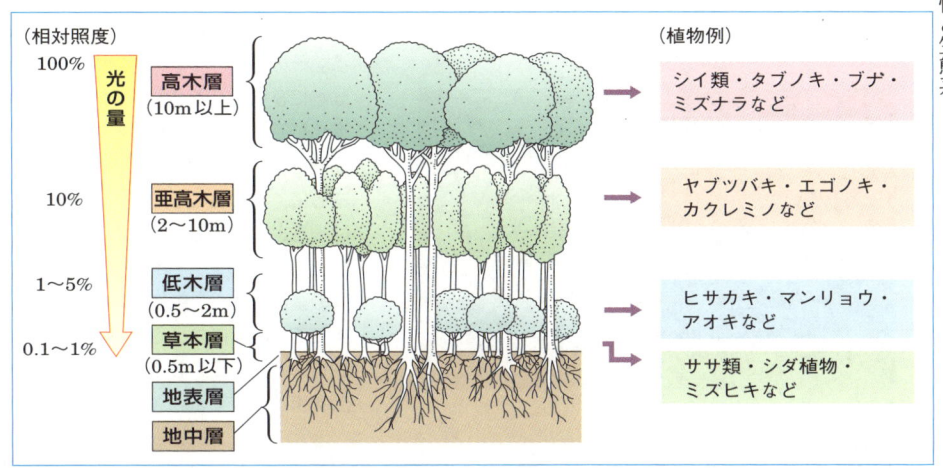

図5 森林の階層構造

視点 下の層になるほど，届く光量は少なくなる。届く光の強さが森林内部の構造を決めている。

❸ 土壌と土壌生物

森林の土壌には，図6のように岩石が風化した層の上に，落葉層に堆積した動植物の遺体・枯死体や排出物などが分解されて生じた有機物を含む腐植土層がある。そこには微生物や菌類，藻類などが，またそれを食べるミミズ，昆虫，ダニなどが生息し，さらにそれを食べるモグラなども生息している。土壌はこのような生物の環境形成作用により形成された，有機物を含む複合土層である。 図6 森林の土壌

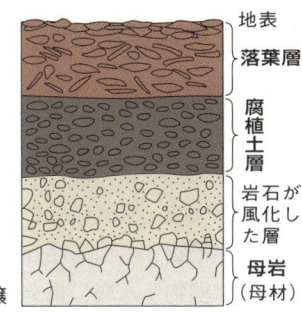

3 植物群集の種類と水中の生物

1 陸上の植物群集

陸上の植物群集(植生)は，森林，草原，荒原に大別することができる。

❶ **森林** 樹木を中心とした植生を森林という。森林は，現存量(植物の重量)がひじょうに多く，単位面積あたりの光合成量も多い。また，植物・動物とも種類数が多く，生物の構成や生物量も安定している。

❷ **草原** 降水量が少なかったり，低温だったりして樹木が発達できない場所にできる草本中心の植生を草原という。草原は陸地の約$\frac{1}{4}$を占めており，ステップやサバンナ(▷p.137)を形成する。

❸ **荒原** 砂漠やツンドラ，高山地域などに見られるまばらな植生を荒原という。荒原は陸地の約$\frac{1}{3}$を占めている。単位面積あたりの光合成量はひじょうに少ない。

小休止 食べられても負けないイネ科植物

草原の優占種はイネ科植物であるが，草原には草食動物も繁殖している。そのため，イネ科植物は，草食動物に食べられても負けないように進化してきた。イネ科植物は，茎の節間を短くして食われにくくなり，さらに，食われても，茎の分裂組織は根もと近くにあるので，すぐ再生し，根もとの側芽が伸びる。また，茎の基部は強く，動物のひづめで踏まれても平気になっている。そして，動物の糞が栄養のある肥料ともなり，ますます繁殖する。

図7 荒原——コウボウムギ群集

ポイント 陸上の植物群集(植生)…森林・草原・荒原の3つ

2 水界群集と水中の生物

❶ **湖岸の植物** 湖や沼などの浅瀬にはえる植物(おもに種子植物)群集には，次のものがある。

① 抽水植物　茎や葉の大部分を水上に出す群集。ガマ・アシ・イ(イグサ)など。
② 浮葉植物　水底に根をはり，葉や花だけが水面に出る群集。ヒシ・ハスなど。
③ 浮生植物　水面に浮き，水底に固定しない群集。ホテイアオイ・ウキクサなど。
④ 沈水植物　水底に根をはり，葉が水面に出ない群集。クロモ・オオカナダモなど。

❷ **水中の生物** 水生生物には次のようなものがある。
① **プランクトン** 遊泳能力が低い浮遊生物。ケイソウ・ミジンコなど。
② **ネクトン** 遊泳生物。魚類・イカ・ウミガメ・クジラなど。
③ **ベントス** 海底や湖底で生活する底生生物。貝・ナマコ・カニなど。

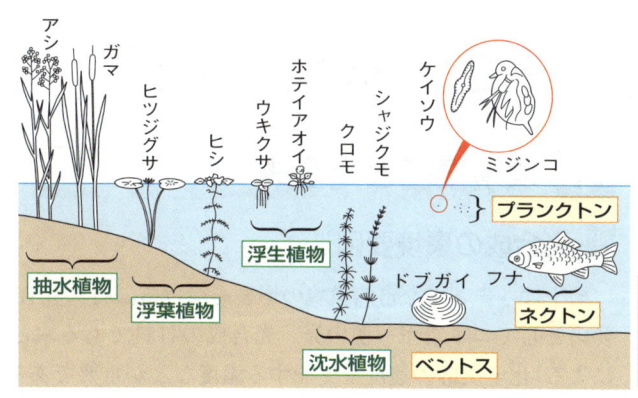

図8 湖沼の生物

❸ **海洋の群集** 海洋で光合成に十分な光がとどくのは深さ100mまでのため、植物プランクトンや藻類などが太陽光を利用できる**生産層**はせいぜい深さ150mに限られている（この深さを**補償深度**という）。そこには生産者を食べる動物プランクトンや、それを食べるネクトンがいる。それより深い**無光層**では、光合成は行われず、生物の遺骸や排出物が沈降し、細菌類などによって分解される。深海には、化学合成細菌や深海動物・深海底性動物がいる（▷p.143）。

この節のまとめ 植物群集

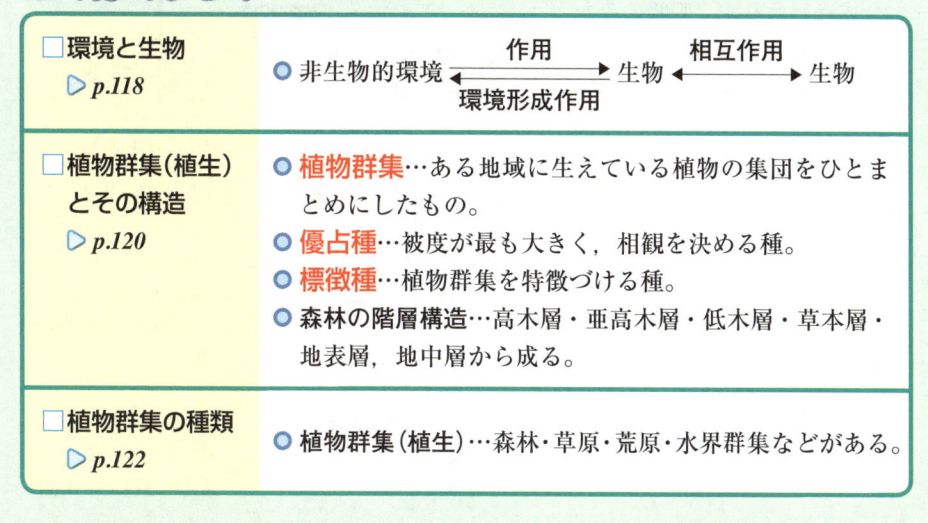

□環境と生物 ▷p.118	○ 非生物的環境 ⇔(作用/環境形成作用)⇔ 生物 ⇔相互作用⇔ 生物
□植物群集（植生）とその構造 ▷p.120	○ **植物群集**…ある地域に生えている植物の集団をひとまとめにしたもの。 ○ **優占種**…被度が最も大きく、相観を決める種。 ○ **標徴種**…植物群集を特徴づける種。 ○ 森林の階層構造…高木層・亜高木層・低木層・草本層・地表層、地中層から成る。
□植物群集の種類 ▷p.122	○ 植物群集（植生）…森林・草原・荒原・水界群集などがある。

2節 生物群集の遷移

1 環境要因と光合成

1 光合成の環境要因

　植生はさまざまな自然環境の影響を受ける。特に光合成に強い影響を与える環境要因としてエネルギー源の**光**，光合成の材料である**水**と**二酸化炭素**，それに（酵素による）化学反応の速度を支配する**温度**などが重要である。

2 光の強さと光合成速度 重要

❶ **真の光合成速度と見かけの光合成速度**　植物は，光合成によってCO_2を吸収するとともに，呼吸によってCO_2を排出する。したがって，外界からのCO_2吸収速度で光合成速度を測定した場合，その値は，呼吸によるCO_2排出速度を差し引いた**見かけの光合成速度**でしかない。実際に植物が行った真の**光合成速度**は，測定値（見かけの光合成速度）と呼吸速度を合わせた値である。

❷ **光の強さと光合成速度**

　光合成速度と呼吸速度の関係は，図9のようになる。

① 暗黒時（光の強さ0）には，光合成は行われず，**呼吸のみが行われている**。

② ある光の強さまでは，光の強さが強くなるほど，光合成速度は大きくなる。

③ 呼吸によって排出されるCO_2量と，光合成によって吸収されるCO_2量が等しくなると，見かけ上CO_2の出入りがなくなる。このときの光の強さを**光補償点**という。植物は，1日平均の光の強さが光補償点以下では成育できない。

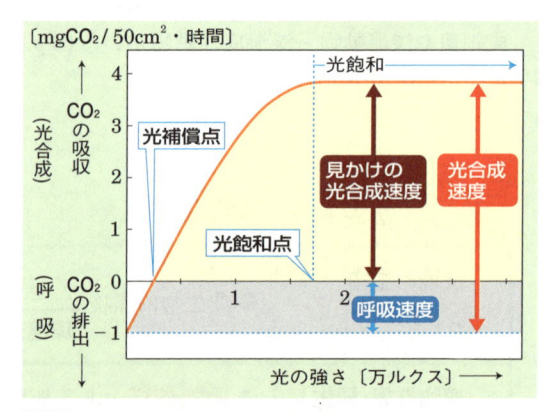

図9 光合成速度と光の強さの関係（温度一定で，CO_2量が十分なとき）

（視点）暗黒時には光合成は行われず，暗黒時のCO_2排出速度＝呼吸速度である。呼吸速度は光の強さが強くなると大きくなるが，ここでは光の強さに無関係で一定であるとして示している。

- 暗黒（光の強さ0）のとき …… 光合成速度＝0
- 暗黒〜光補償点間の明るさ … 光合成速度＜呼吸速度
- 光補償点の明るさのとき …… 光合成速度＝呼吸速度
- 光補償点以上の明るさ ……… 光合成速度＞呼吸速度

④ある強さの光量以上になると光合成速度は平衡に達し，それ以上光の強さを強くしても光合成速度は大きくならない。このときの光の状態を**光飽和**といい，光の強さを**光飽和点**という。

> **ポイント**
> 光合成速度 ＝ 見かけの光合成速度 ＋ 呼吸速度
> 　（光合成量 ＝ 見かけの光合成量 ＋ 呼吸量）
> 光補償点…光合成速度 ＝ 呼吸速度となる光の強さ

❸ **陽生植物と陰生植物**　植物の光補償点は，種によって異なる。光補償点のちがいによって，植物は次の2つに分けられる。

① **陽生植物**　光補償点も光飽和点も高い植物を**陽生植物**という。強い光のもとでの光合成がさかんで成長がはやく，日なたの生活に適している。光補償点が高いため，光の弱い所では生活できない。
　例　マツ・ハンノキ・ハギ・ススキ・トマト（農作物）など。

② **陰生植物**　光補償点も光飽和点も低い植物を**陰生植物**という。光補償点が低いため，比較的弱い光のもとでも成育可能で，日陰の生活に適している。
　例　シイ・カシ・ブナ・アオキ・ドクダミ・シダ・コケなど。

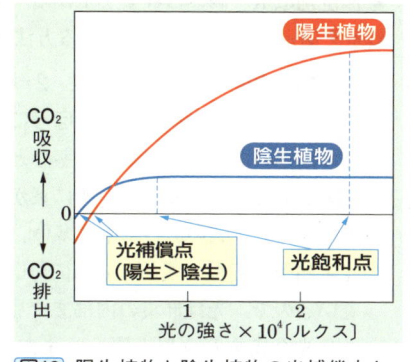

図10　陽生植物と陰生植物の光補償点と光飽和点のちがい

❹ **陽葉と陰葉**　ブナ・ヤツデなどでは，同じ植物体でも，日なたの葉と日陰の葉の間に陽生植物・陰生植物と似た関係があり，日なたの葉を**陽葉**とよび，日陰の葉を**陰葉**とよぶ。陰葉は陽葉にくらべ，葉が薄くて大きく，光補償点も低いので弱い光を効率よく利用できる。またトドマツなど，成長すると陰生から陽生に変わる樹木もある。

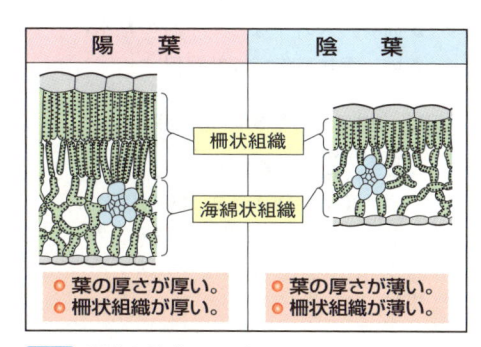

図11　陽葉と陰葉のちがい
- 葉の厚さが厚い。
- 柵状組織が厚い。
- 葉の厚さが薄い。
- 柵状組織が薄い。

> **ポイント**
> 陽生植物…光補償点・光飽和点が**高い**植物
> 陰生植物…光補償点・光飽和点が**低い**植物

参考 生産構造

- **生産構造図** 植物の物質生産(光合成)は，主として葉(同化器官)で行われる。したがって，葉のつき方が光合成と深く関係している。一方，葉を支持する非同化器官の茎では，呼吸によって光合成産物が消費されており，茎も物質生産と関係がある。そこで，群集の地上部をいくつかの層に分け，各層ごとの同化器官と非同化器官がどのように存在するかを調べることで，植物群集の立体構造における光量と葉の量や非同化器官の関係を知ることができる。これを図に表したものを**生産構造図**という。
- **層別刈取法** 調べる群集を上から一定の厚さの層別に切り取り，葉と葉以外に分けて質量を測定し，生産構造を調べる方法を**層別刈取法**という(▷p.127)。
- **生産構造の型** 草原群集では，2つの型に大別できる。

① **広葉型** 広い葉が群集の上のほうにかたまってほぼ水平に広がるため，光は群集の上部で急速に弱まる。しかも，茎など非同化器官も多く，呼吸のために多くの有機物を必要とする。しかし，高い所に葉があるので，他の植物との競争には強い。アカザやダイズなど，葉の広い草木に多い。森林群集では広葉樹。

② **イネ科型** 細長い葉がななめに付いているので，光は群集の内部まで届き，光合成を行う層が厚い。また，葉は茎の基部近くにつくので非同化器官の割合が低く，物質生産の効率が高い。ススキなどイネ科の草本に多い。森林群集では針葉樹。

図12 アカザ(左)とチカラシバ(右)

図13 植物群集の生産構造図の例

広葉型（アカザ群落）
水平で広い葉が上部に集まる。光が下部まで届きにくい。茎は強くて丈夫。

イネ科型（チカラシバ群落）
細長い葉がななめに付いている。光は下部まで届く。茎の量は少ない。

層別刈取法

操作

① 群集内に１辺がたとえば50cmの正方形を定め，その各頂点に園芸用支柱を立てる。
② 地面より10cm間隔で，タコ糸を支柱に結び，層を区切る。
③ 照度計を用いて，各層の上部の照度をはかる。
   注意 照度は各層ごと３回はかり，平均を求める。測定者の影にならないように注意し，北側から測定する。
④ 最上部の照度を100とし，各層の相対照度を求める。
⑤ 群集の上部から10cmごとに，同化器官（葉）と非同化器官（茎・葉柄・花・種子など）を切り取り，別々のポリエチレン袋に入れる。
⑥ 地表まで刈り取ったら，層ごとの同化器官と非同化器官の生重量をはかる。なお，この群集の優占種とそれ以外を分けて測定する。
   注意 本来は乾燥重量を測定するが，生重量でも大きなずれはないので，ここでは生重量で測定する。

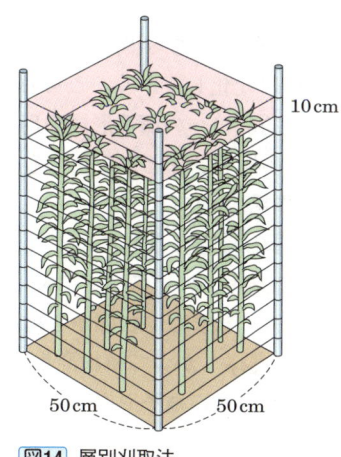

図14 層別刈取法

結果

測定した照度と各層ごとの同化器官と非同化器官の生重量をもとに，次のような表にまとめる。

(例 優占種；セイタカアワダチソウ　最高草丈；158cm)

	草　丈〔cm〕	160〜	150〜	140〜	〜	50〜	40〜	30〜	20〜	10〜0
優占種	同化器官〔g〕	3	35	85		12	0	0	0	0
	非同化器官〔g〕	2	10	20		395	450	505	555	620
非優占種	同化器官〔g〕	0	0	2		0	0	0	0	0
	非同化器官〔g〕	0	0	2		15	15	15	15	15
	相対照度〔%〕	100	97	71		10	8	7	5	3

考察

上の表からどのようなことが言えるか。
➡同化器官（葉）は群集の上部に集中しており，逆に，非同化器官は群集の基部に多い。このことから，この群集は広葉型の群集であると言える。また，光が相対照度約10%以下では，葉をつけることができないことがわかる。

2 植生の遷移

1 遷 移

❶遷移とは ある場所に存在する生物群集は，長い期間をかけて少しずつ別の生物群集に変化していく。この移り変わりを**遷移**という。遷移では，植物群集による無機的環境への**環境形成作用**で土壌の厚さ，保水力，有機物や無機塩類の蓄積，群集内の明るさなどが変化する。逆に，変化した環境の影響で生物群集の相観も変わる(作用▷p.118)。また，そこを生活の場とする動物も相互作用で遷移する。

❷遷移の種類 遷移には，大きく分けて次の2つがある。

① **一次遷移** 火山の噴火によってできた溶岩流の上などにできた裸地で，生物をまったく含まない状態から起こる遷移。

② **二次遷移** かつて植物群集があった場所が山火事や森林の伐採などで裸地になり，土壌中に種子や根や土壌動物などを含む状態から起こる遷移。

2 一次遷移 　重要

❶遷移の進み方 一次遷移は，土壌の形成と光をめぐる競争(植物群集内の明るさの変化)がおもな要因である。遷移は次のように進む(▷図15)。

① **裸地** 最初に岩石の風化が始まる。露出していた岩石が雨水・温度変化・日光・風などにより，割れ目を生じ，細かく砕け，岩の隙間や割れ目に砂粒がたまる。ここに水分や栄養塩類が乏しい場所でも生育できる**地衣類**[★1]や**コケ植物**，一部の**草本植物**が最初に進入する。地衣類は岩の表面でも生育できる。

図15 一次遷移の進み方(模式図)

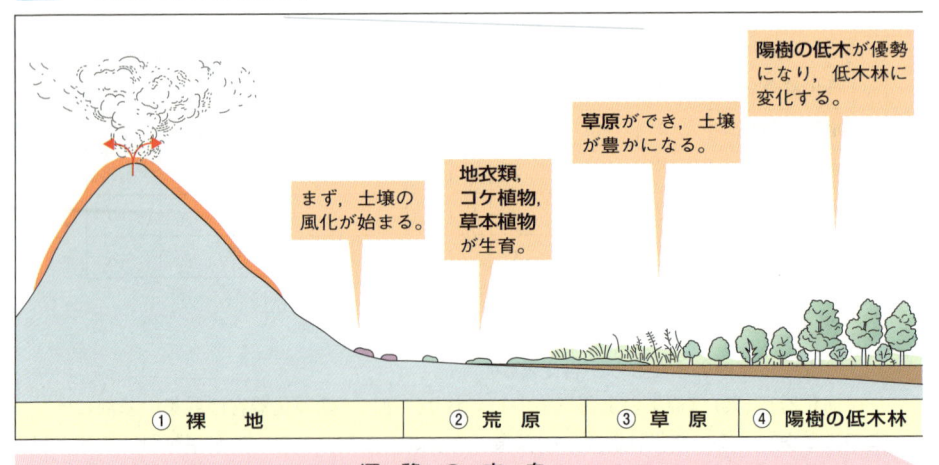

① 裸　地　　② 荒　原　　③ 草　原　　④ 陽樹の低木林

遷　移　の　方　向

まず，土壌の風化が始まる。

地衣類，コケ植物，草本植物が生育。

草原ができ，土壌が豊かになる。

陽樹の低木が優勢になり，低木林に変化する。

★1 地衣類は，藻類と菌類の共生体で，乾燥に強い。ハナゴケやウメノキゴケなどがその例である。

②**荒原** 日本のように雨量が多いところではイタドリなど草本植物が早くから進入してくる。これらの植物は岩石の割れ目に根を伸ばしさらに風化を進める。やがて植物の遺体と,風化されてできた細かな砂粒が混ざり,岩の割れ目や隙間にわずかな土壌が形成される。土壌が少しずつ増加し,ある程度の保水力ができると,草本の数が増えてくる。

(補足) ①～③にかけては土壌づくりの期間である。

図16 高等植物の進入が始まった荒原

③**草原** 草本植物が増えてくるとさらに土壌形成が促進され,保水力や栄養塩類が増加する。やがて,草本植物の根や地下茎が発達した本格的な草原となる(この時期に,次代の中心である陽樹の低木や高木の芽生えもちらほら見られる)。この頃になると,昆虫や小動物が集まり,その排出物や遺体によってますます土壌が豊かになる。また,地中層では,ミミズなども見られるようになる。発達した草原の地面は比較的明るく,自然光の1割以上が地面に届き,陽樹の種子も芽生え,生育することができる。日本では,ススキやチガヤ,イタドリの草原ができる。

図17 ハチジョウイタドリ

(補足) 日本では自然草原は少ないが,水分・気温・積雪などの条件により,安定した草原もある。

陽樹がどんどん成長し,陽樹林になる。

陽樹の林床で陰樹が芽生え,成長して,陽樹と陰樹の混生林になる。

陰樹林で安定する。

⑤ 陽 樹 林　　⑥ 陽樹と陰樹の混生林　　⑦ 極 相 林

遷 移 の 方 向

④ **陽樹の低木林** 土壌が豊かになるころ，種子の散布力の強い樹木が進入する。そして，光をめぐる競争において高く成長できる**陽樹の低木**が勝ち，草原から低木林へと変化する（高木よりも低木のほうが成長が速いので，まず低木になる）。ハギ・ヤシャブシ★1・ハコネウツギなどの低木の雑木林となる。

⑤ **陽樹林** 低木の雑木林の林床も比較的明るいので，光補償点（▷p.124）の高い**陽樹**もよく成長する。そして，陽樹の若木はどんどん成長して林冠を占有し，陽樹林に遷移してしまう。陽樹林では光が林床まであまり届かないので，草本層は陰生の草本に更新される（▷図19）。

（補足）③〜⑤の遷移は，光の受光量をめぐる高さの競争である。

⑥ **陽樹と陰樹の混生林** 陽樹の林底では光が少ないので，光補償点の高い陽樹の幼木は育たなくなり，少ない光量でも生育する（光補償点の低い）陰樹が芽生え，成長して，**陽樹と陰樹の混生林**が形成される。若木は陰樹のみになる。

⑦ **陰樹林** 陽樹の成木が枯死してしまうと完全な**陰樹林**になってしまう。陰樹林が形成されると，他の樹木は進入しにくくなり，**極相**となって遷移の終点となり，安定する。そのため陰樹林のことを**極相林**という。

図18 ヤシャブシ（花と実）

（補足）⑤〜⑦の遷移は，次代の芽生えをめぐる，林床での競争である。

図19 一次遷移の時間的変化の例

（視点）一次遷移の場合，植物群集は，土壌の形成とともに，**裸地→荒原→草原→低木林→陽樹林→混生林→陰樹林（極相林）**と変化する。これに伴って群集の高さは高くなり，林床は暗くなっていく。
極相林は安定した林で，これ以上変化しない。

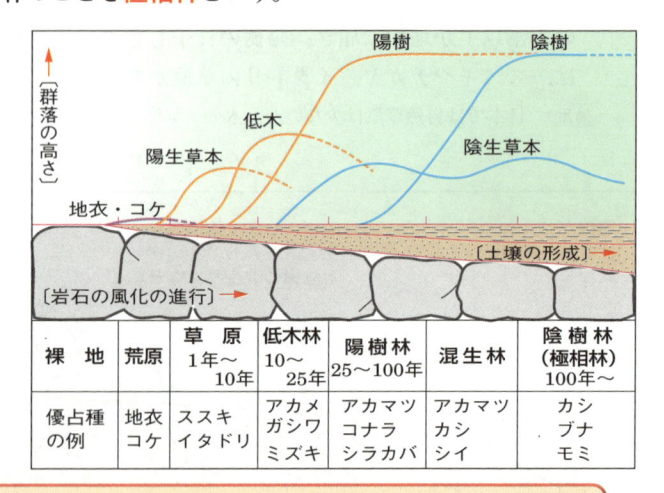

	裸地	荒原	草原 1年〜10年	低木林 10〜25年	陽樹林 25〜100年	混生林	陰樹林（極相林）100年〜
優占種の例		地衣 コケ	ススキ イタドリ	アカメガシワ ミズキ	アカマツ コナラ シラカバ	アカマツ カシ シイ	カシ ブナ モミ

ポイント〔一次遷移の進み方〕
裸地➡荒原（地衣類・コケ植物）➡草原（草本群集）➡陽樹の低木林
➡陽樹林➡混生林➡陰樹林（極相林）

★1 ヤシャブシなどは窒素固定細菌（▷p.148）と共生関係にあり，必要な窒素を得ることができるため養分が少ない土壌にもいち早く進入できる。

❷ 先駆種と極相種

遷移のはじめのほうに現れる植物種を**先駆種**といい，極相のときの種を**極相種**という。

① **先駆種** 一般に乾燥に強く，発芽も早い。明るい所での成長は速いが，耐陰性に欠けている。寿命は比較的短い。地衣類，コケ植物，ススキ・イタドリなどの草本，ヤシャブシ・クロマツなどの木本が代表。

② **極相種** 少ない光量でも成長できる。成長は遅いが，寿命は長い。幼木は乾燥に弱い。スダジイ・タブノキ・ブナ・モミ・シラビソなどが極相種である。

> **小休止　極相種の種子は大きい**
>
> 極相林では，十分栄養を蓄えた種子でなければ，下草にさえぎられ幼木にすら育たない。このため極相種であるブナやカシ類は，ドングリのように**大きくて重い種子**をつくる。それに対して陽樹のアカマツやヤシャブシは生育するには明るさが不可欠で，開けた場所で芽ばえるように**風に飛ばされやすい軽い種子**をつくる。また，これらの種子は光がないと発芽できない**光発芽種子**でもある。

３ 極相林の部分的更新

極相林は林床が暗く，幼木や草本の成長は抑えられている。しかし，台風などによって樹木が倒れると，林冠のない場所（**ギャップ**）ができる。ギャップでは林床まで日光が当たり，飛来した陽樹や陽生の草本の種子も発芽して生育し始める。ギャップは極相林のところどころに生じるので，極相林の中に，陽生植物を中心にした場所や陽樹と陰樹の混生した場所などが存在し，モザイク状に極相林が更新される。このように極相林でも部分的な変動と遷移は常にくり返されていて，多様な環境が維持され，**生物の多様性が高く保たれる**ことにつながっている。

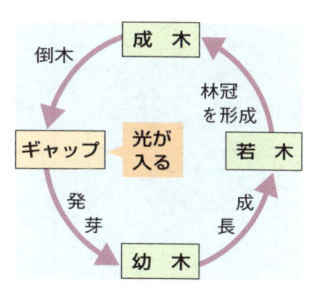

図20　極相林の部分的更新

４ 二次遷移

山火事跡地や森林の伐採跡地，放棄された耕作地や造成地などが二次遷移のスタートである。一次遷移とちがって土壌があり，植物の地下茎や種子などが残っているので，すぐに草原が形成される。養分が比較的多いので，セイタカアワダチソウやブタクサなどの帰化植物が繁殖することが多い。**極相までの期間は一次遷移より短い**。このように人為的あるいは自然現象による破壊から再生し，二次遷移の途上にある森林を**二次林**という。

> **参考** 里山は農村の近くにあって薪や炭焼きのために定期的な伐採を受けたり，落ち葉や下草が肥料のためにもち去られ，陽樹林のまま遷移が停滞した二次林である。常に人による攪乱が加えられることで里山は結果的に非常に多くの種の生物がすむ生物多様性を維持してきた。

発展ゼミ 伊豆大島での遷移の例

◆伊豆大島は，太平洋に浮かぶ火山島で，面積91km²，周囲41kmの島である。島のほぼ中央に活火山の三原山があり，過去何度も噴火をくり返し，溶岩と火山砂（スコリア）・火山灰を火口の近くに噴出している。そのため，火口から遠ざかる（噴火の時代が古い）につれて遷移が進行しており，**現在の群集のようすから，遷移の時間的変化のようすを追う**ことができる。

◆図21は，伊豆大島の植生をまとめて図示したものである。この図をもとに，伊豆大島での一次遷移の各段階を追うと，次のA～Fのようになる。

〔A〕現在も活動を続けている火口の近くで，**裸地**，またはコケや地衣類だけの**荒原**。

〔B〕1950年の溶岩による溶岩原で**荒原段階**。一部には**ススキの草原**も見られる。

〔C〕1778年の溶岩による溶岩原で，土壌の形成が進み，**低木林**の段階にある。

〔D〕オオシマザクラなどの陽生落葉高木と，ツバキなどの陽生常緑高木から成る**陽樹林段階**。一部に，ヒサカキなどの陰樹林のある**混生林**も見られる。

〔E〕タブノキなどの**陰樹林（極相林）**。

〔F〕人工的に植林した場所。

◆三原山では1986年にも全島民が島外避難する規模の噴火が起こり，その後の調査で，実際の一次遷移初期のようすが以下のように報告されている。

噴火4か月後には，溶岩上に地衣類が見られ，8か月後には，スコリア上にハチジョウイタドリとススキが発芽した。

噴火から3年半後の1990年5月に，溶岩上にはじめてハチジョウイタドリが見られ，この後，枯れることなく定着。毎年株は大きくなり，多数の種子を散布。その後，地衣類やコケ植物は溶岩上の2～15%を占める状態が続き，イタドリもほぼ同じ被度まで広がる。イタドリの群集は様々なサイズのパッチ状となり，次にハチジョウススキが，さらに次々と他の植物も定着し，被度・草丈・種類数ともに増大した。

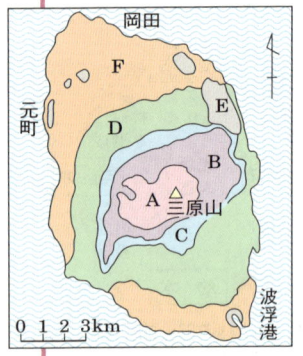

図21 伊豆大島の植生図（1958～1960年調査）

表1 伊豆大島の植物群集と環境

地点	B	C	D	E
溶岩噴出年代	1950	1778	684	B.C.2000
土壌の厚さ[cm]	0.1	0.8	40	37
土壌有機物[%]	1.1	6.4	20	31
地表の照度[%]	90	23	2.7	1.8
植物の種の数	3	21	42	33
群落の高さ[m]	0.6	2.8	9.2	12.5
現存量[t/h]	2	42	213	439
各地点のおもな植物	シマタヌキラン・オオシマイタドリ・ススキ	オオバヤシャブシ・ハコネウツギ	オオシマザクラ・ヤブツバキ・ヒサカキ	スダジイ・タブノキ

3 動物群集の遷移

1 動物群集の遷移

　消費者である動物は，すみかとえさを生産者である植物（あるいは，他の動物）に依存して生きている。また，土壌動物は微生物とともに土壌の形成に重要な役割をもつ。これらの相互作用によって，植物群集の遷移とともに動物群集も遷移する。

2 動物群集の遷移の流れ

　植物群集の遷移に伴う動物群集の遷移の例をまとめると，下のようになる。最初，荒原には少数の昆虫しかいないが，植物群集が草原や森林へと遷移すると，より森林に依存する動物が出現し，**生息する動物の個体群の種類も個体数も増加する**。そして，植物群集が極相に達すると，**動物群集も安定し**，**遷移が止まる**。

(補足) 陰樹林では林床が暗く植生が単純化するため動物の種も減ることが多い。

遷移段階	荒原 ⇨	草原 ⇨	低木林 ⇨	陽樹林 ⇨	陰樹林（極相）
植物群集〔おもな植物〕	地衣類・コケ植物	アカザ・ススキ・イタドリ・アザミ・シダ植物	ミズキ・ツツジ・ノリウツギ	アカマツ・コナラ・クリ・シラカバ	シイ・カシ・スギ・ヒノキ・モミ・トドマツ
動物群集〔おもな動物〕	少数の昆虫類など	昆虫類（アリ・ハンミョウ・バッタ）・クモ類・鳥類（ヒバリ・ノビタキ）・哺乳類（ハタネズミ・ノウサギ）	昆虫類（カマキリ・キリギリス・スズメガ）・クモ類・ハ虫類（ヘビ）・鳥類（モズ）・哺乳類	昆虫類（カブトムシ・ゴミムシ）・多足類（ヤスデ）・軟体動物（カタツムリ）・鳥類（シジュウカラ）・哺乳類	昆虫類（トビムシ）・甲殻類（ワラジムシ）・クモ類・多足類・軟体動物（ナメクジ）・環形動物（ミミズ）・鳥類（ホトトギス）・哺乳類

この節のまとめ　生物群集の遷移

☐ 環境要因と光合成 ▷ p.124	● 光合成速度＝見かけの光合成速度＋呼吸速度 ● 光補償点…光合成速度＝呼吸速度となる光の強さ。 ● 陽生植物…光補償点が高い。陰生植物…光補償点が低い。
☐ 植物群集の遷移 ▷ p.128	● 遷移…生物群集の長時間にわたる移り変わり。 ● 一次遷移の進み方…裸地→荒原→草原→陽樹の低木林→陽樹林→陽樹と陰樹の混生林→陰樹林（極相林） ● 極相林での遷移…倒木によるギャップでは，林内の一部が明るくなり，陽生植物が芽ばえる。 ● 二次遷移…山火事跡地など，土壌に種子や地下茎の存在する状態からの遷移。

3節 バイオームとその分布

1 気候とバイオーム

1 バイオーム 重要

❶ **バイオームとは何か** 同じような環境では同じような相観[★1]をもつ植生が成立し、そこに生活する動物群集も同じようになる。そこで、環境と生物群集をまとめて相観をもとに分類することができる。そのようにして分類された生態系の区分を**バイオーム**（生物群系）という。

❷ **気候とバイオーム** 植物は移動できないので、その分布は環境要因（特に、気温と降水量）に支配される。そして、気候が似ていれば、よく似た相観のバイオームができる。図22は、そのようすをまとめたものである。年平均降水量が多いところでは森林が発達し、降水量が少ないと草原や荒原となる。気温が高いほうが水の蒸発量が多いので、森林が成立するのにより多くの降水量が必要となる。

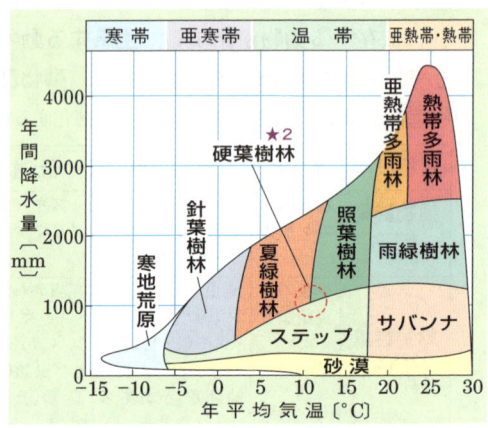

図22 世界の気候とバイオームの分布

2 世界のバイオームの分布 重要

❶ **熱帯多雨林** 年平均気温約23℃以上、年間降水量約2500mm以上の高温多湿の地域に発達する**常緑広葉樹**の森林。巨大高木層（30m～60m）があり、5～7層の階層構造をもち、樹種が多い。マメ科・フタバガキ科などが多く、つる**植物・着生植物**[★3]も多く見られる。動物の種類も非常に多い。高温のため有機物がすぐ分解されるので腐植土層が薄く、根が温帯のように深く発達しにくく、**板根**（地表に露出した板状の根）が発達している。海岸近くでは、ヒルギなどの**マングローブ林**[★4]が見られる。

図23 熱帯多雨林（マレーシア）

★1 植物群落を外から見たときの外観上の特徴。ふつう、優占種によって決まる（▷p.120）。
★2 硬葉樹林は、東アジアには存在せず、地中海沿岸地方に発達している。

❷ **亜熱帯多雨林** 年平均気温約18℃以上，年間降水量約1300mm以上の亜熱帯地域に分布する**常緑広葉樹**の森林。巨大高木層がない。アコウ・タコノキ・ヘゴ（木生シダのなかま）などが多い。海岸近くでは，ヒルギなどのマングローブ林が存在する。

❸ **雨緑樹林** 雨季と乾季がある熱帯・亜熱帯の樹林で，東南アジアの季節風地帯に多く**季節風林**ともよばれる。雨季に葉をつけ，乾季に落葉する落葉広葉樹の森林。チークが代表種。

図24 板　根
図25 マングローブ林
図26 チーク

図27 世界のバイオームの分布

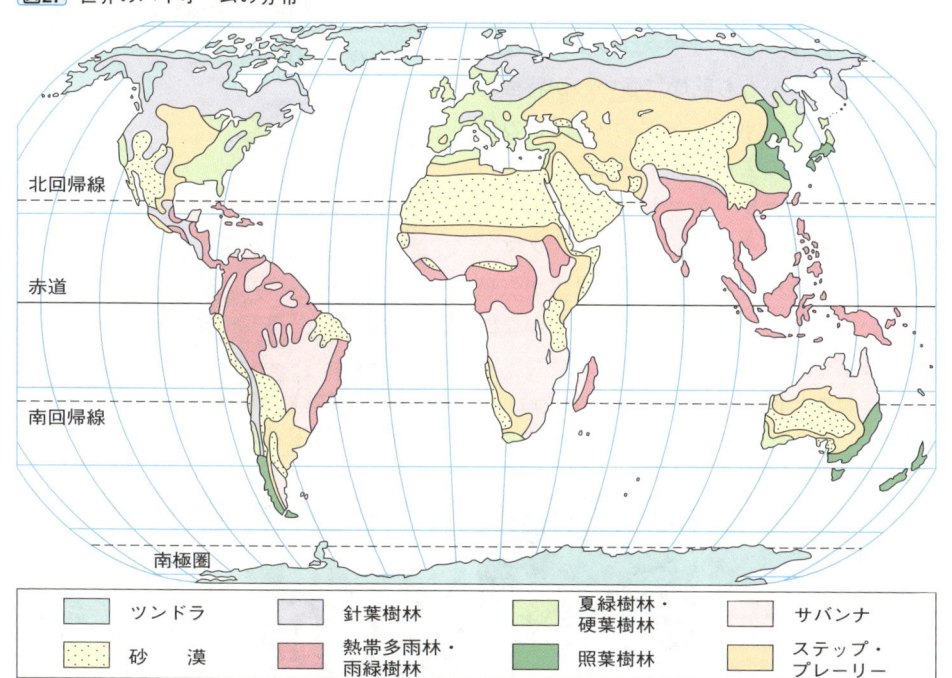

凡例：
- ツンドラ
- 砂漠
- 針葉樹林
- 熱帯多雨林・雨緑樹林
- 夏緑樹林・硬葉樹林
- 照葉樹林
- サバンナ
- ステップ・プレーリー

★3 他の樹木の幹や岩など，土壌以外のものに付着して生活する植物。
★4 マングローブを構成する植物には，呼吸するための特別の構造をもった呼吸根がある。

❹ **照葉樹林** 年平均気温約13〜20℃，年間降水量約1000mm以上の東アジアの暖温帯に多く分布。葉は硬く，クチクラの発達した**常緑広葉樹**。実際には落葉広葉樹や針葉樹が混在する森林が多い。カシ類・シイ類・タブノキ・クスノキ・ツバキなどが代表例。林内には昆虫や小動物が多く生息。

> **小休止　照葉樹林文化**
>
> 照葉樹林は，東は日本中部から西は東ヒマラヤまで連なっており，そこに住む人々の文化は驚くほどよく似ている。たとえば，これらの地域では，米や豆が主食となり，餅を食べ，さらに，中国の雲南地方では，豆腐や納豆まで食べる。そこで，これらの地域の文化をまとめて**照葉樹林文化**ということがある。

図28　照葉樹林（日本・京都府）

❺ **硬葉樹林** 夏の降水量が少なく，冬に降水量の多い地中海沿岸地方などに見られる常緑の樹林。オリーブやコルクガシなど，小さく硬い葉をもち乾燥に強いのが特徴。

図29　硬葉樹林（ギリシャ）

❻ **夏緑樹林** 年平均気温約0〜15℃の低い温度の温帯に広く分布する落葉広葉樹の森林。ブナ・ナラ・ケヤキ・カエデ・ニレなどが代表例。ササが下草となり，クマ・キツネ・ウサギなどの哺乳類や昆虫が生息している。どんぐりなど，果実が豊かな樹林。紅葉や黄葉が秋に見られる。

（参考）採集を中心に食物を得ていた縄文時代の人々は，どんぐり類のよくとれる夏緑樹林の多い東北地方に多く住んでいた。

図30　夏緑樹林（日本・青森県）

図31　コルクガシの樹皮　　図32　タブノキ　　図33　クスノキ　　図34　ブナ

❼ **針葉樹林**　亜寒帯から寒帯にかけて分布している森林。常緑の針葉のものが多い。スギ・ヒノキ・ツガ・モミ・コメツガ・シラビソ・トドマツなどがある。なお，シベリアの**タイガ**とよばれる大森林地帯では，落葉針葉樹のカラマツなどが見られる。

(補足)　本州のヒノキやスギの森林は，ほとんどが人工林で本来の植生ではない。

❽ **サバンナ(熱帯草原)**　比較的降水量が少なく(年間降水量約600mm以下)，半年にわたる乾季がある熱帯・亜熱帯に広がる草原。イネ科を主とし，ところどころに**亜高木や低木が混じって存在**する。大形の野生動物がすむ。

❾ **ステップ(温帯草原)**　夏に乾燥し，冬が低温の温帯に広がる草原。イネ科の草本が多い。放牧地としても利用され，ロシアや中央アジアの**ステップ**，北アメリカの**プレーリー**，アルゼンチンの**パンパス**などがある。地中層には，植物の根や有機物を食べるミミズや線虫がおり，それを食べるモグラやノネズミが多く存在する。

❿ **砂漠(乾燥荒原)**　年間降水量が約200mm以下の極端に乾燥した地域に成立する荒原。一般の植物の生育は困難で，北アメリカではサボテン，アフリカではトウダイグサ科の多肉植物が散在する。

図35　針葉樹林(カナダ)

図36　サバンナ(ケニア)

図37　ツンドラ(アラスカ)

⓫ **ツンドラ(寒冷荒原)**　針葉樹すら生育できない永久凍土に形成され，**コケ植物**や**地衣類**がはえている。ところどころにヤナギなどの低木が見られる。

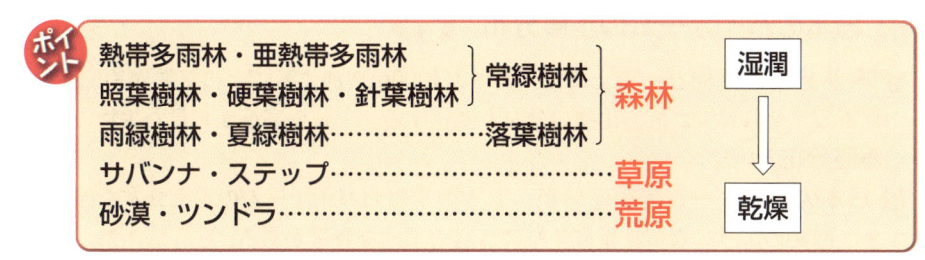

ポイント				
熱帯多雨林・亜熱帯多雨林	常緑樹林	森林	湿潤	
照葉樹林・硬葉樹林・針葉樹林			↓	
雨緑樹林・夏緑樹林	落葉樹林			
サバンナ・ステップ		草原		
砂漠・ツンドラ		荒原	乾燥	

2 日本のバイオームの水平分布と垂直分布

1 日本のバイオームの水平分布 重要

❶ **水平分布とは** 地球上の水平方向の広がりから見た生物の分布を水平分布という。

❷ **日本のバイオームの水平分布** 現在，日本には自然状態の森林はあまり残されていないが，日本全土が自然状態のままであると仮定すると，日本のバイオームの水平分布は，図38に示すようになる。南から北の順に，

① **亜熱帯多雨林** 沖縄の南西諸島の亜熱帯（年平均気温16℃以上）に発達。ガジュマル・アコウ・ヒルギなどが代表例。動物では，アマミノクロウサギなどが分布。

② **照葉樹林** 九州・四国のほぼ全域，および本州中部以南の暖温帯（年平均気温14〜16℃）に発達。シイ・カシ類・クヌギなどが代表例。動物では，イタチ・イノシシなどが分布。

③ **夏緑樹林** 本州中部から北海道の南部にかけての冷温帯（年平均気温5〜14℃）に発達。ブナ・カエデ・ミズナラ・ケヤキなどが代表例。動物では，ツキノワグマ・ヤマネ・カモシカなどが分布。

④ **針葉樹林** 本州中北部以北の亜寒帯（年平均気温5℃以下）に発達。エゾマツ・トドマツ・コメツガなどが代表例。動物では，ヒグマ・オコジョ・シマリスなどが分布。

図38 日本のバイオームの水平分布

図39 コメツガ

> **ポイント** 日本では，南から順に亜熱帯多雨林・照葉樹林・夏緑樹林・針葉樹林が発達している。

2 日本のバイオームの垂直分布 重要

❶ **垂直分布とは何か** 地上では，高さが1000m増加するごとに気温が約6.5℃ずつ低下し，それにつれて，生物の分布も変化する。土地の高度から見た生物の分布を垂直分布という。

❷ **日本のバイオームの垂直分布** 日本の本州のバイオームの垂直分布を図で示すと，図40のようになる。垂直分布には次のような特徴がある。

① 本州のバイオームは，高山帯・亜高山帯・山地帯・丘陵帯の4つに分けられる。
② 同じ高度でも北部のほうが気温が低いため，各分布帯の高さは北部ほど低くなる。
③ 約2500mより高い所（高山帯）では，高木が生育しなくなる。この境を森林限界という。高山帯と亜高山帯は森林限界によって区分される。

垂直区分	特徴	植物例
高山帯〔2500m以上〕	高山草原（お花畑）になったり，低木が育つ。水平分布の寒帯にあたる。	コマクサ・コケモモ・ハイマツ
亜高山帯〔1700〜2500m〕	針葉樹林が多く，ダケカンバなどの夏緑樹林が混在する。亜寒帯にあたる。	コメツガ・シラビソ・トウヒ・モミ
山地帯〔700〜1700m〕	夏緑樹林が多く，水平分布の温帯にあたる。低山帯ともいう。	ブナ・ミズナラ・クヌギ・シラカンバ
丘陵帯〔700m以下〕	照葉樹林が多く，水平分布の暖帯北部にあたる。低地帯ともいう。	シイ・カシ・クスノキ・ヤブツバキ

(補足) それぞれの分布帯に特徴的な動物は，高山帯…ライチョウ・クモマベニヒカゲ，亜高山帯…カモシカ・イイズナ，山地帯…ニホンザル・クワガタ，丘陵帯…イタチ・イノシシ などである。

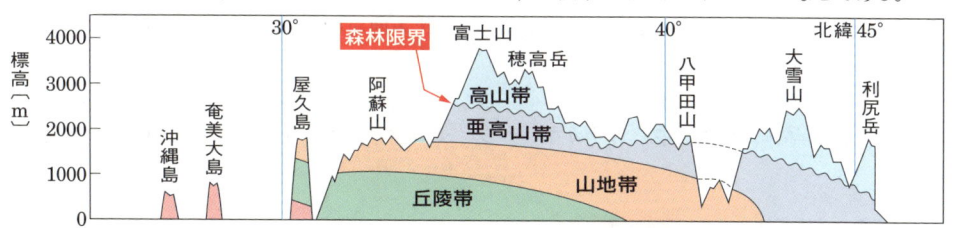

図40 日本のバイオームの垂直分布（沖縄島などピンク色の部分は亜熱帯多雨林 ▷p.135）

この節のまとめ　バイオームとその分布

□ 気候とバイオーム ▷p.134
- バイオーム…おもに気温と降水量で決まる生態系の区分。
  - 森林｛熱帯多雨林・亜熱帯多雨林・雨緑樹林・照葉樹林・硬葉樹林・夏緑樹林・針葉樹林
  - 草原…サバンナ・ステップ
  - 荒原…砂漠・ツンドラ

□ 日本のバイオームの水平分布と垂直分布 ▷p.138
- 水平分布…南から順に，亜熱帯多雨林・照葉樹林・夏緑樹林・針葉樹林が発達。
- 垂直分布…高いほうから，高山帯・亜高山帯・山地帯・丘陵帯の順で分布する。

章末練習問題 解答▷p.197

1 〈遷移〉 テスト必出

次の文を読んで、以下の問いに答えよ。

噴火の溶岩流などでできた土壌のない裸地から始まる遷移を(①)という。最初に裸地の乾燥、低栄養など厳しい環境に耐えられる(②)やコケ類、草本類が進入する。これらの植物の作用や岩石の風化によって、土壌の形成が進み、草本の個体数が増え草原になる。草本は、a 多年生草本のほうが b 一年生草本より早く進入する場合が多い。土壌の形成が進んだ場所に木本が進入し始める。最初は c (③)の低木が、やがて d (③)の高木が生育し、(③)林が形成される。森林内部は光が入りにくいため、(③)の芽生えは生育できず、光補償点の低い(④)の芽生えが成長する。その後、混交林を経て、(④)林で安定する。この森林内部には階層構造が形成され、樹冠を形成する e 高木層の下には、f 亜高木層、g 低木層、h 草本層が見られる。(④)林もところどころに(③)が見られる。これは(④)の高木が倒れたあとに(⑤)が生じ、そこに日光が入るためである。

(1) 文中の空欄①～⑤に適当な語を入れよ。
(2) 日本の中部地方における下線部 a～h の代表的な植物を次のア～コから1つずつ選び、記号で答えよ。

　ア アカマツ　イ アシ　　ウ ハギ　　エ カシ　　オ ミズヒキ
　カ ヤブツバキ　キ ヒサカキ　ク チガヤ　ケ イタドリ　コ イチョウ

2 〈バイオーム〉 テスト必出

世界のバイオームを分類すると、下の(a)～(j)のように大別される。また、これらのバイオームとその生育地の気温・降水量との関係を示すと下図のようになる。

(a) 熱帯・亜熱帯多雨林　(b) 夏緑樹林
(c) サバンナ　(d) 硬葉樹林　(e) 雨緑樹林
(f) ステップ　(g) 照葉樹林　(h) ツンドラ
(i) 針葉樹林　(j) 乾燥荒原

(1) (a), (b), (d), (e), (f) があてはまる位置を右図のア～コから選べ。
(2) 次の①～④の説明に最も適するバイオームはどれか。(a)～(j)から選べ。
① 樹高の高い樹木が多く種類も多い。つる植物や着生植物も多い。
② 地衣類やコケ植物が優占する。
③ イネ科やカヤツリグサ科の草本植物が主体で、高木や低木がまばらに混生する。
④ 気温は高くて年変化は小さいが、乾季と雨季がある。乾季に落葉する広葉樹よりなる。

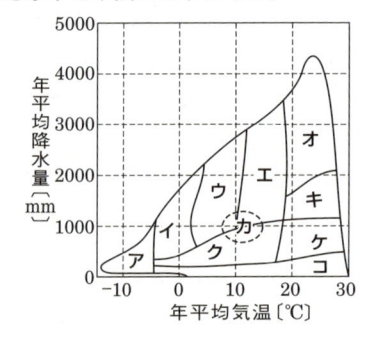

2章 生態系とそのはたらき

焼畑による森林破壊

1節 生態系と物質の流れ

1 生態系

1 食物連鎖と栄養段階 　重要

❶ **食物連鎖**　昆虫はクモに食われ，クモは小鳥に食われる。このように，生物どうしは，「捕食-被食」の関係で連続して結びついている。これを**食物連鎖**という。自然界では，食物連鎖は複雑に網の目状に結ばれているので，このような食物連鎖のことを**食物網**という。

❷ **生産者**　光エネルギーなどを利用して無機物から有機物を合成する植物などの生物を**生産者**という。生産者は食物連鎖の出発点である。

　補足　光合成細菌や化学合成細菌，シアノバクテリア，藻類，植物が無機物から有機物を合成できる独立栄養生物（▷p.22）で，生態系における生産者である。

❸ **消費者**　生産者の生産する有機物を，直接あるいは間接に利用する生物，すなわち動物を**消費者**という。消費者には次のようなものがある。
① **一次消費者**　生産者である藻類，植物をえさとする植物食性動物（植食性動物）。
② **二次消費者**　一次消費者である動物をえさとする動物食性動物（肉食性動物）。
③ **高次消費者**　三次消費者，四次消費者……など，二次消費者以上の動物をえさとする動物食性動物（肉食性動物）。

　補足　二次・三次・……高次消費者は，すぐ下位の消費者だけをえさとするわけではなく，たとえば，高次消費者が一次消費者や二次消費者をえさにしたり，三次消費者が一次消費者をえさにしたりすることもある（▷図41）。

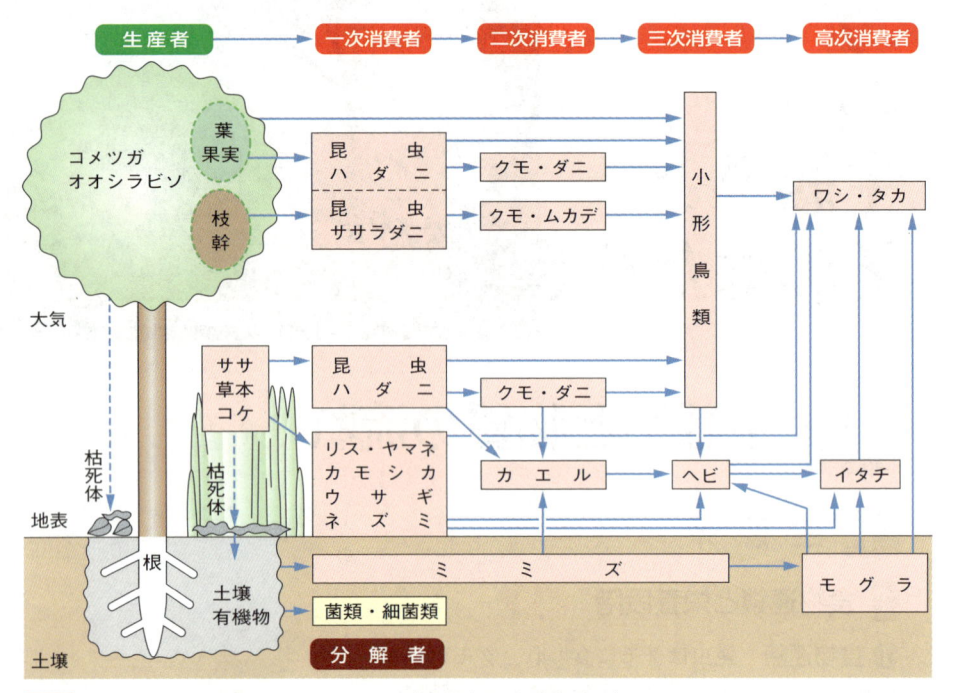

図41 亜高山帯の針葉樹林生態系における食物網（長野県志賀高原）

❹ **栄養段階** 食物連鎖上の，生産者，一次消費者，二次消費者，……といった段階を**栄養段階**という。有機物や，その有機物の中に取り込まれているエネルギーは，低次から高次へと各栄養段階を移動していく。（くわしくは ▷*p.146*）

❺ **分解者** 各栄養段階から出た排出物や遺体などに含まれる有機物は，分解されて非生物的環境にもどる。この分解を行っているのは，土中や水中の**菌類・細菌類・原生動物**である。これらの生物を**分解者**という。

> **ポイント** **生産者**が合成した有機物を**消費者**がえさとして利用し，**分解者**が無機物にまで分解する。

2 生態系

❶ **生態系** ある地域にすむ**生物群集**（生産者・消費者・分解者から成る）は，非生物的環境と，作用・環境形成作用（▷*p.118*）によってたがいに影響しあいながら，調和と独立を保った1つのまとまりをつくっている。これを**生態系**という。1つ1つの生態系は，まとまってはいるが，他の生態系とたがいに影響しあっているので，大きく言えば，地球の表面全体が1つの生態系であるとも言える。1つ1つの生態系は安定しており，短期間に大きな変動を起こすことは少ない。

❷ **生態系の構成** 生態系は，次のような要素で構成されている。

```
           ┌ 生物群集 ┌ 生産者（無機物から有機物を生成）……光合成をする植物など
           │         │ 消費者（生産者が生成した有機物を消費）…動物
           │         └ 分解者（有機物を分解し，無機物に還元）…菌類・細菌類など
           │      ↑環境形成作用
生態系 ─┤   ↓作用
           │
           └ 非生物的環境 ┌ 媒　体（生物体をとりまくもの）………水・空気・土壌など
                         │ 基　層（生物体を支えるもの）…………岩・砂・土など
                         │ エネルギー的要素……………………光・熱（温度）・風・重力など
                         └ 代謝や体成分の材料……$CO_2$・$H_2O$・$O_2$・無機塩類・有機物
```

> **ポイント** **生態系**…ある地域にすむ生物群集が，非生物的環境の中で，調和と独立を保っている1つのまとまり。

小休止　深海の生態系

　太平洋や大西洋の2000～3000mの深さの暗黒の世界に，化学合成細菌を生産者とする生態系が存在している。

　この生態系の中心には，深海底から約350℃の熱水が吹き出す煙突状の**熱水噴出孔**があり，そこから吹き出す熱水には，硫化水素が含まれている。噴出孔のまわりには，チューブワーム（ハオリムシの一種），シロウリガイ，コシオリエビなど独特の生物が生息している。

　チューブワームの体内には，**有毒の硫化水素をエネルギー源とする化学合成細菌が共生**し，エネルギーを供給している。ここでは，この化学合成細菌が生産者である（化学合成は無機物を酸化して生じるエネルギーを用いてCO_2から有機物を合成するしくみ）。

　深海のこの生態系は，完全に他の生態系から独立しているように見えるが，海水はゆっくりと浅海と深海を循環しており，**海面付近の光合成由来の有機物などが深海底に沈殿してきて，生物に利用される**。つまり，深海の生態系も，地球を1つの生態系とする生態系の一部である。

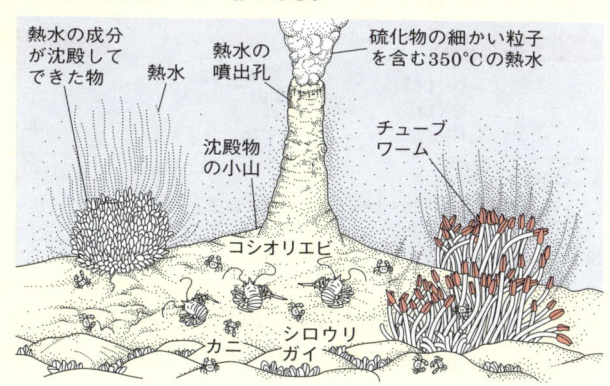

図42 深海の生態系

(視点) 高温の深海にすむ化学合成細菌は，最適温度が高い酵素をもち，代謝を行っている。

3 生態ピラミッド 重要

❶ 生態系内での物質収支　光のエネルギーを使って植物が生産した有機物は，捕食(摂食)によって，高次の栄養段階へ移動し，消費されていく。バランスのとれた生態系では，生産者の生産量が大きく，高次の消費者ほど個体数や生物量は小さくなっていく。

❷ 生態ピラミッド　個体数，生物量，エネルギー量などについて，生産者を下にして，その栄養段階を順に積み上げるとピラミッド形になる。これを生態ピラミッドという(▷図43)。

① **個体数ピラミッド**　個体数を基準とする。一般に，被食者より捕食者のほうがからだが大きく，数は少ないので，ピラミッド形になる。

（補足）寄生などの場合，逆転が見られる。たとえば，1本のクヌギにイラガの幼虫が数百頭(匹)寄生している場合などである。

② **生物量(現存量)ピラミッド**　単位面積に存在する生物量を基準にする。一般に，捕食者より被食者のほうが生物量が多く，ピラミッド形になる。

（補足）プランクトンなどで，被食者(植物プランクトン)の1世代が捕食者(動物プランクトン)の1世代より極端に短い場合，逆転することもある。

③ **エネルギーピラミッド**　単位時間あたりに出入りするエネルギー量を基準にする。エネルギーは太陽の光エネルギーを源とし，被食者から捕食者へと次々に移動し消費されていく。そのため，栄養段階の高い生物ほど利用できるエネルギー量は少なく，ピラミッド形になる。この場合，逆転はない。

個体数ピラミッド
- C_3 (3)
- C_2 (354904)
- C_1 (708624)
- P (5842424)

〔ある草原での個体数〕

特殊な例
- コマユバチ C_2 ; 1000
- C_1 (ケムシ; 100)
- P (サクラ; 1)

個体数や生物量では，ピラミッドが逆転する場合もある。

C_3 ; 三次消費者
C_2 ; 二次消費者
C_1 ; 一次消費者
P ; 生産者

生物量ピラミッド
- C_3 (1.5)
- C_2 (11)
- C_1 (37)
- P (809 g/m²)

〔シルバースプリング湖―アメリカ〕

特殊な例
- C_1 (21.0)
- P (4.0 g/m²)

〔イギリス海峡〕

エネルギーピラミッド
- C_2 (46)
- C_1 (62)
- P (466)
- 光 (498074 kJ/cm²・年)

〔セーダーボック湖―アメリカ〕

エネルギーピラミッドでは，逆転はない。

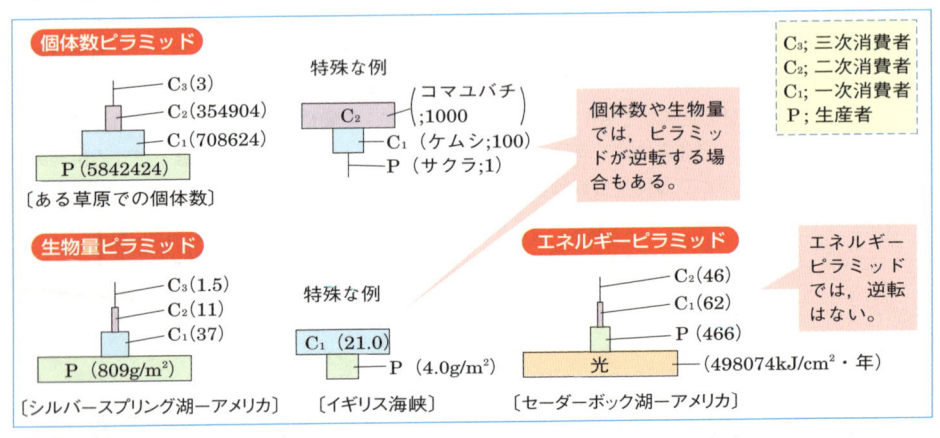

図43 生態ピラミッド

> **ポイント**　ある生態系における生物群集の個体数・生物量・エネルギー量は，栄養段階が高くなるにつれて少なくなり，ピラミッド形になる。

2 物質循環とエネルギーの流れ

1 炭素の循環 重要

❶ 炭素の割合　炭素は，炭水化物やタンパク質などの有機化合物の骨格をつくる元素であり，生物体の乾燥重量の40～50％を占めている。陸上生物の現存量として600×10^9t存在し，生物遺体（落葉・落枝を含む）として700×10^9t，大気中にCO_2として700×10^9t[★1]，海洋中に41000×10^9t，地下堆積物（石灰岩など）として60000000×10^9t，化石燃料として10000×10^9t存在すると推定されている（ボーリン，1970年による）。

補足　炭素の量については，さまざまな推測量があり，確定されたものはないが，ここでは，その一例を示す。

❷ 炭素の循環

①**生産者と炭素の循環**　**光合成**や化学合成などの炭酸同化により，大気中の二酸化炭素CO_2は有機物に合成される。合成された有機物の一部は**呼吸**で再びCO_2として大気中にもどる。

②**消費者・分解者と炭素の循環**　消費者は，捕食によって得た有機物の一部を**呼吸**でCO_2にもどす。また，一部は，さらに高次の消費者に被食される。そして，不消化排出物・老廃物・遺体などは，分解者にゆだねられ，その大部分は分解者の呼吸作用によって分解されて，CO_2として大気中に放出される。しかし，分解者

図44 生態系での炭素の循環――（　）内の数値は現存量〔$\times 10^9$t〕，○は循環速度〔$\times 10^9$t/年〕

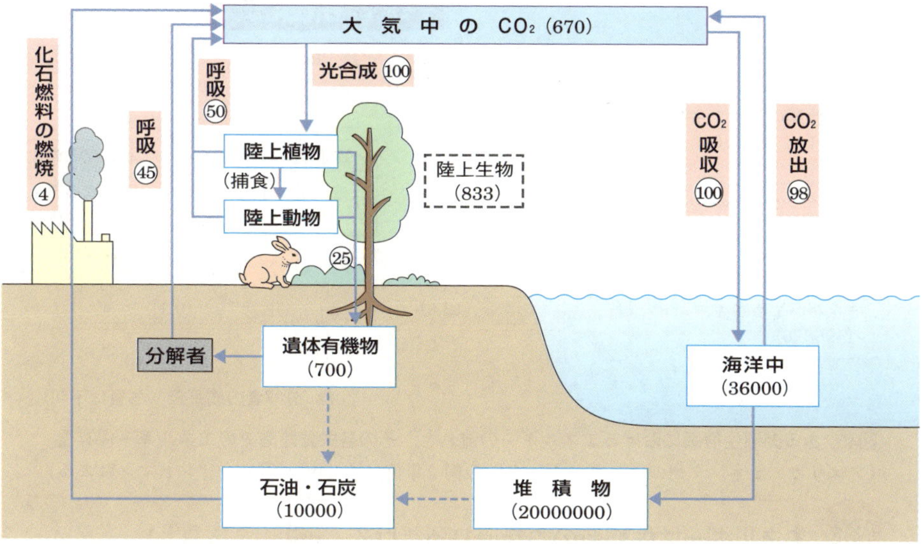

大気中のCO2（670）
光合成 100
呼吸 50
呼吸 45
化石燃料の燃焼 4
陸上植物
（捕食）
陸上動物
陸上生物（833）
25
CO2 吸収 100
CO2 放出 98
分解者
遺体有機物（700）
海洋中（36000）
石油・石炭（10000）
堆積物（20000000）

★1 CO_2は，大気の体積の0.038％（380ppm ▷p.162）を占める。

第3編 生物の多様性と生態系

が分解できなかった有機物は，腐植土として土壌に蓄積される。また，過去の生物の遺骸が堆積して炭化したり，海洋性の有機物などから長い時間をかけて石油・石炭などの化石燃料が生じる。

③ **呼吸と光合成** 光合成で合成される有機物中の炭素量は，陸上で$50×10^9$t/年である。一方，生産者・消費者・分解者を全部合わせた生物の呼吸により放出されるCO_2中の炭素の量は$50×10^9$t/年であり，光合成によって取り込まれた炭素量と呼吸により放出された炭素量はほぼ同じである(ボーリン，1970年による)。

> **ポイント** 炭素は，**光合成**によって大気から生物界に取り込まれ，**呼吸**によって生物界から大気へもどされることで循環する。

2 生態系内のエネルギーの流れ 重要

❶ **エネルギーの取り込み** 生態系の最初のおもなエネルギーは，生産者である緑色植物が光合成で取り込んだ太陽の光エネルギーである。光エネルギーは，光合成によって有機物の化学エネルギーに転換され，生態系内を流れていく。

❷ **生態系内のエネルギーの流れ** 有機物の中に取り込まれた化学エネルギーは，物質の移動とともに消費者や分解者へと移動する。そして，いろいろな生活に使われて，最後に熱として生態系から放出される。エネルギーは，生態系を流れはするが，炭素や窒素のように循環はしない。

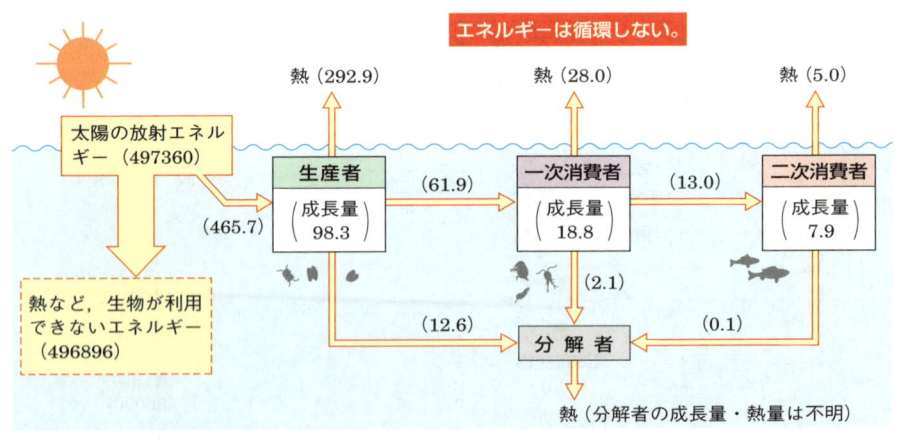

図45 ある湖沼生態系におけるエネルギーの流れと，その各栄養段階でのエネルギー保存量(アメリカ・ミネソタ州のセーダーボック湖の例；単位はJ/cm^2・年──リンドマンによる)

> **ポイント** エネルギーは生態系の中を流れるだけで，**循環はしない**。

3 生態系のエネルギー効率（エネルギー変換効率）

ある栄養段階の生物群集が，その前段階の生物群集の保有エネルギー（総生産量）を何パーセント変換したかを示す割合を**エネルギー効率**という。

$$\text{エネルギー効率}[\%] = \frac{\text{ある栄養段階の総生産量}[\text{J}]}{\text{前の栄養段階の総生産量}[\text{J}]} \times 100$$

図45の一次消費者のエネルギー効率は，$(61.9 \div 465.7) \times 100 = 13.3[\%]$ となる。エネルギー効率は，一般に，栄養段階が高くなるほど大きくなる。

補足 生産者のエネルギー効率を特に**生産効率**といい，上の式の分母に太陽の放射エネルギーを代入して求める。

4 窒素の循環　重要

❶ 窒素と生態系
窒素Nはタンパク質や核酸，ATP，クロロフィルなどの成分として生命活動に不可欠な元素である。窒素は非生物的環境中にはN_2として大気の約79％存在し，土中や水中にはアンモニウム塩（NH_4^+）や硝酸塩（NO_3^-）として存在する。

❷ 窒素の循環
①**生産者の窒素同化**　植物は，土中や水中の無機窒素化合物であるNH_4^+やNO_3^-を吸収して種々のアミノ酸を合成する。このはたらきを**窒素同化**といい，合成されたアミノ酸はタンパク質や核酸などをつくるのに使われる。

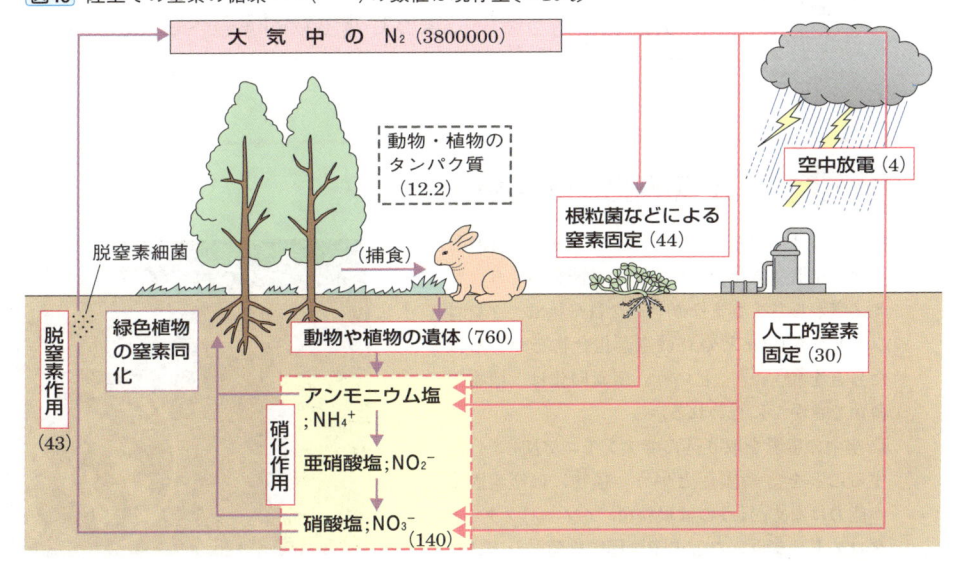

図46 陸上での窒素の循環——（　）の数値は現存量[$\times 10^9$t]

- 大気中の N_2（3800000）
- 動物・植物のタンパク質（12.2）
- 空中放電（4）
- 根粒菌などによる窒素固定（44）
- 脱窒素細菌
- 緑色植物の窒素同化
- 脱窒素作用（43）
- 動物や植物の遺体（760）
- 人工的窒素固定（30）
- 硝化作用
- アンモニウム塩；NH_4^+
- 亜硝酸塩；NO_2^-
- 硝酸塩；NO_3^-（140）

補足 空中放電（雷）や排気ガスによって大気中に生じた窒素酸化物が，雨滴に溶け込んで酸性雨になり地表にもたらされる。また，人工的にも固定され，化学肥料として生物界に取り入れられる。

②**消費者による代謝** 消費者は，無機窒素化合物からアミノ酸を合成することができないので，捕食で得たタンパク質をアミノ酸に分解し，自己のタンパク質に再合成する（二次同化）。その一部は捕食され，さらに高次の消費者にわたる。

③**分解者による分解** 生産者と消費者の遺体・不消化排出物・老廃物・落葉・落枝などに含まれる有機窒素化合物は，分解者によってNH_4^+に分解される。さらに，土中や水中で**亜硝酸菌**と**硝酸菌**（あわせて**硝化菌**または**硝化細菌**ともいう）によってNO_2^-やNO_3^-に変わる（このはたらきを硝化という）。このように，NはNH_4^+やNO_3^-として非生物的環境にもどる。

❸**窒素固定** 大気中のN_2をアンモニアに変えるはたらきを**窒素固定**という。根粒菌（マメ科植物の根に共生）やアゾトバクターなどの窒素固定細菌やシアノバクテリアは窒素固定を行う。マメ科植物は根粒菌がつくったNH_3を受け取り，有機酸からアミノ酸を合成する（窒素固定）。

❹**大気中へのN_2の放出** NO_3^-の一部は，土壌中などにいる脱窒素細菌のはたらきでN_2になり，大気中に放出される。このはたらきを脱窒素作用という。

❺**陸と海の間の窒素の循環** 陸上のNH_4^+やNO_3^-は水に溶けやすく河川から海に流入する。これらは生産者の植物プランクトンによって窒素同化され，有機窒素化合物になる。この一部が食物連鎖を経て，サケなど河川を遡上（そじょう）する魚や，魚などを捕食した鳥，人間の漁業によって陸にもどされる。

> **ポイント**
> 窒素の循環… 生産者の窒素同化によって生物界に取り込まれ，分解者が行う分解によって非生物的環境へもどされる。

発展ゼミ 窒素同化と窒素固定

◆硝酸イオン（NO_3^-）やアンモニウムイオン（NH_4^+）などの無機窒素化合物からアミノ酸をつくり，アミノ酸からさまざまなタンパク質や核酸，クロロフィル，ATPなどの有機窒素化合物をつくるはたらきを窒素同化という。窒素同化は，植物や菌類でさかんに行われる。

◆空中の窒素を取り込んでアンモニアNH_3を合成することを窒素固定という。植物には窒素固定の能力はなく，行うのは根粒菌・アゾトバクター・クロストリジウムなどの窒素固定細菌とシアノバクテリアに限られる。

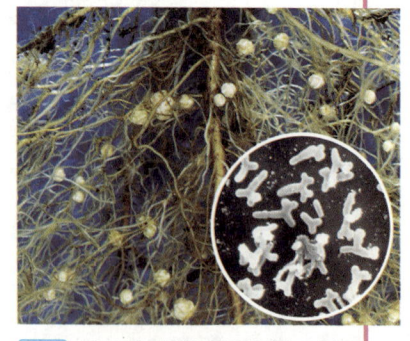

図47 ダイズの根粒と根粒菌（円内）

3 生態系の物質収支

1 生産者の物質生産 重要

❶ **生産者の総生産量** 生産者（おもに植物）が，光合成で生産する有機物の総量を生産者の**総生産量**という。ふつう，1年間の単位面積あたりに生産された有機物の乾燥重量〔g/m^2・年〕で表す。換算熱量〔J/m^2・年〕で表す場合もある。

(補足) 土地面積1m^2あたりの「真の光合成量」1年間分と考えるとわかりやすい。

❷ **生産者の純生産量** 生産者の総生産量から，生産者自身が呼吸によって消費した有機物量を差し引いた量を**純生産量**という。

植物が成長すると，葉の量がふえて総生産量は増加するが，葉・枝・幹の増加に伴って呼吸量もふえるので，**純生産量は大きくは増加しない**。

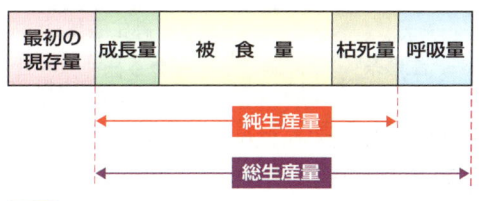

図48 生産者の物質収支

(補足) 純生産量とは，土地面積1m^2あたりの「見かけの光合成量」1年間分と考えるとわかりやすい。

❸ **生態系としての物質生産** 生態系で，直接物質生産を行うのは生産者だけである。したがって，生態系の総生産量は生産者の総生産量に等しく，生態系の純生産量は総生産量から総呼吸量（生産者・消費者・分解者のすべての生物の呼吸量の総計）を引いた値になる。

❹ **生産者の成長量** 純生産量には，落葉・枯死など生産者段階での損失量（枯死量）だけでなく，植物食性動物による被食量も含まれている。そのため，生産者の成長量は，純生産量からそれらの量を引いた値となる。

> ポイント [生産者の物質収支]
> 純生産量＝総生産量－呼吸量
> 成長量＝純生産量－（被食量＋枯死量）

❺ **現存量** ある時点で，ある地域の生物群集がもっている有機物の全量を**現存量**という。現存量は，単位面積あたりに生存する生物の乾燥重量〔g/m^2〕，あるいは換算熱量〔J/m^2〕で表す。

図49 次年度の現存量

❻ **現存量の増加** 成長量は現存量の増加を表す。つまり，**現存量の増加＝成長量**である。安定した極相林では，成長量がほぼ0で現存量の増加は見られない。そのため，純生産量≒枯死量＋被食量 となる。

2 生態系の生産量

❶ 世界の主要なバイオームの生産量
バイオームの種類によって純生産量は異なり，一般に森林や草原で大きく，砂漠やツンドラなどの荒原で小さい。

草原の現存量あたりの純生産量は森林全体のそれの4倍以上である。これは草本が非同化組織の割合が小さく呼吸量が少ないためである。このため現存量は少なくても高い生産性をもっている。水界は植物プランクトンが生産者となるが，非同化組織がなく，生体量あたりの純生産量はきわめて大きい。

生態系	面積 $[10^6 km^2]$	純生産量（年間）		現存量（乾燥重量）		純生産量/現存量
		世界全体 $[10^9 t/年]$	単位面積あたりの平均値 $[kg/m^2/年]$	世界全体 $[10^9 t]$	単位面積あたりの平均値 $[kg/m^2]$	
熱帯多雨林	17.0	37.4	2.2	765	45	0.049
雨緑樹林	7.5	12.0	1.6	260	34.7	0.046
照葉樹林	5.0	6.5	1.3	175	35	0.037
夏緑樹林	7.0	8.4	1.2	210	30	0.040
針葉樹林	12.0	9.6	0.8	240	20	0.040
森林全体	48.5	73.9	1.5	1450	29.9	0.051
草原・低木林	32.5	24.9	0.8	124	3.8	0.201
荒原	50.0	2.5	0.05	18.5	0.4	0.135
農耕地	14.0	9.1	0.65	14	1	0.650
河川・湖沼	2.0	0.5	0.25	0.05	0.02	25.00
沼沢・湿地	2.0	4.0	2.0	30	15	0.133
陸地全体	149	11.5	0.77	1837	12.3	0.064
海洋	361.0	55	0.15	3.9	0.01	14.10
地球全体	510	170	0.33	1841	3.6	0.092

表2 世界の主要生態系の生産量（ウィッタッカー；1975年より）

補足 品種改良や施肥の結果，農耕地の物質生産量は草原にくらべて，かなり高い。たとえば，1haあたりの純生産量を見てみると，草原の平均が7.3t/年であるのに対して，日本のイネでは12〜18t/年，ハワイのサトウキビでは34t/年である。

3 消費者の物質生産 重要

❶ 消費者の同化量
消費者である動物は，植物または他の動物を摂食して，自分のからだに必要な有機物を再合成している（二次同化）。しかし，摂食したえさをすべて同化しているわけではなく，一部は不消化のまま糞として体外へ排出する。そのため，摂食量から不消化排出量を差し引いた量が消費者の同化量となる。

★1 一次消費者の摂食量と生産者の被食量は同じである。

❷ **消費者の純生産量** 消費者も，同化した有機物を呼吸によって消費する。また，消費者は，尿などの老廃物を体外に排出する。そこで，同化量からこれら（呼吸量と老廃物排出量）を差し引いた量が消費者の純生産量となる。

❸ **消費者の成長量** 消費者の一部の個体は，より高次の消費者に捕食されたり，病死や事故死したりする。そのため，純生産量から被食量と死亡量を差し引いた量が消費者の成長量となる。

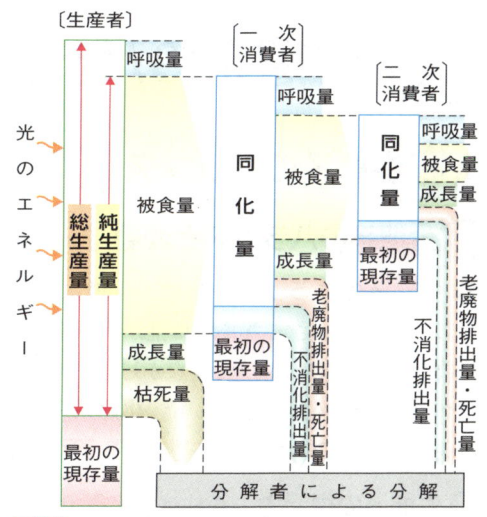

図50 生態系内での物質収支

> **ポイント**
> [消費者の物質収支]
> ① 同化量＝摂食量－不消化排出量
> ② 純生産量＝同化量－（呼吸量＋老廃物排出量）
> ③ 成長量＝純生産量－（被食量＋死亡量）

この節のまとめ　生態系と物質の流れ

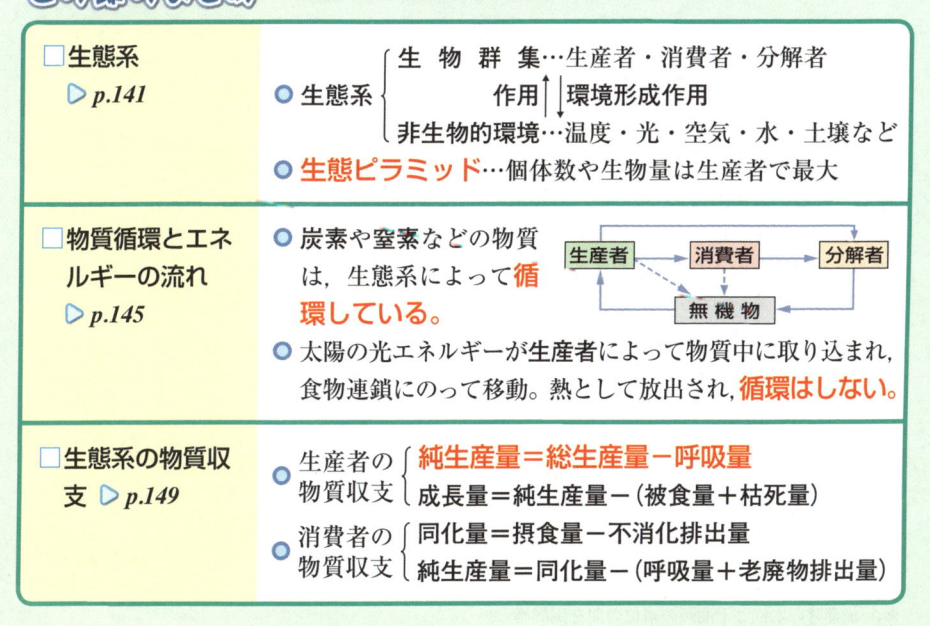

□ **生態系** ▷ p.141
- 生態系 ┤ 生物群集…生産者・消費者・分解者
　　　　　　作用 ⇅ 環境形成作用
　　　　　　非生物的環境…温度・光・空気・水・土壌など
- **生態ピラミッド**…個体数や生物量は生産者で最大

□ **物質循環とエネルギーの流れ** ▷ p.145
- 炭素や窒素などの物質は，生態系によって**循環している**。
- 太陽の光エネルギーが生産者によって物質中に取り込まれ，食物連鎖にのって移動。熱として放出され，**循環はしない**。

□ **生態系の物質収支** ▷ p.149
- 生産者の物質収支 { **純生産量＝総生産量－呼吸量**
　　　　　　　　　　成長量＝純生産量－（被食量＋枯死量）
- 消費者の物質収支 { 同化量＝摂食量－不消化排出量
　　　　　　　　　　純生産量＝同化量－（呼吸量＋老廃物排出量）

2節 生態系のバランスと人間生活

1 生態系のバランス

1 生態系のバランスと変動

❶ 生態系のバランス 自然の生態系は，気温や日照量などの変化，洪水や土砂崩れなど，大小さまざまな攪乱が入り変動している。生態系を構成するさまざまな生物は食物網（▷p.141）でつながっており，大きな攪乱でなければ，各生物の個体数，生体量などが変動しながらも，生態系全体としては構成種が大きく変わることなく維持される。この状態を**生態系のバランス**とよぶ。

❷ 生態系の復元力 森林は洪水や山火事，土砂崩れなどで破壊されても，年月とともに回復し（▷p.131），ある動物が急に増加してもその捕食者も増えることで個体数の増加は抑制される（▷p.186）。このように生態系は攪乱に対して**復元力**をもち，一時的に変化しても，多くの場合は遷移ののち，もとの状態に回復する。しかし，火山噴火による溶岩の流入や，熱帯林の伐採後に土壌が流出してしまうなど環境条件が大きく変わるとバランスは崩れ，以前とは異なった生態系に移行する。

（補足）生物種の多様な生態系ではバランスが保たれやすい。多様な種が生息すると複雑な食物網の形成によりすべての種の個体数の変動幅が小さくなる。

発展ゼミ キーストーン種

◆生態系は複雑な食物網が形成されているため，ある生物がいなくなっても大きな影響を受けないと考えられる。しかし，食物網の上位にある動物には，少数でもそれがいなくなると生態系へ大きな影響を与える生物種もいて，これを**キーストーン種**という。

◆ペイン（1966年）は，海岸の岩場の生物群集で，実験的に捕食者であるヒトデを取り除いたところ，この岩場の群集の種数が15から8に減ったことを観察した。ヒトデがおもに捕食していたフジツボやイガイが増えて岩の表面をおおいつくし，岩の表面の藻類が減少しそれを食べていたヒザラガイ，カサガイが消滅したのである。

◆この生態系でヒトデはフジツボやイガイの増殖を抑えて多様な生物が共存できる環境を保つキーストーン種だったといえる。

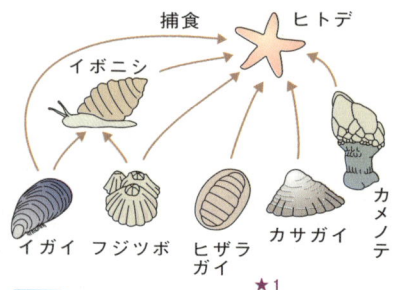

図51 ペインが調査した潮間帯のおもな生物

★1 満潮時の水位と干潮時の水位の間を潮間帯という。

2 自然浄化 重要

❶ 自然浄化とは 自然の河川や湖，海は，有機物が流入しても，水中の微生物によって無機物に分解されて，水質は回復する。このはたらきを**自然浄化**という。このとき，右図のように有機物やNH_4^+，酸素の量といった水質のちがいにより異なる組み合わせの生物が見られる。

しかし，生活排水などの流入によって有機物の増加が自然浄化の能力を超えると水質は回復せず，場合によっては水中の溶存酸素量が極端に低下して魚などがすめなくなる。

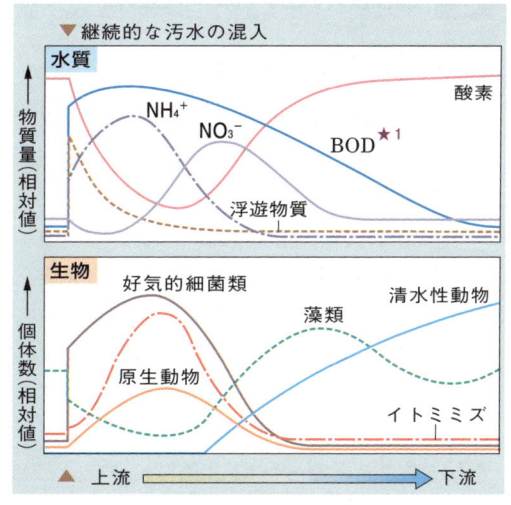

図52 河川における自然浄化

補足 酸素を取り込みやすい流れのある河川や波打ち際などが高い浄化能力をもつ。

❷ 干潟の水質浄化 潮間帯の砂泥地域である**干潟**は，潮が引くと空気にさらされ，酸素が供給されるため非常に高い浄化能力をもつ。干潟にうちよせる川や海の水は多くの栄養塩類やデトリタス（動植物の遺体や排出物に由来する細かな有機物）を含んでいる。栄養塩類は植物プランクトンに取り込まれ，デトリタスは細菌類のほかカニやゴカイ，貝類などの底生動物に取り込まれる。そして，これら動物は魚類や鳥類に捕食され，生態系の外に運びだされる。こうした水質浄化の役割のほか，漁業生産や渡り鳥のえさ場などとしても干潟は重要な存在である。

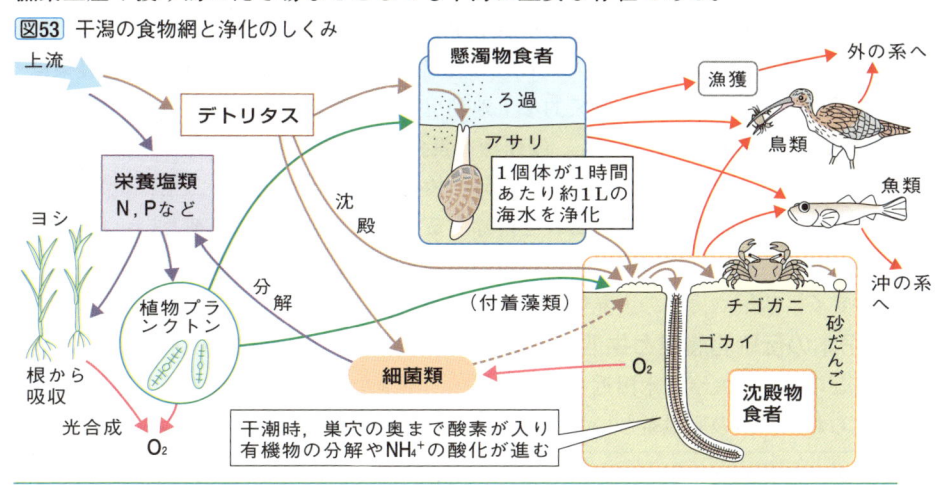

図53 干潟の食物網と浄化のしくみ

★1 BODは生化学的酸素要求量の略。値が大きいほど，有機物が多く水質はわるい（▷p.158）。

2 生態系と人間の生活

1 人口増加と生態系

　採集・狩猟生活を行っていた時代の人類は自然の影響を受けながら生態系のバランスの中で生活してきた。やがて農耕によって環境を改変し，さらに18世紀半ばに始まった産業革命以後，科学技術の急速な進歩とともに世界人口が急増してきた。この結果，住居・産業のための土地開発，大量の生物資源やエネルギーの消費などさまざまな点で，地球規模で生態系に大きな影響を与えることとなった（▷3節 ▷p.157）。

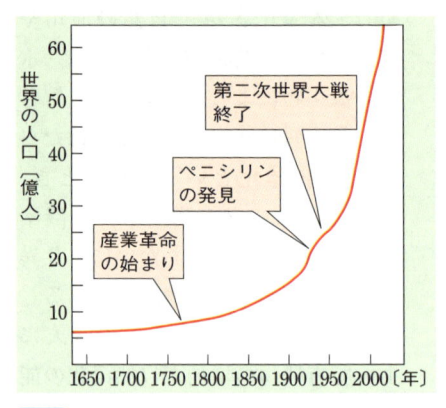

図54 世界の人口とその増加——2011年に70億人に達した。

2 農業と生態系の持続性

❶ 農地の物質循環　農地の生態系は，生産された有機物が農作物として外部に持ち出されてしまうため，そこに生息する生物群集だけでは物質の循環が成立しない。そこで植物の生育に必要な窒素N，リンP，カリウムKなどを含んだ有機物を肥料として外部から加える必要がある。

　補足　必要な養分の補充を化学肥料のみに頼ると，分解者である土壌動物や微生物から成る土壌生態系（▷次ページ発展ゼミ）が単純化。土壌の通気性や保水力などが低下し土壌の劣化が進む。

❷ 焼畑農業と復元力　熱帯で古くから行われている焼畑農業では，森林を焼いてその灰や炭を肥料として農作物を栽培する。肥料分がなくなったら畑を放棄して移動し，植生が回復した後ふたたび同じ土地で焼畑を行う。伝統的な焼畑農業は，生態系の復元力を超えない持続的な土地利用であった。[★1]

❸ 農薬と生態系のバランス　農作物を摂食する昆虫などの一次消費者は農業に被害を与える。また，農地に農作物以外の植物（雑草）が繁茂すると肥料や光の奪いあいとなり収穫量が落ちる。これを排除するために殺虫剤や除草剤といった農薬が使用される。しかし単一の植物と少数の動物から成る単純な生態系はバランスを崩しやすく，病気や害虫の大発生の被害を受けやすい。

❹ 日本の伝統的農業と生態系　日本の水田を中心とした農業は水田，水路，溜池などの水域と人家，水田近くの畑，里山，草地などが人の管理の下で循環的につなげられ，日本の原風景といわれる景観をつくりだした。

★1 現在では大規模な焼畑が短期間でくり返されて森林が回復できなくなり，放牧地や荒れ地となって熱帯林の急速な減少の原因となっている。（▷p.159）

① **物質の循環** 農作物として運び去った有機物を補うものとして稲藁を畑や水田の土にすき込んだり，周辺の山林より集めた落ち葉や家畜の糞などからつくった堆肥，人糞を肥料として投入した（▷図55）。

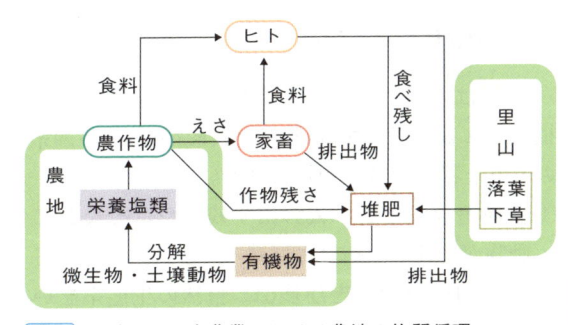

図55 伝統的な日本農業における農地の物質循環

② **多様な生物群集** 日本の水田はガやイナゴ，ウンカ，カメムシなど数多くの一次消費者や，トンボやカエル，クモ，鳥類などの捕食者，それ以外の動物などによる複雑な食物網が形成され，水中と地上の両方で形成している。

③ **二次林の維持** 山林から肥料のために落ち葉や下草を集めたり，燃料用に適度な伐採を行うことで森林は林床の明るい遷移途中の状態に保たれる。つまり人の管理が入ることで，極相林では生育できない多様な植物や，その植物がつくる食物や空間を利用する動物が生活できる環境が保たれることになる。

発展ゼミ　ミミズと土壌

◆ 岩石が風化してできた土は養分に乏しく，保水力あるいは通気性を欠くが，生物の環境形成作用によって植物の生育に適した**土壌**（▷p.121）が形成されていく。土壌の形成には先駆植物などの枯死体と分解者のはたらきが主となる役割を果たすが，土壌動物のはたらきも欠かせない。

◆ ミミズは土と落ち葉などを1日に自分の体重と同じぐらい食べ，腸から出る粘液でためられた団粒とよばれる小さな土の塊のような糞をする。団粒は水によって簡単に崩壊せず，団粒のすきまやミミズが掘ったトンネルが空気の通り道となって保水力と通気性を兼ね備えた土壌が形成される。土の中に酸素が供給されないと植物の根が呼吸できず，酸素のない**嫌気的環境**では微生物も有機物を完全に分解できずに土や泥が悪臭を放つことになる。★1

◆ 多くの土壌動物が土壌中の植物遺体や他の土壌動物，バクテリアも有機物を餌として活動し，ミミズと同じように土壌を"耕す"はたらきをしている。

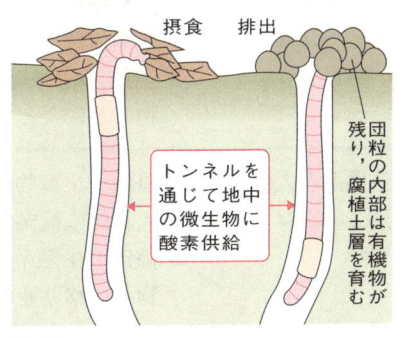

図56 ミミズのはたらき

★1 水を張った水田の土も嫌気的な環境になるので根腐れを防ぐなどの目的で夏に水を抜く「中干し」が行われる。

3 都市化と生態系

　都市は人為的な大きな攪乱が入り自然生態系が大きく損なわれる場で，都市（特に近代的都市）の生態系には以下のような特有の特徴が見られる。

① **生産者が少ない**　人の出す残飯やゴミなどに依存する動物が定住。　例　ゴキブリ，カラス，ネズミ
② **生態的地位の空きが多い**[★1]　自然の生態系をいったんすべて破壊した後に公園，空き地などの新しい環境がつくられるため食物や生活場所の空きが多い。また天敵がいないため，外来種が侵入しやすい。　例　アメリカシロヒトリ（ガの一種），アオマツムシ，ワカケホンセイインコ
③ **物資や人の移動が多い**　人や物の移動に伴い新たな外来種の侵入が頻繁に起こり，生物種の移り変わりが早い。　例　シロツメクサ（荷物の緩衝材＝詰め草），ムラサキイガイ（船舶に付着したりバラスト水[★2]に含まれ運ばれた）
④ **気温の上昇**　ヒートアイランド現象[★3]により気温が上昇，亜熱帯の生物が進出。　例　ヤシの仲間のシュロ
⑤ **乾燥化**　舗装や下水の完備で乾燥化が進行。耐乾性の強い生物種に移りかわる。　例　クマゼミ，クマネズミ
⑥ **野生動物の適応**　都市環境の拡大により一部の野生動物は習性を変化させ，都市へ進出・定着。　例　カルガモ，タヌキ，カワセミ

図57　アオマツムシ

図58　ムラサキイガイ

この節のまとめ　生態系のバランスと人間生活

□**生態系のバランス** ▷*p.152*	●生態系のバランス…生態系が攪乱に対して**復元力**をもち個体数や生体量が一定の範囲内に維持される。 ●**自然浄化**…河川や湖，海などに流入した有機物が微生物などによって無機物に分解され，水質が回復。
□**生態系と人の生活** ▷*p.154*	●農地…生産物が運び去られ，かわりの有機物（養分）が人為的に補充されることで成り立つ。 ●都市…生態系が大きく攪乱され，外来種の侵入など生物種の移り変わりが起こりやすい。

★1　生態的地位（ニッチ）は生物群集のなかでそれぞれの種が果たしている役割，位置づけ（▷*p.187*）。
★2　バラスト水は船舶が安定して航行するためのおもりとして船底のタンクに注入したり排出したりする水。
★3　ヒートアイランド現象は人工排熱の増加などにより都市部の気温が郊外に比べて島状に高くなる現象。

3節 生態系の保全

1 水質汚染

1 富栄養化 重要

❶ 貧栄養湖と富栄養湖 窒素・リンなどの栄養塩類が豊富でプランクトンが多く透明度の低い湖を**富栄養湖**という。栄養塩類および植物プランクトンが少ない湖を**貧栄養湖**という。[★1]

表3 富栄養湖と貧栄養湖

	富栄養湖	貧栄養湖
栄養塩類	多い	少ない
プランクトン	多い	少ない
透明度	小	大
溶存酸素	深層で欠乏	均一
pH	アルカリ性に傾きやすい	中性付近

❷ 富栄養湖と酸素 富栄養湖では植物プランクトンが活発に増殖し，増殖したプランクトンの遺体の分解に大量の酸素が消費されるため，深層部では溶存酸素が非常に少なくなる（▷図59）。

❸ 人間の活動による富栄養化 工場廃水や生活排水，農地から流出した**肥料**などによって過剰に富栄養化した河川，湖沼，海は自然浄化（▷p.153）の能力を超えて水質汚濁が進む。下水処理も微生物による有機物の分解だけでは栄養塩類の除去ができず，富栄養化を防ぐにはさらに**脱窒，脱リンの高次処理を行う必要がある**。

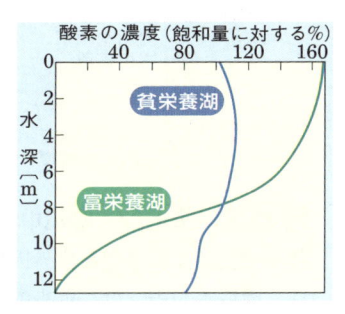

図59 富栄養化と溶存酸素

❹ アオコ・赤潮・青潮 有機物や栄養塩類が過剰になると，湖沼での**アオコ**，海洋での**赤潮**のように特定の微生物が異常発生する。赤潮で発生した大量のプランクトンの遺体が海底で腐敗すると**底層に硫化物を含む酸欠の海水が生じる**。この海水が風の影響などによって上昇・拡散したものが**青潮**で，アサリや魚類などの大量死を招くことがある。

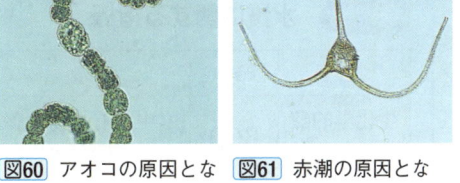

図60 アオコの原因となるシアノバクテリアの一種（アナベナ；260倍）

図61 赤潮の原因となる植物プランクトンの一種（ツノモ；95倍）

> **ポイント**
> **富栄養化**…栄養塩類が豊富，透明度が低い。底層はプランクトンの遺体の分解で酸素が欠乏。**アオコ，赤潮**…プランクトンの異常発生

★1 生物の生息に必要な塩類。この場合は植物などに必要な，リンや窒素を含んだ塩類。

2 化学物質による汚染 重要

❶ **生物濃縮** 特定の物質が，外部環境の濃度にくらべて生物体内で高濃度に蓄積される現象を生物濃縮といい，重金属や，人間が合成した物質である農薬や殺虫剤など，排出も分解もされにくい物質が体内に蓄積されるために起こる。

それらの物質は，薄い濃度で環境中に放出されても，食物連鎖により，高次の栄養段階の消費者ほど高濃度になって体内に蓄積され，生命まで脅かすことがある。

> **ポイント** 生物濃縮された物質は，食物連鎖によって高次の栄養段階の消費者に移っていき，さらに高濃度に濃縮されていく。

図62 生物濃縮の例——アメリカ五大湖でのPCB（ポリ塩化ビフェニル）類

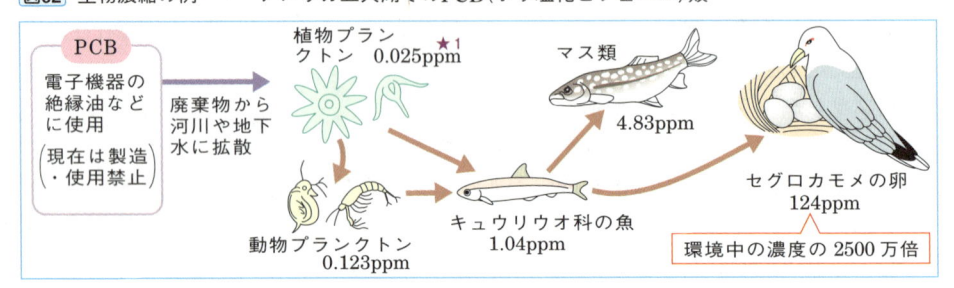

PCB：電子機器の絶縁油などに使用（現在は製造・使用禁止）
廃棄物から河川や地下水に拡散

- 植物プランクトン 0.025ppm ★1
- 動物プランクトン 0.123ppm
- キュウリウオ科の魚 1.04ppm
- マス類 4.83ppm
- セグロカモメの卵 124ppm（環境中の濃度の2500万倍）

❷ **環境ホルモン** 環境中に放出されて生物の体内に入り，生殖器異常やホルモン作用の変動を引き起こす外因性化学物質を環境ホルモン（内分泌攪乱化学物質）という。環境ホルモンは，ホルモンとちがって生体内で分解されにくい物質で，生物濃縮を受けやすい。また，ごく微量で作用することも問題で，胎盤を通じて次世代に害を及ぼす危険がある。ダイオキシン，**PCB**，**DDT**，**BHC**などがこれにあたる。

❸ **原油による海洋汚染** タンカーの座礁や海底油田掘削基地の事故，船から廃棄された油が海洋汚染の原因となっている。

参考 水質に関する指標

指標	略称	指標の内容
生化学的酸素要求量	BOD	水中の有機物を微生物を加えて分解したときに消費される酸素量。値が大きいほど水中の有機物汚染度は高い。
化学的酸素要求量	COD	水中の有機物を酸化剤を加えて化学的に分解したときに消費される酸化剤の量。値が大きいほど有機物汚染度は高い。
溶存酸素量	DO	水中に溶けている酸素の量。水が浄化するにしたがって溶存酸素量は多くなる。

★1 「ppm」というのは百万分率で，1ppm = $\dfrac{1}{10000}$%となる。

2 森林の破壊と砂漠化

1 森林の減少　重要

❶ **世界の森林はおもに熱帯で減少**　世界の森林は陸地の約30%を占めており，その面積は約4000万km^{2}である。森林の減少はおもに熱帯で起きており，約13万km^{2}が1年間に減少した（2000〜2005年の平均）。人口の増加に伴う非伝統的焼畑のほか大規模伐採や食料需要の拡大が大きな原因である。[★1]

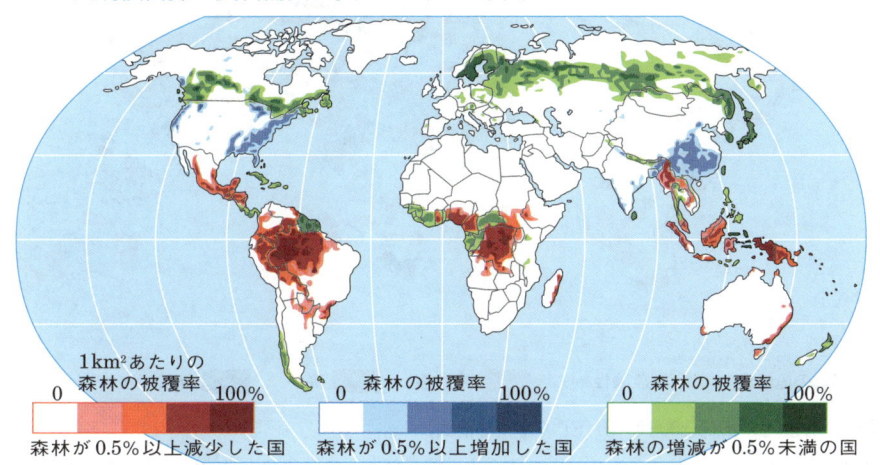

図63　世界の森林の年平均の変化率（2000年〜2005年　国土地理院地球地図）

補足　砂漠化や洪水などを受け中国で急激に植林が進められるなど，温帯では森林は増加している。この分を差し引くと年間あたり約7万3千km^2（日本の国土面積の約5分の1）の純減となる。

❷ **熱帯林は破壊されると回復困難**　熱帯多雨林は，物質生産が盛んであり，地球上の生物の約半数の種が生息している。しかし分解者の活動も活発なので，土壌中の有機物は少ない（▷図64）。また降水量が多く，栄養塩類が土壌から流失しやすい。このため焼畑や伐採の後に放置されると，土地が荒廃し，再生するのに長い時間を必要とする。

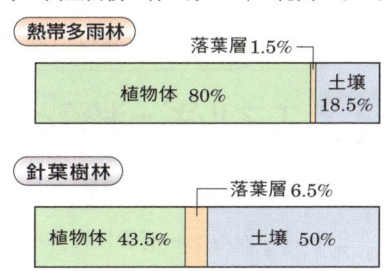

熱帯多雨林：植物体 80%／落葉層 1.5%／土壌 18.5%
針葉樹林：植物体 43.5%／落葉層 6.5%／土壌 50%

図64　有機物の存在する割合

2 砂漠化　重要

❶ **砂漠化**　砂漠化とは乾燥地域における土地の劣化，つまり気候変動や人間の活動などによって植物の生育に適さなくなる現象をいう。砂漠化の影響を受けている土地は砂漠周辺など約3600万km^{2}で，全陸地の約$\frac{1}{4}$，日本の面積の95倍に相当する。

★1　熱帯多雨林を伐採した跡地の多くは，牛の放牧地になっている。

❷ 砂漠化の原因

砂漠化の原因には自然的要因のほか，人為的要因の占める割合が大きい。人為的要因には，①家畜の過剰な飼育(過放牧)，②森林の過剰な伐採，③農業開発のための過剰な開墾，そして④農場の不適切な水管理(灌漑)があげられる。①〜③は<u>土壌侵食</u>による砂漠化の進行を促し，④は排水不良と強い蒸発によって地表に塩類が蓄積する<u>塩害</u>が発生し，生態環境の破壊を引き起こす。

(補足) 自然的要因は，気候変動や長期の干ばつ，降水量の減少などによる乾燥化，侵食など。

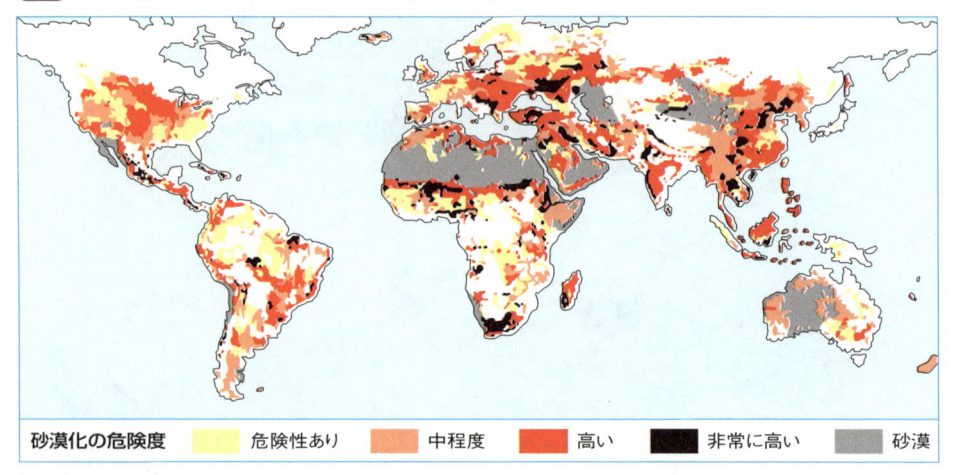

図65 砂漠化の状況(2005年 UNEP国連環境計画)
砂漠化の危険度：危険性あり／中程度／高い／非常に高い／砂漠

(視点) アフリカやオーストラリアでの砂漠化が著しいが，砂漠化は世界的に起こっている。

> **ポイント [砂漠化の原因]**
> 自然的要因…気候変動による乾燥化(降水量減少)，土壌侵食
> 人為的要因…過放牧・過伐採・過開墾 ⇒ 侵食，不適切な灌漑 ⇒ 塩害

3 エネルギー消費と大気

1 人のエネルギー消費

ヒトのエネルギー消費には，生命活動のためのもの(1人あたり，$4.2×10^6$ kJ/年)と，社会活動のためのもの(1人あたり，$58.5×10^6$ kJ/年)とがある。社会活動のエネルギーは，主として化石燃料によってつくられ，科学技術の進歩とともに急激に増大している。

	有畜農業 (1950年代)	大型機械農業 (1970年代)
ヒトの労働力	$21×10^3$ kJ	$10×10^3$ kJ
畜力・機械力	$23×10^3$ kJ	$290×10^3$ kJ
肥料・農薬など	$19×10^3$ kJ	$133×10^3$ kJ
合計	$63×10^3$ kJ	$433×10^3$ kJ

表4 玄米60kgをつくるのに必要なエネルギー
(視点) 科学技術の進歩によって，ヒトの手間は少なくなるが，投入されるエネルギーは大きくなる。

3節　生態系の保全　**161**

2 酸性雨と光化学スモッグ
❶ **酸性雨**　pH5.6以下[★1]となった雨を**酸性雨**という。
① **酸性雨の原因**　化石燃料の燃焼によって大量に大気中に放出された硫黄酸化物や窒素酸化物は大気中の成分と反応して硫酸や硝酸，塩酸などの強酸を生じる。これらの酸が雨滴に溶け込んで雨を通常よりも強い酸性にする。
② **酸性雨による害**　酸性雨は湖沼を酸性化し，魚類などの生育を脅かす。植物への害ははっきりとした因果関係が確かめられていないが，土壌を酸性化し，植物に有害なアルミニウムイオンや重金属イオンを溶け出させると考えられている。
❷ **光化学スモッグ**　自動車の排気ガスや工場の排煙に含まれる窒素酸化物や炭化水素(揮発性有機化合物)が日光の強い紫外線によって反応すると，強い酸化力をもつオゾンO_3やアルデヒドなどが生成する。これらを**光化学オキシダント**とよび，目や呼吸器の粘膜に傷害を発生させる。光化学オキシダントの濃度が高く停留した大気を**光化学スモッグ**という。

（参考）　大気汚染物質は国境を越えて遠くまで拡散しており，ヨーロッパ諸国や北米では早くから越境汚染が問題となっている。日本へも，産業が急速に拡大し，化石燃料を大量に消費している中国からの汚染物質が飛来している。

3 オゾン層の破壊　重要
❶ **オゾン層とオゾンホール**　成層圏にあるオゾンO_3の多い層を**オゾン層**という。オゾン層は太陽からの有害な紫外線を吸収し，紫外線から生物を守る役割を果たしている。南極上空では，オゾン濃度が毎年10月頃に最も低下し，オゾン層に穴があいたような状態になる。この現象や領域を**オゾンホール**という。

❷ **フロンとオゾン層破壊**　オゾン層の破壊は，上空に達したフロンガス[★2]が紫外線によって分解して生じた塩素Clによるものと考えられ，特定のフロンの製造が禁止された。オゾン層が破壊されて地上に到達する有害な紫外線が増えると，皮膚がん，白内障などの疾患の増加や農作物，浅海域の動植物プランクトンに悪影響を及ぼすといわれている。

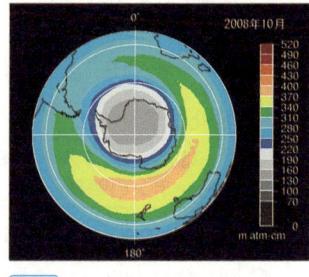

図66　オゾンホール

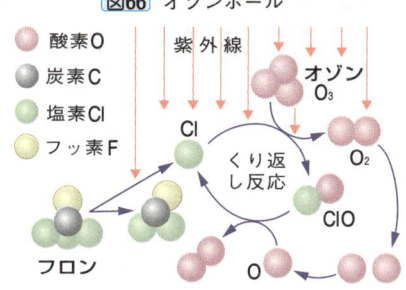

図67　オゾン層破壊のしくみ

★1　雨水は大気中のCO_2を含むことで弱酸性に傾いており，pH5.6より弱い酸性では酸性雨とはよばない。
★2　フロンは塩素とフッ素Fを含んだ炭素化合物で，化学的に安定で燃えたり爆発せず，無毒で金属を腐食することもないため，半導体の洗浄や冷凍庫や小型エアコンの冷媒剤，スプレーのガスなどに広く使われていた。

4 地球温暖化 重要

❶ 温室効果ガスと気温上昇
世界の平均気温は20世紀中に0.6℃前後上昇し，今後さらに速く上昇すると推測されている。これは，ヒトの生活活動により大気中に大量に放出される<u>二酸化炭素</u>や<u>メタン</u>(CH_4)，一酸化二窒素（N_2O），フロンなどの<u>温室効果ガス</u>によるものと考えられている。

補足 **温室効果**…CO_2などの気体が太陽の光はよく通し，地表から出る赤外線は吸収して地表へとふたたび放出することで，温室のように宇宙空間への熱の放出を減少させ，気温が上昇する効果。

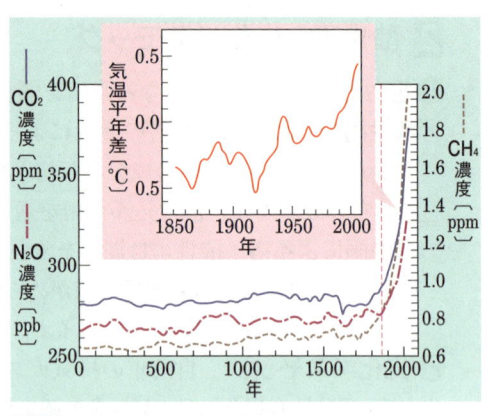

図68 世界の平均気温と温室効果ガス濃度の変化（IPCC第4次評価報告書）

表5 人間活動からの影響を受けるおもな温室効果ガス

温室効果ガス	産業革命→2005年の濃度変化	温室効果※1	寄与度〔％〕	寿命	おもな発生源・温度上昇要因
二酸化炭素 CO_2	280→379ppm ★1	1	60	−	化石燃料の燃焼，森林の伐採
メタン CH_4	715→1774ppb ★1	23	20	12年	水田，家畜の腸内発酵，廃棄物埋め立て
一酸化二窒素 N_2O	270→319ppb	296	6	114年	燃料燃焼，窒素肥料
CFC−11 クロロフルオロカーボンの一種	存在せず →251ppt ★1	4600	14 ※2	45年	冷媒，スプレー，半導体の洗浄，発泡材

視点 ※1 CO_2を1とした1分子あたりの効果の強さ。※2 オゾン層を破壊するフロン全体の値。

❷ 地球温暖化とその影響
温暖化は図69のようなしくみでさらなる温暖化を招き，次のような影響が生じると考えられている。

① **海水面の上昇** 水温上昇に伴う海水の膨脹などにより20世紀には世界の海面水位は平均約150mm上昇。陸地の侵食などが懸念されている。

② **気候帯の移動による影響** 急激な気候変動による<u>森林の減少</u>や穀倉地帯の砂漠気候化のほか，熱帯性の力などが生息範囲を広げ熱帯地域の伝染病が温帯域に広がるおそれもある。

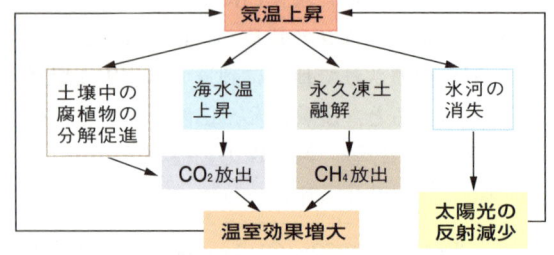

図69 気温上昇がさらに気温上昇を招くしくみ

★1 ppmは体積比で100万分の1，ppbは10億分の1，pptは1兆分の1を表す単位。

4 生物多様性

1 生物多様性とは 重要

❶ 生物多様性とは何か 「生物多様性」とはあらゆる生物種の多さと，それらによって成り立っている生態系の豊かさやバランスが保たれている状態をいう。さらに，生物が過去から多様な環境の中で様々な関係をもち，進化してきた歴史をも含む幅広い概念である。この生物多様性には生態的多様性，種多様性，遺伝的多様性の3つのレベルがあり，相互に関連しあっている。

> **ポイント** 生物多様性…生態的多様性，種多様性，遺伝的多様性の3レベル

❷ 生態的多様性 地球の自然環境は気候，地質など実に多様なので，それに伴って多様な生態系が存在することになる。この自然環境も常に同じではなく，時間とともに変化している（▷p.128）。また里山のように人の手によって維持された半自然的な環境もある。このような多様な生態系が地球上に成立していることを生態的多様性という。

❸ 種多様性 この地球上には，動植物から単細胞の原核生物である細菌類まで，知られているだけで約180万種，未知のものを含めると数千万種ともいわれる生物が生活している。このように多様な種が存在することを種多様性という。他の地域と同じような環境でも，そこに至るまでの長い生物の歴史によって異なる種が進化し，独自の相互作用を保っている。

図70 さまざまな生態系
（上…高山，下…里山）

❹ 遺伝的多様性 生物は同じ種であっても個体間で，また，生息する地域によって形態や行動などの特徴に少しずつ違いが存在する。このように種のなかに多様な遺伝子をもつ個体が存在することを遺伝的多様性という。

　乾燥に強い個体，暑さに強い個体，特定の病気に強い個体など，さまざまな個性をもつ個体が存在することで，さまざまな環境の変化に対応して種は絶滅を免れ，存続することができる。

図71 模様に多様性が見られるナミテントウ

2 生物多様性の重要性

❶ 生態系サービス 生態系から受ける恩恵を**生態系サービス**とよぶ。

① **生活・存在基盤** 私たちの生活を支えるきれいな空気や水，気候の安定は植物を起点として食物網(▷p.141)でつながる多くの生物の営みに支えられている。

② **素材・資源** 我々は食料，医療資源，繊維，木材など，きわめて多くの原材料を生態系に依存している。生物の形態や機能を工業製品に取り入れたり，昆虫や鳥による花粉の媒介も重要な生態系サービスである。

③ **文化的な面の恩恵** 精神的な安らぎ，ハイキングなどレクリエーション，地域色豊かな伝統文化も自然との共生の賜物である。

❷ 生態的多様性の重要性 生物多様性の重要性はあらゆる生物がその存在の基盤を生態系においていることにある。ヒトもまた生態系(エコシステム)の中でしか生活していくことはできない。

① **生態系サービスの維持** 多様性が損なわれることは，豊かな生態系や安定した環境が失われ，ヒトが持続的に生態系サービスを受けられなくなることにつながる。かつては個体数の稀少な動植物を絶滅から守るといった生物保護が行われていたが，現在では「ごくふつうの」生物も含めた，多様性の維持された生態系を守ることが重要であるという認識が高まっている。

図72 多様性に富み豊富な生物資源をもつ熱帯林

② **未知の資源** 現時点では人間の活動に利用されていない種でも，それらが新薬の開発などに役立つ貴重な遺伝子を保有している可能性がある。他のバイオーム(▷p.134)とくらべ格段に多様な種がすむ**遺伝子資源**の宝庫という意味でも熱帯林の破壊(▷p.159)は人類にとって大きな損失である。

小休止 カブトガニの遺伝子資源

◆思いもよらない生物から人間に役立つものが見つかることがある。古生代に生息した祖先とほぼ同じ姿を保ち，生きている化石として知られる**カブトガニの血液が，医療の面で大変注目されている**。

◆カブトガニの血球成分が，細菌がもつエンドトキシンという毒素と反応するので，その検査や，がんの早期発見にも利用されている。最近ではエイズウイルスの増殖を抑えるはたらきも明らかになってきた。カブトガニは生息域の汚染や開発によって絶滅が懸念されており(▷p.167)，生物多様性の重要性を示す例といえる。

図73 カブトガニ

3 生物多様性の危機

❶ 生物多様性を損なう要因
生物多様性が近年急速に失われつつある。その原因はこれまでの人の活動であり，前節で扱った熱帯雨林の破壊，地球温暖化，砂漠化，酸性雨などである。さらに見逃せない要因として**外来生物の侵入**，**持ち込み**がある。

❷ 外来生物の影響
外来生物（外来種）とは，初めはその地域にはいなかった生物が外から人間によって運び込まれたものをいい，その地域で繁殖し定着したものを**帰化生物（帰化種）**という。帰化生物は生態系にさまざまな影響を及ぼすことがある。もともとそこに生息していた動植物を捕食したり，食物や生活場所をめぐる競争（▷p.184）の末，絶滅させてしまうこともある。そのことにより生態系内の相互関係も変化し，さらに多くの生物種が絶滅することもある。

（補足）外国から持ち込まれた外来種の多くのものは在来の生態系に適応できずに死滅している。定着して多大な影響を及ぼすのはごく限られた種だけである。

表6 日本に定着したおもな外来生物

動物	アメリカザリガニ，アメリカシロヒトリ，カダヤシ，ウシガエル，アライグマ，アカミミガメ（ミドリガメ），ブルーギル，オオクチバス（ブラックバス）…北米原産　ヌートリア…南米原産　アオマツムシ…中国南部原産
植物	ブタクサ，オオキンケイギク，セイタカアワダチソウ…北米原産　オオイヌノフグリ，ヒメオドリコソウ，シロツメクサ…ヨーロッパ原産

（補足）青字の生物は外来生物のうち，とくに悪影響が大きい種で，**外来生物法**（2005年）により**特定外来生物**に指定され，飼育，栽培，運搬，輸入が規制されている。

（参考）動物ではスズメ，モンシロチョウ，ドブネズミなど，植物ではナズナ，オオバコ，オヒシバ，カタバミ，ツユクサなども，有史以前に米作などとともに日本にやってきた外来生物である。

小休止　外国で外来生物となった日本の動植物

◆日本から外国に渡った生物がその生態系に大きな影響を及ぼしている例もある。マメコガネは天敵の少ない北米で急速に分布を広げ，重大な農業害虫となっている。

◆コイも北米で在来の水生生物を圧迫するまでに繁殖している。コイは日本でもよく川に放流されるが，フナやメダカやエビなど他の生物やその卵を食い荒らすため生態系によいとはいえない。

◆植物ではクズやイタドリ，スイカズラ，ワカメなどである。クズは緑化や土壌流失防止用として特にアメリカ南部において，イタドリは園芸用に持ち込まれたものが特にイギリスで雑草化して他の植物を圧倒している。

図74　電柱にからみつくクズ

小休止　本当はこわいアメリカザリガニ

◆アメリカザリガニは，昭和初期に北米からウシガエルを食用として移入する際にえさとして，わずかな数が持ち込まれたとされている。繁殖力が強く，今では全国に広がって多くの人になじみ深い生物になっている。
◆このザリガニが絶滅危惧種を含む水生昆虫や魚類を捕食したり，水草を摂食・切断して水生植物群落を壊滅させるなど，日本の生態系を破壊していることが知られてきた。トンボの宝庫として知られた静岡県の桶ヶ谷沼では平成11年，このアメリカザリガニにトンボのすみかである水草が食べつくされ，トンボが激減してしまった。以来毎年2万匹以上のザリガニを駆除し続け，トンボの絶滅をかろうじて食い止めているという。
◆日本生態学会によって作成された「日本の侵略的外来種ワースト100」にも選定されており，多くの生物に影響を及ぼし，貴重な生物の絶滅の一因となっている。

図75　アメリカザリガニ

❸ 遺伝子汚染
外来生物と在来の近縁種との間で交配が起こり，その雑種が広がってしまうと，その地域で進化してきた特徴的な遺伝子が失われ遺伝子の多様性が失われることになる。これを**遺伝子汚染**という。これは外国から持ち込まれた生物だけでなく国内の同種の生物どうしでも同様で，各地の川で行われたゲンジボタルの移植やメダカなどの放流による遺伝子汚染が指摘されている。

図76　外来のタイワンザルとニホンザルの雑種

補足　一見遺伝子の組み合わせが増えるようにも思えるが，その種の生物全体では遺伝的多様性を増すことにはならず，むしろ均一化する現象といえる。

❹ 絶滅危惧種
急速な環境変化，乱獲などが原因で，絶滅寸前まで個体数や生息域が減少した動植物の種を**絶滅危惧種**という。人の活動が原因で絶滅に瀕している生物種が近年増加している。**絶滅のおそれがある動植物を絶滅の危険性の高さによって分類したものを**レッドリスト**とよんでいる。このリストの内容に加え，生態，分布，絶滅の要因，保全対策などのより詳細な情報が盛り込まれたものを**レッドデータブック**とよんでいる。国際自然保護連合(IUCN)や環境省，各都道府県などが作成・公表し，これらの種の保存への理解を広く求めている。

補足　2004年に国際自然保護連合(IUCN)がまとめたレッドリストに絶滅危惧種として登録されている野生動物は世界で7180種。これは2000年のレッドリストから4年間で1745種も増えている。環境省による日本のレッドリストの絶滅危惧種には，哺乳類が42種，ハ虫類・両生類52種，鳥類で92種，無脊椎動物や植物も含めた全生物種あわせて3155種があがっている。

表7 おもな日本の絶滅危惧種(環境省2006, 2007年のレッドリストより絶滅危惧Ⅰ類, Ⅱ類)

哺乳類	ツシマヤマネコ, アマミノクロウサギ, オガサワラオオコウモリ
鳥類	ヤンバルクイナ, シマフクロウ, イヌワシ, タンチョウ, ライチョウ
ハ虫類	タイマイ, アオウミガメ, オキナワキノボリトカゲ, エラブウミヘビ
両生類	オオサンショウウオ, ナゴヤダルマガエル, オットンガエル
魚類	イタセンパラ, ニッポンバラタナゴ, イトウ, ホトケドジョウ
無脊椎動物	ヤンバルテナガコガネ, カブトガニ, タガメ, ギフチョウ
植物	ミドリアサザ, レブンソウ, イシガキスミレ, ヒメユリ, キキョウ

ツシマヤマネコ 　イヌワシ 　アオウミガメ
オオサンショウウオ 　ニッポンバラタナゴ 　ギフチョウ 

❺ **多様性喪失による遺伝的影響**　地域個体群の絶滅や個体数の減少はその種の遺伝的多様性の低下をもたらす。画一化した形質の集団となるため，環境の変化に対して集団が存続できなくなる危険性が高まる。また，極端に個体数の減少した種では，近親交配が多くなり，異常遺伝子をホモでもつ割合が高くなる。これにより，生存率や繁殖能力が低下し絶滅の危険性が大きくなる。

❻ **種の保存法**　絶滅の恐れのある野生生物を保護するため，1992年に制定。**捕獲，譲渡等の規制**，および**生息地等保護のための規制**から**保護増殖事業の実施**まで多岐にわたる内容を含む。

(補足)　環境省は，国内生息する絶滅の恐れのある種を**国内希少野生動植物種**，ワシントン条約による規制と協力して保存すべき種を**国際希少野生動植物種**に指定し，捕獲や譲渡を規制している。

★1 遺伝子がホモであるとは，相同染色体(▷p.43)の同じ場所(**遺伝子座**)にある遺伝子が同じであること。同じ遺伝子座の遺伝子が互いに異なる形質を発現する場合，この遺伝子の組み合わせをヘテロであるという。ある性質について異常遺伝子をもっていても正常遺伝子とのヘテロなら異常形質が発現しない場合が多い。
★2 絶滅の恐れのある動植物種の国際取引を規制する条約。

5 環境保全に対する取り組み

1 エネルギー・ごみ問題

石油燃料は獲得に必要なエネルギーに対して大きなエネルギーを得ることができ，工業原料としても人間の産業・生活活動を支えてきたが，資源の枯渇や環境破壊が問題となってきた。また資源の大量消費はごみ問題も深刻化させてきた。

❶ **3R** ごみ削減と省資源のための手段として次3つの行動が推進され，これらは頭文字をとって**3R**とよばれている。

- **リデュース** reduce ごみの削減。
- **リユース** reuse 製品そのままの形での再利用。
  例 ガラス瓶の再利用
- **リサイクル** recycle 素材として使用。再生利用。例 プラスチック，金属

図77 エコマーク
図78 プラマーク

(参考) **都市鉱山** 携帯電話やコンピュータなどの工業製品に使用されている貴金属やレアメタル（稀少金属）は回収すれば低コストで再生利用可能で，地下の鉱山に対して都市鉱山とよばれる。

❷ **再生可能エネルギー** 石油燃料には**汚染物質**や**温室効果ガスの排出**や**資源の枯渇**（輸入に頼る場合は価格や供給リスク）などの問題があり，これらの解決策として次のような**再生可能エネルギー**の実用化が進められている。

① **バイオマス** **バイオマス**は生物量（現存量）を表す語であるが，転じて生物に由来しエネルギーに利用できる素材をよぶ。地域ごみやサトウキビのしぼりかすなどの**廃棄物系バイオマス**，稲わらや間伐材などの**未利用バイオマス**などがある。

(補足) それ自体を燃料とするほか，微生物による分解でアルコールやメタンを発生させる。

② **太陽光発電** 光電池は機械的な故障や排出物・騒音などがなく小規模でも効率が落ちない利点があるが，現状では大規模な電力を得るには比較的コストが高い。

③ **風力発電** 安定した風力が必要で，低周波音による健康被害のおそれなどにより設置場所が限られるが，環境負荷★1が小さくコストも比較的安い。

(参考) 2015年にデンマークは電力需要の42%，スペインは19%を風力発電で賄っている。

④ **地熱** 火山近くの地下で得られた蒸気を発電に利用する。

⑤ **その他** 太陽熱を集めて発生させた蒸気でタービンを回す**太陽熱発電**や，ダム建設による環境破壊なしに設置できる**小水力発電**などの研究が進められている。

> **ポイント** 再生可能エネルギー…バイオマス，太陽光，風力，地熱，太陽熱など

(参考) 再生可能エネルギーで発電した電気を**グリーン電力**とよび，第三者機関の認証を得て割高に販売するしくみがある。購入者はこの電力を選択することで環境保護に貢献することになる。

★1 環境負荷とは，人の活動により環境に加えられ，環境の保全上の支障となりうる影響・環境形成作用をいう。

2 開発の規制

❶ 環境アセスメント制度　ダムや道路，大規模な施設を建設すると環境に大きな影響を与える。このような開発事業による環境破壊を防止するために**環境アセスメント(環境影響評価)制度**が生まれ，環境と開発の調和がはかられている。

> (補足)　環境アセスメントは次のような手続で進められる。まず①開発事業の内容を決めるにあたって，それが環境にどのような影響を及ぼすかについて事業者自らが調査・予測・評価を行う。②その結果を公表して国民，地方公共団体などから意見を聴く，③それらを踏まえて開発事業の内容について必要な修正をする。

❷ ナショナルトラスト運動　ナショナルトラスト運動とは，市民団体などが開発による環境破壊から自然を守るために，土地を買い取る運動である。

> (補足)　開発が予定されている価値のある自然を有する地域を保全するために，寄付金などによる買い取り，または地権者からの寄贈，遺贈などで取得し，これを次世代に伝えていくもので，イギリスのボランティア団体「ナショナル・トラスト」によって行われた活動を原型としている。

3 環境保全に関する国際的取り組み

❶ 地球温暖化対策　地球温暖化の防止には**温室効果ガスの排出抑制**や**森林の保護**など国際的な取り組みが必要で，1985年最初の会議(オーストリア)以降，定期的に国際会議が開かれ協議が重ねられてきた。1988年に気候と温室効果に関する科学的評価を行う機関**IPCC(気候変動に関する政府間パネル)**が設立され，1997年**地球温暖化防止のための京都会議**で，二酸化炭素排出量削減に関して目標数値を定めた議定書が締結された(**京都議定書**)。

> (参考)　カーボンオフセット　産業活動や生活で発生した二酸化炭素を，植林や再生可能エネルギーの推進などで相殺(オフセット)しようとする考え方や活動。

❷ オゾン層破壊対策　1970年代にオゾン層に対するフロンの影響が指摘されるとオゾン層を破壊する**特定フロン**の生産・使用が段階的に禁止され，塩素を含まない**代替フロン**に置き換えられるようになった。しかし代替フロンも強い温室効果を示すため，京都議定書で使用抑制とその目標数値が取り決められた。

❸ 砂漠化対策　砂漠化への対策として，アフリカなど砂漠化が深刻な地域について，干ばつや砂漠化に対処するために参加国が資金を援助する**砂漠化対処条約**が1996年12月に発効し，現在196か国とEUが参加している。

❹ 生物多様性保護　稀少種の保護に関する**ワシントン条約**や特定の地域の保護に関する**ラムサール条約**などの国際条約を補完する形で1992年**生物の多様性に関する条約**(**生物多様性条約**)が採択され，翌年発効した。生物多様性に関する国際協議は環境の保護という点のほか，経済面での対立調整の役割が大きい。

> (補足)　生物多様性を守ることは生態系サービスの確保・維持につながる(▷*p.164*)。品種改良の原種や新薬開発などに利用される遺伝子資源の多くは途上国・新興国に存在し，歴史的に先進国がこれらを持ち出して利用し利益を得てきたことに対する反発や補償に対する要求が根強い。

❺ 環境保全に関する国際的流れ

1972年	▶国連人間環境会議(ストックホルム会議;人間環境宣言＝環境問題を人類に対する脅威ととらえ，環境問題に取り組む際の原則を明らかにした宣言)
1975年	▶絶滅の恐れのある野生生物の種の国際取引に関する条約(ワシントン条約)
1975年	▶水鳥の生息地として国際的に重要な湿地に関する条約(ラムサール条約)
1979年	▶長距離越境大気汚染条約(ウィーン条約)
1987年	▶オゾン層を破壊する物質の製造販売を禁じたモントリオール議定書
1989年	▶特定有害廃棄物等の輸出入及び処分に関する規制条約(バーゼル条約)
1992年	▶国連環境開発会議(地球サミット)　その成果は次のような内容。 ●環境と開発に関するリオ宣言;環境と開発に関する原則を確立するための宣言 ●アジェンダ21;環境と開発の統合への21世紀に向けた具体的行動計画 ●気候変動枠組み条約;大気中の温室効果ガス濃度を安定化することをその究極的目的とし，締結国に温室効果ガスの排出・吸収目標の作成，温暖化対策のための国家計画の策定とその実施等の義務を課している。 ●生物多様性条約;生態系，生物種，遺伝子の3つのレベルの多様性を保全し，生物資源を持続可能であるように利用し，また，遺伝資源から得られる利益の公平で衡平な配分を目的とする条約。 ●森林原則声明;森林保全と持続可能な経営の重要性を表明した世界で初めての国際的合意
1994年	▶砂漠化対策条約
1997年	▶京都議定書;温室効果ガスの排出抑制あるいは削減のための数値目標を設定。先進国締結国全体で，2008～2012年の間に1990年比で5％以上の排出削減を行う。(日本の排出削減目標は6％。中国・インドなど途上国は対象外。当時の世界最大の排出国であるアメリカは離脱)[★1]
2000年	▶バイオセイフティに関するカルタヘナ議定書;遺伝子組換え生物などの国際取引に際し，生物多様性への悪影響の可能性について事前に評価する手続きなどを定めた。
2001年	▶残留性有機汚染物質に関するストックホルム条約;残留性有機汚染物質の製造，使用，排出の廃絶または削減を国際的に図ろうとするもの。
2007年	▶IPCC(気候変動に関する政府間パネル);2100年までの間に上昇する平均気温の範囲を1.4～5.8℃と予測。
2010年	▶生物多様性条約第10回締約国会議(COP10);遺伝子資源の資源国と利用国間の利用と利益配分に関する取り決め「名古屋議定書」，生物多様性を守る「愛知ターゲット」「SATOYAMAイニシアチブ」など採択。

★1　アメリカは国として批准せず。多くの州や都市が温室効果ガスの排出削減目標を定めている。

❻ 国・地方・地域の環境保全の動き 日本でも、自治体やNGOなどの活動を受け、環境対策が進められている。1979年の琵琶湖条例、1998年名古屋・藤前干潟の保存とゴミの分別回収の徹底など、産業界、一般家庭を問わず環境保全に取り組み始めている。まだ、図79のように、再生可能エネルギーの利用や低公害製品の拡大、資源ごみのリサイクル(家電リサイクル法、食品リサイクル法の施行)など、少しずつ環境保全が進み始めている。

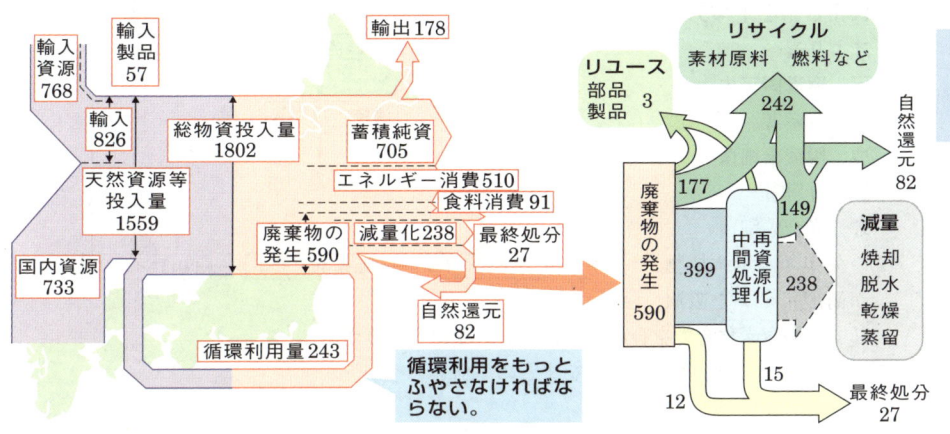

図79 わが国の資源循環(2007年度)環境・循環型社会・生物多様性白書より

> **ポイント**
> **Think Globally, Act Locally.**
> (環境問題は地球レベルで考え、身近なことから実行する)

この節のまとめ 生態系の保全

□ 水質汚染 ▷p.157	○ 富栄養化…栄養塩類が豊富→プランクトンの異常発生 ○ 生物濃縮…特定の物質が体内で高濃度に蓄積する。
□ 森林破壊と砂漠化 ▷p.159	○ 熱帯林の減少…非伝統的焼畑、大規模伐採、開発。 ○ 砂漠化…乾燥地域の土地劣化。過放牧・過開墾・塩害
□ エネルギー消費と大気 ▷p.160	○ オゾン層破壊…フロンが原因で破壊。オゾンホール ○ 地球温暖化…温室効果ガス(CO_2, CH_4, フロンなど)
□ 生物多様性と環境保全の取り組み ▷p.163	○ 生物多様性…生態的多様性・種多様性・遺伝的多様性 ○ 生物多様性保護は生態系サービスの維持につながる。 ○ 再生可能エネルギー…太陽光・風力・バイオマスなど

章末練習問題　解答▷ p.197

①　〈窒素の循環〉 テスト必出
右の図は，自然界における窒素循環のおもな経路を示している。

(1) ①，②，③にあてはまる語を下のア～オより選べ。
　ア　窒素固定生物
　イ　生産者
　ウ　脱窒素細菌
　エ　分解者
　オ　光合成細菌

(2) 矢印ⓐが示す植物が硝酸イオンを吸収して有機窒素化合物を合成するはたらきを何というか。

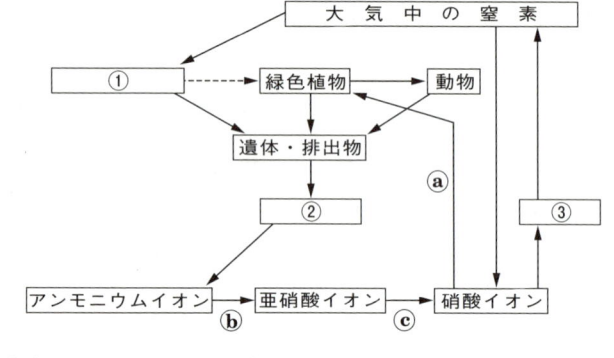

(3) 矢印ⓑ，ⓒが示すはたらきをまとめて何というか。

②　〈環境保全〉 テスト必出
次のA～Eの文に最も関係する語を下のア～ケから選べ。
A　農薬など体内で分解されにくい物質が食物連鎖を通して高次の消費者の体内に高濃度で蓄積される。
B　大気中の二酸化炭素は，太陽光は吸収しないが，地表からの赤外線放射をよく吸収するため大気の温度を上昇させる。
C　海や湖沼などで栄養塩類が増加して，植物プランクトンが発生しやすくなる。
D　海や河川に流入した有機物が，バクテリアなどのはたらきで分解除去される。
E　大気中の硫黄酸化物や窒素酸化物などが原因で雨水がpH5.6以下となる。
　ア　砂漠化　　　イ　光化学スモッグ　　ウ　酸性雨　　　エ　温室効果
　オ　生物濃縮　　カ　オゾンホール　　　キ　富栄養化　　ク　自然浄化
　ケ　内分泌攪乱物質

③　〈生物多様性〉
生物多様性に関する次の問いに答えよ。

(1) はじめはその地域にはいなかったが，人間の活動によってほかの地域から持ち込まれた生物を何というか。また日本におけるそのような種を動物と植物でそれぞれ2種ずつあげよ。

(2) 急速な環境変化，乱獲などが原因で，存続が危ぶまれている生物種は何とよばれているか。また日本におけるそのような種を，哺乳類と鳥類でそれぞれ2種ずつあげよ。

3章 個体群とその維持

コウテイペンギンの群れ

1節 生物群集と個体群

1 個体群とその変動

1 個体群と生物群集

❶ **個体群** 集団生活をする生物も，単独生活をする生物も，生活の基本単位は個体であり，個体どうしはいろいろな関係をもって生活している。ある地域に生息している同じ種の個体の集まりを**個体群**という。ある草原のバッタの集団，ある森林の中のヒメネズミの集団，小川のメダカの集団などはそれぞれ個体群である。校庭に生えているオオバコの集団も個体群である。

(補足) トラやヒョウのように単独生活をしている場合でも，一定の地域では繁殖期には雌雄が生殖行動を行い，互いに関係しあっている。したがって，この場合も個体群という。また，ニホンザルなどの群れ(▷p.180)をつくっている場合も，群れが1つの個体群ではなく，いくつかの群れを含んだ一定地域の全個体が1つの個体群となる。

図80 ヒョウ

❷ **生物群集** ある一定地域には，植物だけではなく，多くの動物・菌類・細菌類などがたがいに密接な関係をもって生息しており，全体として一定のまとまりをつくっている。そのような生物の集まりを**生物群集**，あるいは単に**群集**という。植物群集についてはp.120で説明している。ここではおもに動物の群集について説明する。

(補足) ある地域における生物群集と非生物的環境を合わせた1つのまとまりが生態系である。

> **ポイント**
> **個体群**…ある地域における同種生物の個体の集まり
> **生物群集**…ある地域におけるすべての生物の個体の集まり

2 個体群密度 重要

❶ 個体群密度 ある地域での単位面積(または単位体積)あたりの,それぞれの個体群の個体数を**個体群密度**という。個体群密度は,次のようにして表される。

> ポイント
> $$個体群密度(D) = \frac{個体群を構成する全個体数(N)}{生活空間の広さ(S)}$$

たとえば,2 a(アール)の草原にトノサマバッタが200匹いれば,その個体群密度は,100匹/aと表す。

❷ 個体群密度の測定 個体群密度の測定法には,**区画法**と**標識再捕法**の2つがあり,生物種によって使い分けられる。

① **区画法** 調べようとする地域に一定面積の区画をいくつかつくり,その中の個体数を数え,それをもとに区画全体の個体数を推測する方法。植物やフジツボのように移動しない生物に用いる。

② **標識再捕法** ある地域で多くの個体を捕らえ,標識をつけてから放す。数日後,再び同じ地域で同じ種の生物を捕らえ,その再捕獲した個体数に占める標識個体数の割合から,個体群を構成する全個体数を測定する方法。草原にすむノネズミのように,広く移動したり,見つけにくい動物の測定に用いる。

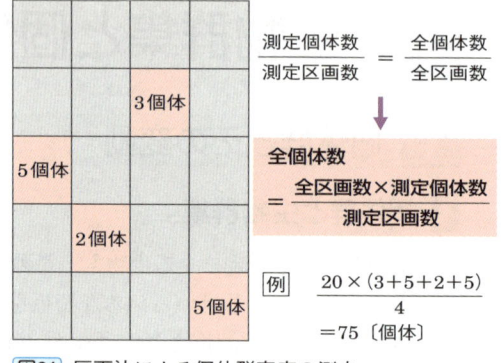

図81 区画法による個体群密度の測定

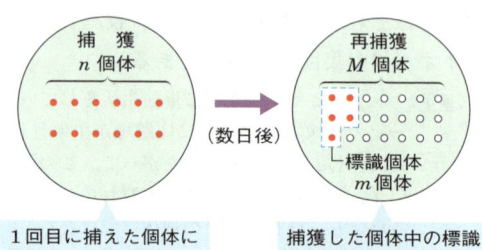

$$\frac{測定個体数}{測定区画数} = \frac{全個体数}{全区画数}$$

↓

$$全個体数 = \frac{全区画数 \times 測定個体数}{測定区画数}$$

例 $\frac{20 \times (3+5+2+5)}{4} = 75 \,[個体]$

図82 標識再捕法による個体群密度の測定

$$\frac{標識個体数}{全個体数} = \frac{再捕獲標識個体数}{再捕獲個体数}$$

↓

$$全個体数(N) = \frac{標識個体数(n) \times 再捕獲個体数(M)}{再捕獲標識個体数(m)}$$

> ポイント
> 〔標識再捕法による個体群密度の測定〕
> $$全個体数(N) = \frac{標識個体数(n) \times 再捕獲個体数(M)}{再捕獲標識個体数(m)}$$

3 個体群の成長と密度効果

❶ 個体群の成長曲線 最適な条件のもとでは，生物は計算上，図83の曲線Aのように増加する。たとえば，大腸菌が20分ごとに分裂して，そのたびごとに個体数が倍増していくと，約44時間後には，ほぼ地球の質量と同じくらいになる。しかし，実際には，個体数がある程度ふえれば，個体群の成長速度は小さくなり，ある値で定常状態を保つようになる（図83の曲線B）。

<補足> 大腸菌が20分おきに分裂し，死ななければ，44時間後には$2^{3×44}$＝約$5.4×10^{39}$個体になる。1個体の質量を$1.0×10^{-12}$gとすれば，44時間後には約$5.4×10^{27}$gとなり，地球の質量約$6.0×10^{27}$gと同じくらいになってしまう。

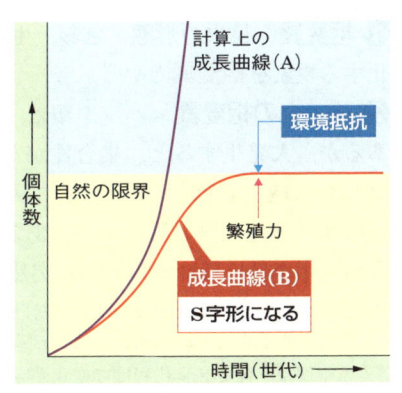

図83 個体群の成長曲線の一般形（模式図）

<視点> 生活場所・えさ・老廃物の蓄積などの環境抵抗によって，個体数の増加には限界がある（密度効果）。

❷ 成長曲線と密度効果 個体群の成長曲線は図83のBのような**S字形**になる。[★1] このように，個体群密度の増加によって個体群の成長が抑えられたり個体の性質に変化が生じることを**密度効果**といい，密度効果を起こさせる要因を**環境抵抗**という。

❸ 環境抵抗と密度効果の例

① **えさ不足** 個体群密度の増加によってえさ不足となり，餓死したり，生殖能力の低下が起きたりする。

② **生活空間の減少や老廃物の蓄積** 個体群密度が増加し，生活空間が減少すると，間脳視床下部からの刺激ホルモンの分泌異常により，出生率が低下する。また，ストレスや老廃物による健康異常なども見られる。

③ **個体の移動** 個体群密度が増加すると一部の個体は他に移動する。たとえば，アリマキが30匹/cm^2になると有翅型の成虫が現れ，他へ移動する。

④ **捕食者の増加** 個体群の増加によって捕食者も増加し，個体群の成長が抑えられる。

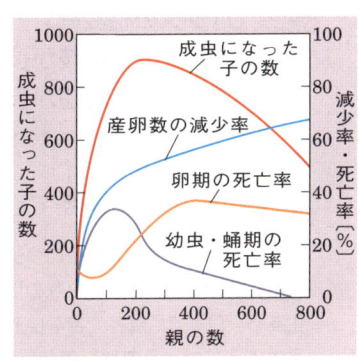

図84 アズキゾウムシにおける密度効果

<補足> 個体群密度が低すぎても生殖機会が減少し，増殖率は低下する。またゴキブリのように密度が低いと死亡率が高くなる動物もある。

> **ポイント** 個体群の成長曲線は，密度効果によって**S字形**になる。

★1 このような形のグラフをロジスティック曲線という。

4 昆虫の相変異

❶ 相変異　昆虫の形態・色彩・生理・行動などが，個体群密度に応じて著しく変化する現象を**相変異**という。

❷ バッタの相変異　バッタ類は，ふだんは単独生活をしている個体（**孤独相**）であるが，大発生すると，集合性があり，移動力が大きな個体（**群生相**）になる。アフリカ大陸でしばしば大発生するアフリカワタリバッタが有名だが，日本でも，1986年，鹿児島県の種子島沖にある馬毛島でトノサマバッタの大発生が起こった。なお，相変異は環境変異であり突然変異ではないので，遺伝しない。[*1]

> **補足**　バッタは，発育中の密度効果だけで相変異をし，幼虫期の個体群密度を低くすると孤独相になり，高くすると群生相になる。バッタの孤独相から集団移動する群生相への変化の場合，多くは中間型を経て2世代程度で変化が完了する。

図85　トノサマバッタの相変異　　表8　孤独相と群生相の比較——アフリカワタリバッタ

孤独相：体色が淡く，後肢が長い。
群生相：体色が黒っぽく，前翅が長い。

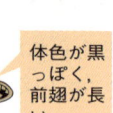

	孤 独 相	群 生 相
体色	緑　色	黒っぽい色
形態	後肢が大きく，胴体が太い	前翅が長く，胴体が細い
行動	飛行距離が短く集合性なし	飛行距離が長く大群で移動
食性	イネ科の植物	すべての植物
産卵	小さな卵を数多くうむ	大きな卵を少しずつうむ

> **ポイント**　〔バッタの相変異〕
> **孤独相**…後肢が長く，単独生活。移動能力は低い。
> **群生相**…前翅が長く，集団で飛行し移動する。

小休止　日本で越冬できないウンカがふえるわけ

イネの害虫である**トビイロウンカ**は，寒さに弱く，日本では冬は死滅する。それなのに，毎年夏になると大発生する。日本では越冬できないトビイロウンカがなぜ大発生するのか。それは，毎年，中国の長江沿岸から飛来するからである。

トビイロウンカは，個体群密度が大きくなると，黒くて翅の長い**群生相**となる。そして，その群生相が春先に中国の長江沿岸から東シナ海を飛び越えて九州に飛来し，日本全国に拡がるのである。

図86　トビイロウンカ

★1　環境変異は遺伝的要素と関係なく成長過程の環境により生じる形質の変化で遺伝しないが，突然変異は遺伝子や染色体の変化およびそれによって生じる形質の変化で，遺伝する。

> **参考** 植物の密度効果
>
> ● ある一定の場所で得られる光や養分には限りがあるので，植物も動物と同様に成長や増加において個体群密度の影響を受ける。密植された農作物は十分な光を得られず一部の個体が成長不良となり枯死する（**自然間引き**）。
> ● 間引きが起こらないと個体数は多くても平均の個体サイズが小さくなり，<u>単位面積あたりの植物総量は密度の大小にかかわらず一定となる</u>（**最終収量一定の法則**）。
>
> 図87 植物の個体群密度と生物体量

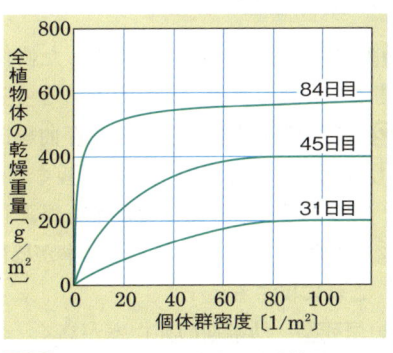

2 生命表と生存曲線

1 生命表

❶生理的寿命 理想的な条件下で生育させた場合の個体の寿命を**生理的寿命**という。しかし，自然界では捕食されたり，環境抵抗を受けるなどさまざまな原因で，生物は生理的寿命を全(まっと)うすることはできない。

❷生命表 個体群において，出生した一定数の卵や子が，発育の過程で，どれだけ生存し，また，死亡しているかを表にまとめたものを**生命表**という。表9はアメリカシロヒトリの個体群について各時期の個体数と死亡原因をまとめたものである。[★1]

表9 アメリカシロヒトリ（ガの一種）の生命表

発育段階	段階初めの生存数	期間内の死亡数	期間内の死亡率	死亡の原因（　）内は生理死亡数	最終生存率
卵	4287	134	3.1%	生理死(134)	96.9%
ふ化幼虫	4153	746	18.0	クモ，クサカゲロウ他	79.5
1齢幼虫	3407	1197	35.1	クモ他，生理死(104)	51.6
2齢幼虫	2210	333	15.1	クモ他，生理死(11)	43.8
3齢幼虫	1877	463	24.7	クモ他	33.1
4齢幼虫	1414	1373	97.1	アシナガバチ・小鳥・カマキリ他	1.1
5～7齢幼虫	41	29	70.7		0.4
蛹	12	5	25.0	ヤドリバエ，病死(1)	0.2
成虫	7	−	−		−

視点 この表からおもに次の2点がわかる。①3齢幼虫までは，巣網の中で集団生活を行うため，捕食されることが少なく，死亡率が低い。晩死型（▷p.178）に似ている。②単独生活に入った4齢以降の幼虫では捕食されることが多くなり，死亡率が高くなる。

★1 3齢までの幼虫の生存数は，巣網を採集し，各齢の脱皮殻を数えることで把握できる。

2 生存曲線 重要

❶ **生存曲線** 一般に，出生した個体数を1000個体に換算して，年齢とともに変化する生存数をグラフ化したものを**生存曲線**という。

❷ **生存曲線の型** 生物の生存曲線は，次の3つの型に大別される（▷図88）。
① **晩死型** 幼齢時の死亡率が低く，死亡が老齢に集中する型。ヒトなどの哺乳類やミツバチのように，親が子を保護し，育てる動物がこれに属する。
② **平均型** 各年齢ごとの死亡率がほぼ一定である型。鳥類やハ虫類・ヒドラなどがこれに属する。
③ **早死型** 幼齢期の死亡率が高く，老齢にまでなる個体が少ない型。魚類や多くの昆虫類のほか，カキなどの**軟体動物**がこれに属する。

❸ **死亡曲線** 一生のうち，それぞれの期間での死亡率を出し，グラフにしたものを死亡曲線という。死亡曲線は図88の右のように表される。

図88 生存曲線と死亡曲線

(視点) 生存曲線のグラフは縦軸が対数目盛りになっているので注意しよう。
また，死亡曲線では，平均型の死亡率が一定であることに注目せよ。

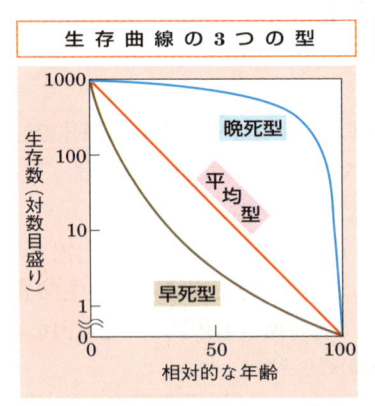

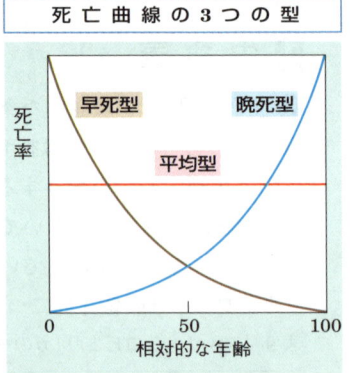

❹ **動物の産卵（子）数と生存曲線** 動物の産卵（子）数と死亡率の間には密接な関係がある。晩死型に属している動物では産卵（子）数が少なく，親が子の世話をよくするため，幼齢期の死亡率が低い。これに対して，早死型に属している動物では産卵数が非常に多く，そのため，幼齢期の死亡率は高いが，卵の数が多いので生き残る個体があり，個体群は存続する。親は子の世話をまったくしない。

表10 動物の産卵（子）数・出生形態・親の保護の有無

動物名	産卵(子)数	形態	親の保護	動物名	産卵(子)数	形態	親の保護
マンボウ	3億	卵	無	キジ	9〜12	卵	有
ブリ	180万	卵	無	スズメ	4〜8	卵	有
トゲウオ	50	卵	有	キツネ	5	胎生	有
トノサマガエル	1000	卵	無	チンパンジー	1	胎生	有

図89 マンボウ 　　図90 トゲウオ 　　図91 チンパンジー

3 個体群の年齢構成

　各年齢ごとの個体数をもとに，個体群の年齢構成をグラフで表すと，ピラミッド形になる。これを**年齢ピラミッド**（齢ピラミッド）という。

　年齢ピラミッドには，図92に示したように，**幼若型**，**安定型**，**老齢型**の3つの型があり，それぞれ，やがて生殖年齢を迎える若年層の割合が異なっている。年齢ピラミッドを作成することで，個体群の将来を推定することができる。

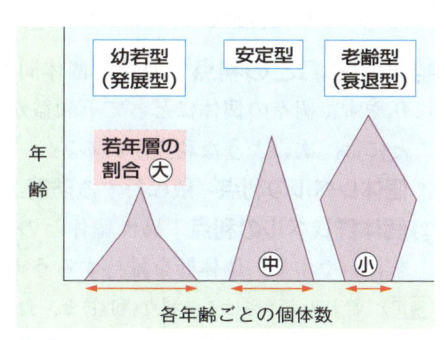

図92 個体群の年齢構成の型

この節のまとめ　生物群集と個体群

□**個体群とその変動** ▷ p.173	○ **個体群**…一定の地域に生息する同種の個体の集まり。 ○ 個体群密度は，区画法や標識再捕法で測る。 ○ **個体群の成長**…密度効果を受けるため，ある値で平衡を保つ。➡成長曲線は**S字形**になる。 ○ **相変異**…個体群密度による形態等の変化。例 バッタ 　┌ **孤独相**…単独生活型（体色は明色）。 　└ **群生相**…集団生活型（体色は暗色），移動力大。
□**生命表と生存曲線** ▷ p.177	○ **生存曲線**…早死型（魚類）・平均型（鳥類）・晩死型（哺乳類） ○ **年齢ピラミッド**…幼若型・安定型・老齢型

2節 個体群の相互作用

1 個体間の相互作用

ある1つの個体群を構成している個体間では食物や生活空間，繁殖期には配偶相手をめぐって**競争（種内競争）**が見られる。個体群密度が高まると競争はより激しくなり，弱い個体が淘汰されたり，他の場所へ移出する個体が現れたりする。

1 群 れ

❶ 群 れ 自然界では，同種の動物個体どうしが集合しあい，程度の差はあっても統一のとれた行動をとることも多い。このような集合を**群れ**という。

❷ 群れることの利点 同種の個体間が集まり群れをつくることは種内競争が起こりやすく個々の個体にとって不利益があると考えられるが，動物が群れをつくることには，次のような利点がある。
① **個体レベルの利点** 敵に対する**防衛上の利点**（▷図93），摂食上の利点。
② **個体群レベルの利点** 異性個体との配偶行動や育児など種を維持する**繁殖行動**を行いやすく，個体群を維持するうえでつごうがよい。

（補足）群れの大きさはこの利点（利益）と，食物をめぐる競争などのコスト（不利益）の関係で決まる（▷図94）。また，食物の豊富さなど環境条件によっても群れの大きさは変わる。

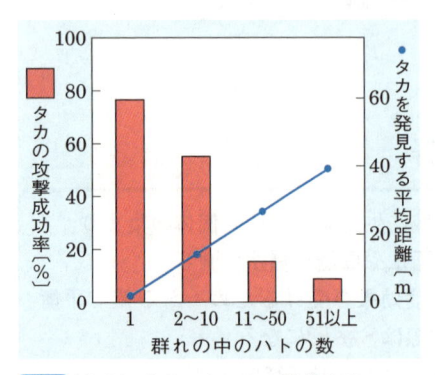

図93 タカによるハトへの攻撃成功率
（視点）群れが大きいほど接近するタカを警戒する個体数が増えるため，タカを早く発見して逃げのびやすくなる。

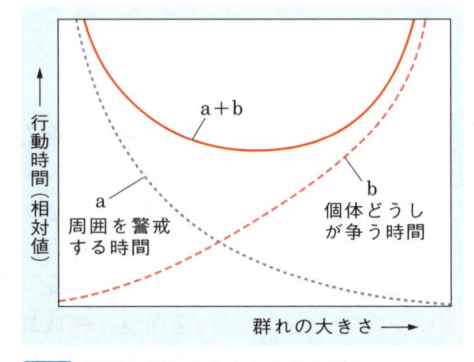

図94 最適な群れの大きさを示すグラフ
（視点）群れが大きいほど各個体が警戒に要する時間（a）は減少し，食物をめぐる争い（b）が増えるため，aとbの和が小さいほどよい。

❸ リーダー シカやオオカミなどの群れでは特定の個体が**リーダー**となり，リーダーを中心に群れが統率されている。

2 縄張り（テリトリー）

❶ 縄張り　動物や植物集団が一定の地域の空間を積極的に占有する行動を**縄張り行動**といい，その空間を**縄張り（テリトリー）**という。縄張り行動をするものは，個体，つがい，群れなど，いろいろである。

❷ 縄張りの特徴と機能　縄張りには，次のようなものがある。
① **採食活動のための縄張り**　他の個体や群れの干渉なしに採食活動を行うことができる。年間を通して見られる。　例　アユ（▷図95）やシマアメンボの縄張り
② **繁殖活動のための縄張り**　配偶者を獲得したり，繁殖地を確保したりしやすい。また，より安全に子を育てることができる。繁殖期にだけ見られる。
　例　イトヨ（トゲウオの一種）や小鳥などの縄張り
（補足）採食活動と繁殖活動の両者の機能をあわせもった縄張りも多い。

図95　アユの縄張りの例
（視点）淡水魚のアユは，浅い川底にある石の周辺約 $1\,m^2$ を縄張りとして，石についている微小なケイ藻やシアノバクテリアなどを食べている。そして，この縄張りに他の個体が近づくと，追い払う行動を示す。なかには，"群れアユ"といって縄張りをもたず，数匹で群れをつくっているものもいる。縄張りをもっているアユも，個体群密度が大きくなると，縄張りへの侵入個体が多くなり，縄張りを維持できなくなって群れアユになる。

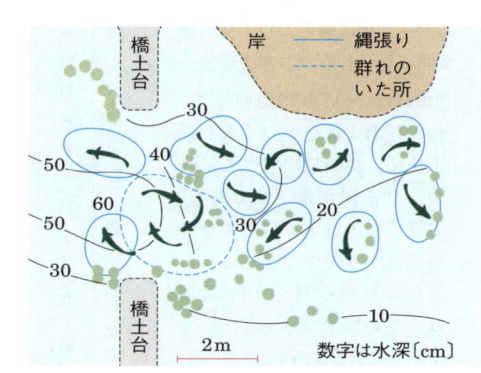

❸ 縄張りの広さ　縄張りが広くなれば得られる資源が増えるが，他の個体（あるいは群れ）が侵入する確率は高くなり，防衛に費やすエネルギーも大きくなる。また，必要以上の資源があっても利用できず，より多くの利益も得られないので，実際の縄張りの広さには限界がある。

❹ 縄張り宣言　縄張りをもつ個体は，他個体が縄張り内に侵入した場合，激しく攻撃を加えて追い出そうとする。これにより双方が傷つくこともある。このため広い縄張りをもつ動物では，におい付けなどによる**マーキング**や**さえずり**など縄張り宣言を行い，他個体が不用意に自分の縄張りに侵入しないよう警告を発する。これにより他個体は侵入を回避し無用な争いを避ける。

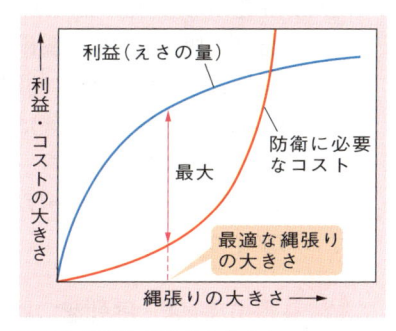

図96　最適な縄張りの大きさ

❹ サテライト（スニーカー） 縄張りをもたず，繁殖中の他の雌雄に交じって繁殖行動に参加（非攻撃的に雌を横取り）し，子孫を残す個体を**サテライト**または**スニーカー**という。[*1] 体外受精の魚類や両生類などで見られる。

3 順位制

❶ 順位制 群れを構成する個体間に優位・劣位の関係が見られる場合，その勢力序列の順番を**順位**という。順位が成立することで，群れ内の秩序が保たれることを**順位制**という。最高順位の個体が採餌や繁殖を優先的に行い，群れ内の無用な争いが防がれる。リーダーが統率する群れでは，最高順位の個体がリーダーとなる。

❷ 順位の決定 ふつう順位は，ニワトリのつつき（▷図97）のように，直接の攻撃行動によって決まるが，からだや角など特定の部位の大きさで決まる（大きいほうが上位）動物もいる。

図97 ニワトリのつつきの順位の例—13羽の雌のニワトリの個体間に見られるつつきの順位

視点 A～Mの13羽のうち，他の12羽全部をつつくAが最上位で，他の12羽すべてにつつかれるMが最下位である。上位のものは下位のものをつつくばかりでつつき返されることはないが，H・I・Jの3羽は，互いにつつきあう"三すくみ"の関係にある。

（上位 ← つつきの順位 → 下位）

個体	つつく数	つつく相手
A	12羽	M L K I J H G F E D C B
B	11羽	M L K I J H G F E D C
C	10羽	M L K I J H G F E D
D	9羽	M L K I J H G F E
E	8羽	M L K I J H G F
F	7羽	M L K I J H G
G	6羽	M L K I J H
H	4羽	M L K I
I	4羽	M L K J
J	4羽	M L K H
K	2羽	M L
L	1羽	M
M	0羽	なし

❸ 順位を示す姿勢 無用の争いによって優位の個体も劣位の個体も傷つかないように，また，時間の損失を防ぐため，個体間の特定の姿勢によって順位を明らかにする種もある。

例 サルの背乗り（マウンティング），イヌの服従のポーズなど。

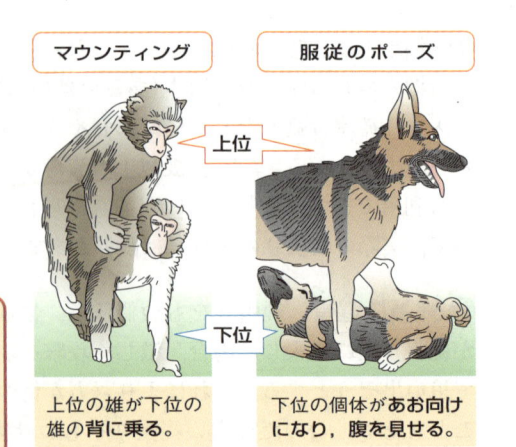

マウンティング（上位）
上位の雄が下位の雄の背に乗る。

服従のポーズ（下位）
下位の個体があお向けになり，腹を見せる。

図98 順位を示す姿勢

> **ポイント** **順位制**は，序列をつけることで個体群内の無用の争いを回避し，秩序を保ち，優秀な子孫を残すのに役立つ。

★1 サテライト（satellite）は衛星，居候の意味。スニーカー（sneaker）はこっそり近づく，忍び寄る者の意味。

4 社会性昆虫

❶ 社会性昆虫とは　ミツバチ・アリ・シロアリなど，高度に分化し，組織化された集団（コロニー）をつくって生活している昆虫を<u>社会性昆虫</u>という。これらの社会性昆虫は大きな集団で生活し，複雑な集団行動を行う。また，構成員はほとんど遺伝的につながった血族関係である。

❷ 分業体制　それぞれの個体には役割があり，その役割に応じて形態までも特殊化しているので，社会性昆虫は1個体では生きていくことができない。

❸ ミツバチの社会　ミツバチの1つのコロニーは，1匹の**女王バチ**と数十匹の**雄バチ**と数万匹の**ワーカー**（働きバチ）から構成されている。女王バチとワーカーは，どちらも雌で，染色体は$2n$である。ワーカーは，女王バチの娘か姉妹である。ワーカーと女王バチの違いは，幼虫期の食料が異なるのと女王バチの分泌する女王物質[★1]（フェロモンの一種）[★2]を与えられることでワーカーが生じることによる。雄バチは単為生殖で発生し[★3]，染色体はnである。

❹ 生殖の分業　ワーカーは生殖腺が発達せず，蜜や花粉集め，巣の管理，防衛，育児など，生きていくうえで必要なすべての仕事を行う。女王バチは巨大化し，もっぱら生殖に専念する。女王バチは一生に1回だけ交尾を行い，卵をうみ続ける。雄バチは，新しく誕生した女王バチと交尾するためだけに存在する。

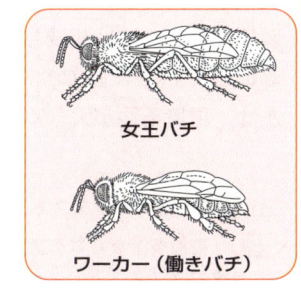

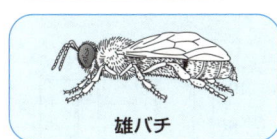

図99　ミツバチの社会階層

2 個体群間の相互作用

1 異種個体群間の相互作用

❶ 異種個体群間の相互作用　生物群集（▷*p.142*, *173*）はいろいろな種類の個体群が混ざりあってできている。そして，それらの異種の個体群間には相互作用（▷*p.118*）がはたらいており，互いに影響を及ぼしあって生活している。

❷ 相互作用の種類　相互作用のおもなものには，**競争**と，**捕食-被食**の2つがある。このほかに，**寄生**と**共生**などもある。

★1　幼虫期に育児担当のワーカーが分泌するロイヤルゼリーで育てられた個体は女王バチになり，花粉と蜜だけで育てられるとワーカーになる。女王物質はワーカーの卵巣の発達を抑制する。
★2　フェロモンは動物のからだから分泌され，同種他個体に特定の行動を起こさせる化学物質。
★3　受精せずに，卵が単独で発生・発育することを**単為発生**という。受精しないので，染色体はnとなる。

2 競　争 　重要

❶ 競争とは何か　生息場所・光・水・食物などをめぐってくりひろげられる生存競争を**競争**という。競争には，異種個体群間で起こる**種間競争**と，1つの個体群内で起こる**種内競争**とがあるが，ここでは種間競争について説明する。

種間競争は，えさや生息環境が同じような種の間で起こる。つまり，生態的地位[★1]がよく似た個体群どうしの間で起こりやすい。

❷ 混合飼育における競争　同じえさを食べる2種類の動物を混合して飼育すると競争が起こり，競争に負けた種は死滅し，片方の種だけが生き残ることが多い（▷図100）。どちらの種が競争に勝つかは，環境条件が大きく影響する（▷図101）。

図100　2種類のゾウリムシ個体群間の競争の例（図Bの場合）

（視点）　Aは2種類のゾウリムシ（オーレリアとコーダタム）を別べつに飼育したものである。混合飼育したBでは，競争に負けたコーダタム種は死滅した。

図101　2種類のコクヌストモドキ属の競争（混合飼育下）

（視点）　高温多湿ならコクヌストモドキが，低温乾燥ならばヒラタコクヌストモドキが優位となる。

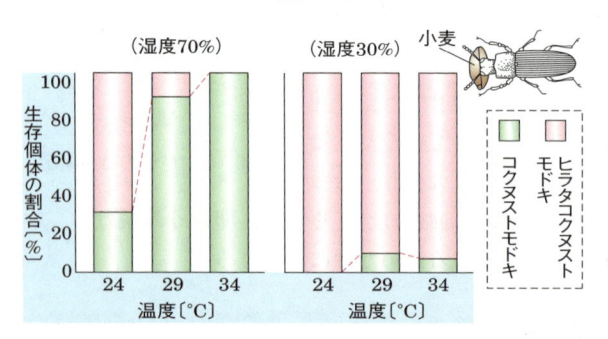

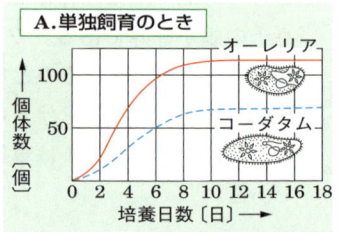

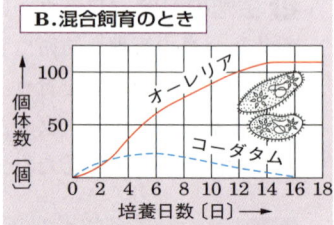

参考　植物の競争

● 植物でも，個体群間に競争が見られる。植物の場合，光のうばいあいが中心で，同所に生育する全ての植物が競争関係になり，丈の高い種が競争に勝つことが多い。植物の遷移（▷p.128）も競争の結果起こる現象である。

● 生育環境の似た植物間の競争の例としてススキとセイタカアワダチソウの競争がある。外来種であるセイタカアワダチソウは成長が速く，また，根から分泌する物質でススキなど他の植物の成長や繁殖を抑制し（他感作用またはアレロパシーという），一時は優勢に分布域を広げていた。しかし，この物質はセイタカアワダチソウ自身の種子の発芽も抑制するため各地で生育が衰えだし，ススキがまた勢力を盛り返している。

★1　生態的地位とは生物群集のなかで，それぞれの種が占める生活空間や役割のこと（くわしくは▷p.187）。

❸ **自然界の競争**　自然界の種間関係は複雑であるが，日本在来種のイシガメと，近年，大量にアメリカからペットとして入ってきて野生化したアカミミガメとの競争がよく知られている。

図102　イシガメ

図103　アカミミガメ

この競争では汚染に強く繁殖力が高いアカミミガメが圧倒的に分布域を拡大している。その他に，メダカが各地で減少している原因の1つとして外来のカダヤシとの競争が考えられている。
★1

❹ **すみわけ**　種間競争が起こっても，さまざまな環境条件のちがいによって，勝負が決まらないことがある。すると，結果として競争が回避されたように見える。

① **イワナとヤマメのすみわけ**　図104のイワナとヤマメでは，競争をして，13〜15℃より冷たい水域ではイワナが勝ち残り，暖かい水域ではヤマメが勝ち残って，あたかも両種が譲り合って共存しているようになっている。このような関係を**すみわけ**という。
★2

② **サンゴのすみわけ**　ヘロン島のサンゴ礁では波の弱い内海では，足場をめぐる競争に強いサンゴが4〜5種だけ共存している。それに対して内海と外海の境にあり，波が中程度に強い場所では3倍以上の種類のサンゴが共存している。適度な攪乱は環境条件の多様性が大きくなり，多くの種が共存できるようになる。

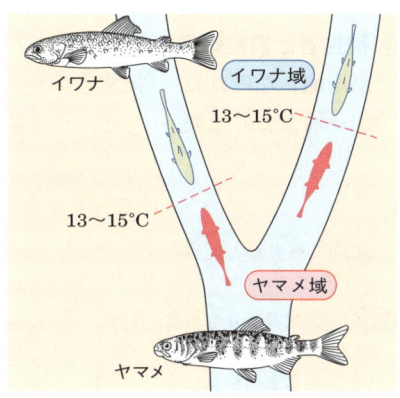

図104　イワナとヤマメのすみわけの例

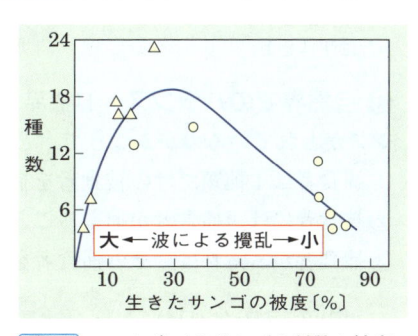

図105　ヘロン島でのサンゴの種数と被度

> **ポイント**
> 異種個体群どうしが，えさなどをめぐって奪いあいをすることを**種間競争**という。どの種が勝つかは環境条件によって異なる。

★1　アカミミガメは1年の産卵回数，1回の産卵数とも在来の淡水産カメ類より多い。幼体がミドリガメの名で流通している亜種のミシシッピアカミミガメは環境省の**要注意外来生物リスト**に掲載されている。
★2　生態的地位が同じ種どうしが，生活空間・食物などを変えることで生態的地位を少し変え，競争を回避し，共存することを**協同**という。協同には，ここで示したすみわけのほかに，くいわけがある。

2 捕食-被食 重要

❶ 捕食とは何か
えさを捕えて食べることを**捕食**といい，食べられることを**被食**という。異種個体群間に食う–食われるの関係があるとき，食う側の動物を**捕食者**といい，えさとなり捕食される動物を**被食者**という。ふつう，個体群密度は被食者のほうが高い（▷*p.144* 個体数ピラミッド）。

❷ 被食者と捕食者のバランス
被食者と捕食者は，個体群密度の調節の点で，次のように深く結びついている。

① **被食者に対して捕食者が多すぎるとき** 被食者が捕食者につぎつぎと食べられてしまい死滅する。すると，えさのなくなった捕食者もしばらくすると死滅する。

② **被食者と捕食者のバランスがとれているとき** 被食者を食いつくすほど捕食者が増加しなければ，〔捕食者の増加→被食者の減少→捕食者の減少→被食者の増加→捕食者の増加→…〕という周期的変動をくり返す。

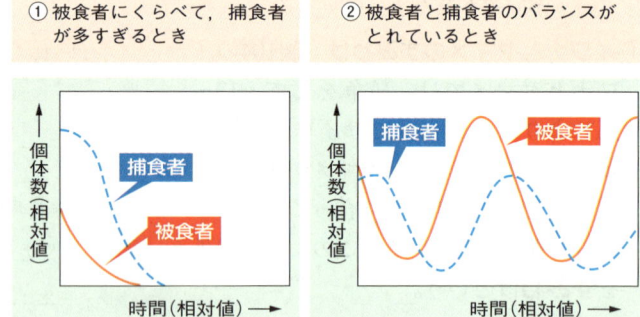

図106 被食者と捕食者のバランス
（視点）捕食者よりも被食者のほうが個体数が多いこと，被食者の変動に少し遅れて捕食者が似たような変動を示していることに注目せよ。

❸ 自然界でのバランス
自然界では，次のような理由で被食者と捕食者のバランスがとれているのがふつうで，どちらか片方が死滅することはない（▷*p.152*）。

① 捕食者は1種類だけの被食者を捕えているわけではない。
② 被食者には，捕食者が捕えることができないかくれ場があるのが一般的である。
③ 捕食者がふえれば，その捕食者を捕える捕食者（天敵）も増加する。

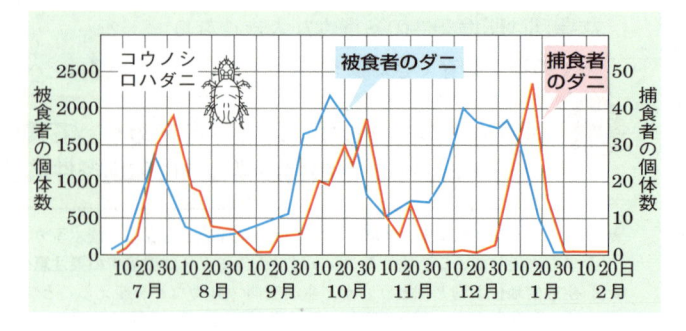

図107 コウノシロハダニとその捕食者のダニ（カブリダニ）の個体数の変動のようす
（視点）グラフの縦軸の被食者と捕食者の個体数の目盛りのちがいに注意せよ。被食者は捕食者の約50倍である。

> **ポイント** 自然界では，**被食者と捕食者のバランスがとれており**，お互いに増減をくり返し，片方が死滅することはない。

発展ゼミ　寄生と共生

◆個体群の相互作用には，寄生と共生もある。これも重要なので覚えておこう。

〔寄　生〕

◆相手を殺さず，そのからだに付着して，栄養をうばいながら生活する生物がいる。そのような生活のしかたを**寄生**といい，寄生する側の生物を**寄生者**，寄生される側の生物を**宿主**という。寄生では，寄生者は利益を受けるが，宿主は害を受ける。個体群密度は，寄生者のほうが高いのがふつうである。

◆寄生は，宿主によって次の2つに大別される。

① **活物寄生**　生きている宿主に寄生。宿主の体表に寄生する外部寄生(例 カ・ノミ・ダニ)と，宿主の体内に寄生する内部寄生(例 カイチュウ・サナダムシ・マラリア原虫)とがある。

② **死物寄生(腐生)**　生物の遺体や排出物に寄生。例 マグソコガネ・ギンリョウソウ

◆また，ホトトギスがウグイスの巣に託卵し，子をウグイスに育てさせるように，宿主の生活を利用する寄生もある。これを**社会寄生**という。

〔共　生〕

◆2種類の個体群の両方または片方に利益となる(ただし，相手には害はない)共同生活を**共生**という。共生には次の2つがある。

① **片利共生**　片方だけに利益となる共生。
　例 カクレウオとフジナマコ

② **相利共生**　両方が利益を分かちあう共生。
　例 アリとアリマキ，マメ科植物と根粒菌

図108　キタマクラとホンソメワケベラの掃除共生(相利共生)

3 生態的地位(ニッチ)

❶ 生態的地位とは　アメリカ大陸の草原にすむピューマは食物連鎖の頂点に君臨する大形動物のハンターで，大形の植物食性動物を捕食して生活をしている。また，中部アメリカから南アメリカにかけてすむオオアリクイはシロアリを捕食して生活している。ピューマもオオアリクイもそれぞれ独自の生活空間，食物連鎖での独自の位置で生活をしている。このように，生物群集のなかで，それぞれの種が占める役割や位置づけを**生態的地位(ニッチ)**という。

❷ **生態的同位種**　一方，アフリカの草原では大形動物のハンターはライオンである。また，オーストラリアにはシロアリの捕食者としてフクロアリクイがいる。ライオンとピューマ，フクロアリクイとオオアリクイは，それぞれ生物群集のなかでは同じ役目を果たしており，同じような生活をしている。つまり，生態的地位が同じである。このように，系統的に離れている生物どうしが同じような生態的地位を占めるとき，これらを，**生態的同位種**という。

❸ **生態的同位種の特徴**　生態的同位種の生物どうしは，**分類上の種類や生息場所がちがっていても生態的地位に応じて似た形態などの特徴をもつことがある。**

図109　生態的同位種の例
視点　フクロアリクイは有袋類（胎盤がないか，未発達な哺乳類で，子は超未熟児でうまれ，親の腹部にある袋の中で育つ）で，オオアリクイは真獣類（胎盤をもっている哺乳類）である。

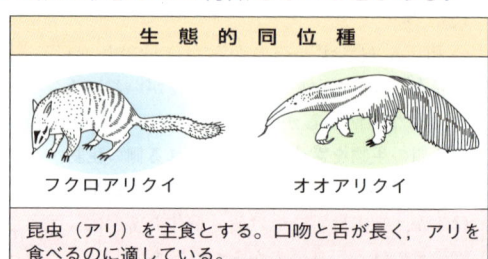

生態的同位種

フクロアリクイ　　オオアリクイ

昆虫（アリ）を主食とする。口吻と舌が長く，アリを食べるのに適している。

この節のまとめ　個体群の相互作用

□ 個体間の相互作用 ▷p.180	● **群れ**…同種の個体どうしの集合。群れをつくることで，敵に対する警戒や狩りで有利。繁殖行動も起こしやすい。 ● **縄張り**…えさ場・繁殖の場の確保。例　アユ，イトヨ ● **順位制**…勢力序列を明確にして争いを回避。例　ニワトリ ● **社会性昆虫**…高度に組織化された集団生活をする昆虫。例　ミツバチ・アリ・シロアリ
□ 個体群間の相互作用 ▷p.183	● **競争**…同種または異種個体群の個体が，食物や光や水やすむ場所をとりあうこと。単純な環境では負けたものが死滅することが多い。 ● **捕食-被食**…食う－食われるの関係。被食者の増減によって捕食者も増減する。被食者が死滅すれば捕食者も死滅する。 ● **生態的地位**…ある生物種が生態系の中で占める役割。 ● **生態的同位種**…種類や生息場所がちがっていても生態的地位が似ている種。

章末練習問題

解答 ▷ *p.197*

① 〈生存曲線〉 テスト必出

ある時点での同齢個体の生残数を縦軸に，出生後の経過時間を横軸にとると，どんな生物種についても右下がりの曲線が得られる。代表的な型をもつA，B，Cの3種の動物についてこれを右に示す。これに関して，各問いに答えよ。

(1) この曲線を何というか。
(2) 幼齢期の個体に対して親の保護が最もよく行われているのはA～Cのどの種か。
(3) どの齢においても死亡率が大きな差がないのはA～Cのどの種か。
(4) A～Cの3種の動物のうちで，環境の変化によって同齢の集団の大きさが最も激しく変動するのはどの動物と考えられるか。
(5) C種について，相対年齢60で子（または卵）を産むとすると個体群が維持されるためには雌1匹あたり最低何個体（または何個の卵）を産む必要があるか。雌雄の比は1：1で生存率も雌雄で差がないものとして答えよ。
(6) A～C種は，それぞれ①カキ（貝類），②シジュウカラ（鳥類），③アフリカゾウ（哺乳類）のどの種に近いか。

② 〈相互作用〉 テスト必出

次の(a)～(f)の文は，生物の生活のようすを記したものである。それぞれの文に最も関係が深いと思われる語句を下のア～スより1つずつ選び，記号で答えよ。

(a) オオカミの群れを調べたところ，1頭の雄が群れを統率していた。
(b) 夏季の最高水温13～15℃を境にして，イワナは河川の上流に，ヤマメは下流に生息する。
(c) えさのついていないかぎをつけた糸におとりアユをつけて泳がせると，アユをかぎにひっかけて釣ることができる。
(d) ミツバチは，生まれた子が成長しても生殖能力をもたず，もっぱら働くだけの多数の個体と数十匹の雄が，親を中心とした1つの集団を形成する。
(e) マメ科植物の根の根粒の内部には根粒菌が見られる。
(f) A・B・C 3羽のニワトリを1つの囲いの中に入れてやると，はじめは互いにつつき合いをしているが，そのうち，AはBとCをつつき，BはCをつつくという関係が固定される。

ア 順位制　イ リーダー制　ウ 競争　エ 天敵　オ 縄張り制
カ すみわけ　キ 相利共生　ク 片利共生　ケ 食物連鎖　コ 食いわけ
サ 社会制　シ 中立作用　ス 寄生

定期テスト予想問題

解答 ▷ p.198　時間50分　合格点70点　得点

1 以下の各問いに答えよ。〔各2点…合計6点〕

(1) ある地域に生活する生物群集とそれを取り巻く非生物的環境をまとめて何というか。
(2) 生物がまわりの環境から受ける影響を何というか。
(3) 環境がそこに生息する生物から受ける影響を何というか。

2 下図は日本列島のバイオームの分布を示している。これに関して各問いに答えよ。
〔(1)2点×3, (2)4点×3, (3)(4)各3点…合計24点〕

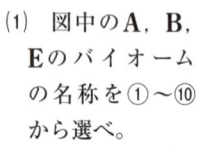

(1) 図中のA, B, Eのバイオームの名称を①〜⑩から選べ。 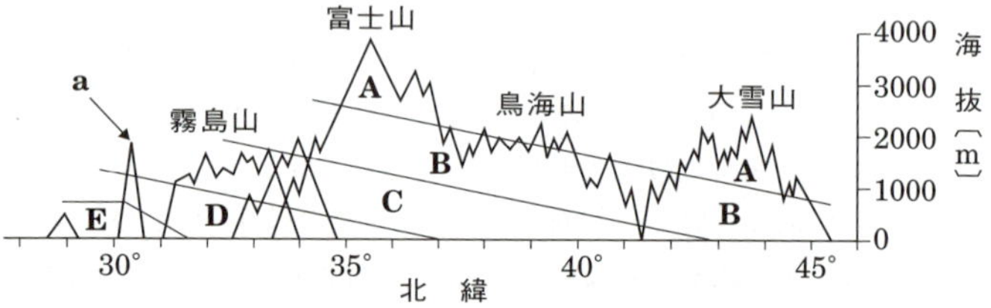
① 亜熱帯多雨林
② 夏緑樹林
③ 高山草原
④ 硬葉樹林
⑤ 雨緑樹林
⑥ 山地草原
⑦ 照葉樹林
⑧ ツンドラ
⑨ 針葉樹林
⑩ 乾燥荒原

(2) 図のA, C, Eのバイオームで優占種となっていたり，特徴的に見られる植物の名称を次の①〜⑫から2つずつ選べ。
① メヒルギ
② ブナ
③ カシ
④ エゾマツ
⑤ オオシラビソ
⑥ スダジイ
⑦ イネ
⑧ ヘゴ
⑨ コマクサ
⑩ キバナシャクナゲ
⑪ ミズナラ
⑫ イチョウ

(3) AとBを分ける境界線を何というか。
(4) 図のaは，その一部が世界自然遺産に指定された鹿児島県の島である。その島の名称を答えよ。

3 個体群の変動について，以下の問いに答えよ。
〔(1)3点, (2)(3)各3点, (4)2点×2…合計11点〕

(1) 個体群が成長するとき，理想的な条件のもとでは，いわゆるネズミ算的に個体数が増加する。1匹の雌ネズミが10匹の子供を産み，その性比が1：1であるとすると，第1世代として最初に雌雄が5匹ずつ計10匹いるとき第n世代めのネズミは何匹産まれることになるか。

(2) 実際には(1)のような増え方はせず，図1のような成長曲線になる。個体数の増加に伴い，生活空間の制約や，えさの不足，産子数低下などが起こり，環境が支えうる個体数は一定限度に抑えられる。このときの個体数の最大値を何というか。

(3) 個体数が増加し密度が高くなると相変異を起こす昆虫を1種答えよ。
(4) 異種の個体群が一定の空間内に生活するとき，互いにさまざまなはたらき合いが起こる。次のア～ウは，A，B2種の動物個体群間に見られる相互作用のいくつかを述べたものである。
　ア　A，B2つの個体群が，生息地内の同一の資源をとり合う。
　イ　個体群Bは，個体群Aを食物としてとる。
　ウ　同一の資源を利用するA，B2つの個体群が，場所を分けて共存する。
① アのA，B2つの個体群間の関係は何とよばれるか。
② 図2，3，4は，A，B2種の動物を実験室の同一容器内で飼育したとき，その個体数の変動を示したものである。各図におけるA，Bの関係は，上記ア～ウのうち，どれに相当すると考えられるか。

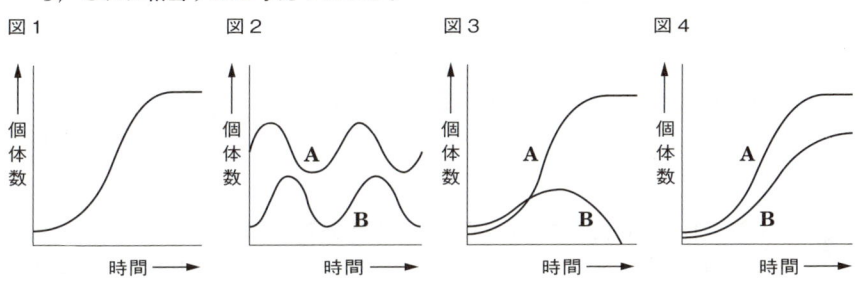

図1　図2　図3　図4

4 下図は，生態系を構成している生物群を，食物連鎖の関係から各栄養段階に分け，エネルギーの流れを模式化したものである。以下の問いに答えよ。

〔(1)2点×3，(2)3点，(3)3点×2，(4)4点，(5)3点…合計22点〕

(1) 図中のC, R, Uはそれぞれ何を表しているか，下のア～オから選べ。
　ア　捕食量
　イ　被食量
　ウ　光合成量
　エ　呼吸量
　オ　不消化排出量

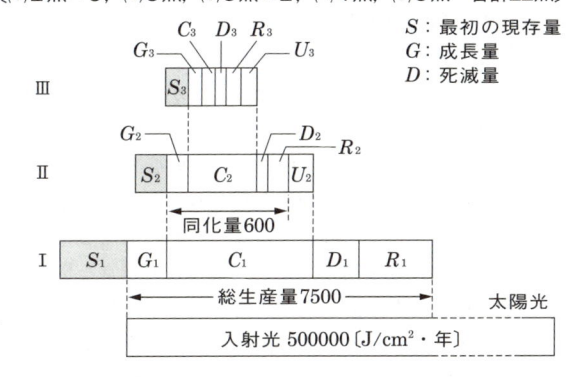

S：最初の現存量
G：成長量
D：死滅量

同化量600
総生産量7500
入射光 500000〔J/cm²・年〕
太陽光

(2) この生態系内の分解者が利用するエネルギー源はどれか。1つ選べ。
　ア　U_2+U_3　　イ　$D_1+D_2+D_3$　　ウ　$D_1+D_2+D_3+U_2+U_3$
　エ　$R_1+R_2+R_3$　　オ　$D_1+D_2+D_3+R_1+R_2+R_3$　　カ　$R_1+R_2+R_3+U_2+U_3$

(3) 栄養段階Ⅲの生物群の①総生産量，②純生産量を表す式として適するものをそれぞれ選べ。
　ア　C_2-U_3　　イ　$C_3+G_3+D_3$　　ウ　$C_3+D_3+R_3$　　エ　$G_3+C_3+D_3+R_3+U_3$

(4) 栄養段階Ⅰの生物群のエネルギー効率を，図中の値を用いて求めよ。
(5) 次の**ア～オ**のなかで誤っているものを1つ選べ。
　ア　若い森林は呼吸量や死滅量が少ないため成長量が大きい。
　イ　極相に達した安定な森林の成長量はほぼ0である。
　ウ　一般にエネルギー効率は栄養段階の上位のものほど大きい。
　エ　熱帯多雨林は総生産量が最も大きく地球の他の地域に酸素を供給している。
　オ　草原と夏緑森林では植物の生体量には大きな差があるが純生産量では大きな差はない。

5　右図は生態系における炭素と窒素の循環経路を示したものである。次の問いに答えよ。
　　　　　　　　　　　　　〔各3点…合計6点〕
(1) 炭素の循環のみに見られる経路を①～⑨より選べ。
(2) 窒素の循環のみに見られる経路を①～⑨より選べ。

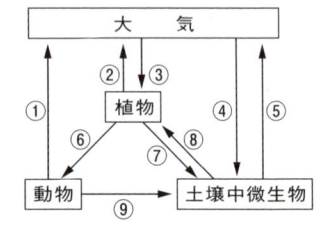

6　次の文の[　]に適当な語を下から選び，文章を完成せよ。　　〔各2点…合計20点〕
　汚水が河川に流入すると，そこに含まれていた有機物は，流れていく間に微生物によって[①]と水に分解され，下流に行くにしたがって水質がきれいになっていく。このはたらきを[②]という。下水や工業排水などから長期にわたって多量の有機物が流れ込むと，それを栄養にする微生物が増加し，その結果水中の[③]が欠乏して，その微生物はやがて死滅する。そして酸素を用いない微生物による分解だけが進むため，有機物の無機化が完全には行われず，悪臭のある汚れた水になる。また，肥料，殺虫剤，そして合成洗剤に含まれる窒素や[④]などは，水に溶けて河川や海の富栄養化を起こしている。そのため，特殊な[⑤]が異常増殖し，湾内や湖では[⑥]や水の華が発生して魚介類など多くの水生生物を死滅させる原因となっている。
　また，生物によって分解されにくい農薬や[⑦]などが生物に取り込まれると，高濃度に蓄積されるという現象が起こる。この現象を[⑧]といい，[⑨]を通して栄養段階の上位の生物ほど高濃度になるため，鳥などに被害を及ぼしている。さらにこれらの物質のなかには生物体内で[⑩]による正常な情報伝達を阻害するはたらきをして体内調節を攪乱したり，生殖の異常を引き起こしているものもある。

　ア　炭素　　　イ　生物濃縮　　ウ　カリウム　　エ　酸素　　　オ　ホルモン
　カ　リン　　　キ　自然浄化　　ク　洗浄作用　　ケ　水生昆虫　コ　赤潮
　サ　プランクトン　　シ　ダイオキシン　　ス　食物連鎖　　セ　二酸化炭素

7　地球温暖化防止のため，ヒマワリをたくさん植えて育てたところ，見事なヒマワリ畑になった。これは地球温暖化防止のとりくみとして(ア)正しい，(イ)条件付きで正しい，(ウ)ほぼ不適切のいずれか。判断した理由をつけて答えよ。　　〔8点〕

問題の解答

第1編 細胞と遺伝子

■ *p.40* 章末練習問題

① 液胞を除けば最も大きな部分を占めるDが核。AとBは内部の構造からそれぞれ葉緑体，ミトコンドリアと判断。Eについては，扁平な膜が広がっている構造が小胞体で，小胞体の表面についたり離れて細胞質基質中に存在したりしている小さな粒状の構造（RNAとタンパク質の複合体）ということからリボソーム。

答 (1)A…葉緑体，B…ミトコンドリア，C…ゴルジ体，D…核，E…リボソーム
(2)A…ア，B…エ，C…ウ，D…オ，E…イ
(3)E (4)共生説

② ①の化学反応式は次のとおり。
$2H_2O_2 \rightarrow 2H_2O + O_2$ したがって，過酸化水素2モルから1モルの酸素が発生することがわかる（1モルの分子は分子量にgをつけた量…H_2Oの場合18g〕に等しい）。
(1)グラフで1分後の過酸化水素の減少量は，$(12-7) \div 5 = 1$〔ミリモル/L〕となる。酵素量が半分になると反応速度も半分になり，過酸化水素量の減少量は0.5ミリモル/Lとなるから，$12 - 0.5 = 11.5$〔ミリモル/L〕
(3)だ液アミラーゼはpH7（中性），胃ではたらくペプシンはpH2（強酸性），すい液中のトリプシンはpH8（アルカリ性）が最適pHである。

答 (1)11.5ミリモル/L
(2)ア…熱変性，イ…失活
(3)X…アミラーゼ，Y…ペプシン，Z…トリプシン

■ *p.67* 章末練習問題

① DNAはデオキシリボ核酸の略称，RNAはリボ核酸の略称である。

答 ①ヒストン，②タンパク質，③ヌクレオチド，④DNA，⑤DNA，⑥DNA，⑦RNA
a・b…糖・リン酸（順不同），c…アデニン，d…シトシン，e…グアニン，f…チミン，g…ウラシル，h…T，i…G

② 押しつぶし法では，②細胞の活動を止め構造の分解を防ぐ**固定**→③細胞間の結合を弱める**解離**→④細胞の構造を観察しやすくする**染色**と進めた後，最後にカバーガラスの上から軽く押して細胞が1層になるように広げる。

答 (1)②イ，③ウ，④ア
(2)(c)→(a)→(e)→(b)→(d)

■ *p.68* 定期テスト予想問題

① A～Dのうち，核膜をもつA～Cは真核細胞で，核膜をもたないDは原核細胞である。さらに，A～Cのうち，細胞壁と葉緑体をもつCは光合成を行う植物細胞である。クロレラは緑藻類で真核生物。大腸菌は細菌類なので原核生物。酵母菌は菌類なので真核生物，細胞壁はもつが葉緑体をもたないBである。

答 ①A ②C ③D ④D ⑤B

② (4)エは根冠で，根端分裂組織（ウ）を保護している。
(5)細胞周期の時間に対する各期に要した時間の比は，観察された全細胞数に対する各期の細胞数に比例する。前期に要する時間をx分とすると，
$(18 \times 60) : x = 1240 : 62$ ∴ $x = 54$〔分〕

答 (1)(f) (2)間期 (3)分化
(4)ウ，頂端分裂組織（根端分裂組織）
(5)54分

③ アは光合成，イは呼吸の反応。
(3)c…呼吸，光合成ともADPを分解する反応ではない。

答 (1)光エネルギー
(2)ATP（アデノシン三リン酸）
(3)a…イ，b…ア，c…×，d…アイ

(4)ウ…チラコイド，エ…ストロマ，オ…マトリックス
(5)ウ

4 (1)シャルガフの規則として知られるDNAの特徴。AとT，CとGが結合して塩基対をつくることで2本鎖がはしご状につながり二重らせん構造を成すというワトソンとクリックの発見につながった。
(2)①mRNAのトリプレット（3つ組暗号）はコドンともよばれる。②$4^3$＝64

答 (1)どの生物のDNAにおいてもAとT，GとCの量が等しい。
(2)①トリプレット，②64通り
(3)－GGCCUCUAGCCU－

5 ヒトの体細胞の染色体は46本であるが，染色体23本分の遺伝情報からなるゲノム2セット分をもつということになる。ある生物のゲノムがすべてわかると，遺伝子DNAの塩基配列からタンパク質のアミノ酸配列がわかり，そこからまだ知られていないタンパク質の構造や機能が推察でき，体内で行われているさまざまな反応やしくみを知る手がかりとなる。
　また，ヒトゲノムの塩基配列がすべて明らかになったとしても，ヒトの遺伝子は1人1人異なる。個人によって異なりうる箇所（1塩基多型）は約1000塩基対に1箇所の割合で存在し，これらを調べることで医療などの研究・開発に大きく役立つ情報が得られる。
答 (1)①1，②2
(2)解答例；
「医学研究への応用」
ゲノムに含まれている遺伝情報の解析によって特定の疾患に関連する遺伝子を研究することで，より効果的な診断，治療方法，医薬品開発ができるようになったり，患者ごとに最も適したオーダーメイド医療が可能になる。(100字)
「農業・畜産業への応用」
農作物や家畜の遺伝子の遺伝情報の解析によって，寒さや乾燥・病気に強く収量が多い作物を生産したり，肉質のよい家畜へ品種改良ができたりするほか，野菜や肉の偽装を見破る鑑定にも応用することができる。(96字)
「生物の進化・系統の解明」
生物間で塩基配列を比較分析することで，細胞小器官の出現や各器官の発生の時期を分子レベルで解明できたり，ヒトの1塩基多型を統計的に分析することで人類の進化・人種間差異・移動ルートなどが明らかにできる。(99字)

6 生物が細胞内にDNAの塩基配列としてもつ遺伝情報は，タンパク質をつくるアミノ酸配列に翻訳され，合成されたタンパク質の機能によって生物の形質が現れる。
答 ①ゲノム，②タンパク質，③アミノ酸，④リボソーム，⑤mRNA，⑥tRNA

第2編 環境と生物の反応

■p.97 章末練習問題

① (2) A…死滅させた, あるいは弱毒化した下ウイルスや細菌をワクチンという。このワクチンを注射して発病を防ぐ方法で, 予防接種として広く用いられている。B…動物にワクチンを注射して, その体内につくられた抗体を治療に用いる。血液の液体部分は血しょうだが, ここでは血清療法という。血清は血球と分離する際に血しょうから凝固成分が除かれたもの。

従来の, 動物の血清から抗体を得る方法は純粋に目的の抗体だけを得るのが難しいため, 近年は抗体産生細胞を培養して1種類の抗体だけを産生する細胞を増殖させるモノクローナル抗体の技術が進められている。

答 (1)①マクロファージ, ②ヘルパーT細胞, ③B細胞, ④Y, ⑤可変部, ⑥抗原抗体, ⑦体液性, ⑧キラーT細胞, ⑨細胞性
(2) A…ワクチン療法, B…血清療法

② (2)門脈とは, ある器官から出たのちに別の器官に入って再び毛細血管に分かれていく静脈をいう。肝門脈は小腸で吸収したグルコースなどの栄養分を多く含んだ血液が流れている。肝細胞中で, グルコースは多糖類のグリコーゲンに合成されて貯蔵される。
(5)糖の貯蔵に抑制的にはたらくのは, 興奮時にグリコーゲンの分解(血糖値の上昇)にはたらく交感神経とアドレナリンやグルカゴンなどのホルモンである。

答 (1)血管A…肝動脈, 血管B…中心静脈
(2)小腸
(3)オルニチン回路(尿素回路)
(4)貯蔵…胆のう, 放出…十二指腸
(5)促進…神経系→副交感神経, ホルモン→インスリン

■p.113 章末練習問題

① (1)③間脳の一部分, ⑦体内環境(内部環境)を一定の範囲内に保たれていることを恒常性またはホメオスタシスという。以前はホメオスタシスを「恒常性の維持」とよんだ。
(2) B…グルカゴンはすい臓のランゲルハンス島のA細胞から分泌される。

答 (1)①標的細胞, ②受容体, ③視床下部, ④副交感, ⑤交感, ⑥フィードバック, ⑦恒常性
(2)インスリンは肝臓や筋肉中でのグリコーゲンの合成を促進し, その材料である血中のグルコース濃度を減少させる。また, グルコースが消費される組織での呼吸を促進する。
(3) A…エ, B…イ, C…ウ

② (2)副交感神経は, リラックスしているときにはたらく神経である。②瞳孔(ひとみ)は興奮時に拡大する。⑥副交感神経は立毛筋には分布していない。

答 (1) A…内部(体内), B…外部, C…視床下部, D…延髄, E…脊髄, F…副交感, G…交感
(2)①ア, ②ア, ③ア, ④ア, ⑤イ, ⑥ウ, ⑦イ

■p.114 定期テスト予想問題

① (1)④赤血球の寿命は, 約120日, 白血球は顆粒球で約2週間, リンパ球のT細胞は4～6か月, B細胞は2～3日ほど。血小板は10日程度。⑥肺へ運搬するとあるのでアンモニアなどの老廃物ではない。
(3)17000mL÷25mL

答 (1)①白血球, ②核, ③赤血球, ④血しょう, ⑤ヘモグロビン, ⑥肺, ⑦二酸化炭素, ⑧内分泌腺
(2) B→C→A→F→E→D→G (3)680L

② (1)胸腺(thymus)に移動して成熟するリンパ球はT細胞。抗体はB細胞がつくる。免疫記憶は, B細胞・T細胞ともに行う。ヒスタミンは肥満細胞(マスト細胞)より放出。
(5)抗原をはじめに発見し認識するのは, 樹状

細胞やマクロファージである。
答 (1)①骨髄, ②胸腺, ③リンパ節, ④脾臓
(2)①イ, ②ア, ③オ, ④ウ
(3)b・c・d　(4)左鎖骨下静脈
(5)c・e

3 (1)Aは毛細血管がからみあってできた糸球体, Bはボーマンのうで, 糸球体を包み込む。糸球体とボーマンのうを合わせたものが腎小体, 腎小体と細尿管(腎細管)を合わせたものが腎単位(腎臓の構造上・機能上の単位)。
(2)脳下垂体後葉から分泌される抗利尿ホルモン(バソプレシン)のことである。視床下部の神経分泌細胞でつくられたホルモンが, 神経繊維を通して後葉まで運ばれる。
(4)①原尿量は, イヌリンの濃縮率より,

$$\frac{1.20\text{mg/mL}}{0.01\text{mg/mL}} \times 1\text{mL/m} = 120\text{mL/m}$$

再吸収量は, $3.00 \times 120 - 3.50 \times 1 = 356.5$ mg
②グラフより, 血しょう中グルコース濃度が 2.5mg/mL までならすべて再吸収できる。
1分間に再吸収が行われる原尿の量は①より120mLであるから,
$2.5 \times 120 = 300$ 〔mg〕
答 (1)①B, ②A, B, ③A, B, C
(2)ウ　(3)イ・オ
(4)①356.5mg, ②300mg

4 (1)グルコースである(k)から矢印がグリコーゲンに向かっているので, (m)は血糖値低下で(n)はその逆。
(3)①糖尿病の原因には, 組織のグルコース分解の抑制などもある。
(4)ア…食後は一時的に上昇する。ウ…インスリンは注射で効く。飲用した場合, 消化されてしまい効果はない。
答 (1)①(a)脳下垂体, (b)ランゲルハンス島, (c)肝臓, (d)副交感神経, (e)交感神経 (f)副腎皮質刺激ホルモン, (g)インスリン, (h)グルカゴン, (i)アドレナリン, (j)糖質コルチコイド, (k)グルコース, (l)タンパク質(または脂質)

(2)イ
(3)①すい臓のランゲルハンス島のB細胞からのインスリン分泌の低下(またはインスリンの活性化の低下)。②血しょう中のグルコース濃度が高くなり, 腎臓での再吸収能力を超えてしまうため。
(4)ア　(5)自律神経系　(6)糖新生　(7)f・i・j
(8)フィードバック(作用, 調節)

練習問題の解答

第3編 生物の多様性と生態系

■ *p.140* 章末練習問題

① (2)e〜hは，極相林である陰樹林の各階層における代表的な植物が入る。中部地方の極相林は照葉樹で，優占種は**エ**のカシが該当する。**イ**のアシは湿地や水辺に見られる抽水植物。

答 (1)①一次遷移，②地衣類，③陽樹，④陰樹，⑤ギャップ
(2)a…ケ，b…ク，c…ウ，d…ア，e…エ，f…カ，g…キ，h…オ

② (1)森林のバイオームは最も高温多雨(**オ**)の環境で形成される**a**の熱帯・亜熱帯多雨林から考えるとよい。**b**の雨緑樹林は，熱帯多雨林と同様に高温で，年降水量が少ない(一年のなかに乾季がある)地域に分布する。**d**硬葉樹林は，温帯で降水量の少ない**カ**にあたる。図の中央付近に点線で囲まれる特殊な範囲に位置するバイオームと覚えてもよい。

答 (1)a…オ，b…ウ，d…カ，e…キ，f…ク
(2)①a，②h，③c，④e

■ *p.172* 章末練習問題

① (1)①大気中の窒素N_2を，そのままでは利用できない緑色植物に供給しているので窒素固定生物。③は窒素固定の逆の反応で脱窒(脱窒素作用)という。
(3)bは亜硝酸菌，cは硝酸菌のはたらきで，これらの細菌を合わせて**硝化菌**(硝化細菌)という。

答 (1)①ア，②エ，③ウ (2)窒素同化
(3)硝化

② 生物濃縮は特定の物質が生物体内に環境より高濃度に蓄積されること。**A**の現象は，食物連鎖の各栄養段階で生物濃縮がくり返されている。
B…地表の温度は太陽からの熱と宇宙空間に出て行く熱の量で決まる。二酸化炭素などの温室効果ガスの大気中濃度が高まると宇宙に出て行く熱が減少し，地球の平均気温が上昇することになる。

答 A…オ，B…エ，C…キ，D…ク，E…ウ

③ 日本の代表的な外来生物や絶滅危惧種については，具体的な種名をあげられるように覚えておこう。古くまでさかのぼるとモンシロチョウやレンゲソウ，シロツメクサなども外来種(帰化種)であるが，外来種の問題を扱う場合，ふつう国際的な人や物の出入りが盛んになった明治以降に入ってきた生物を対象とする。

答 (1)語句…外来生物(外来種)，動物…アライグマ，ウシガエル(またはアメリカザリガニ，オオクチバス，ブルーギル，カダヤシ，アカミミガメなど)，植物…セイタカアワダチソウ，セイヨウタンポポ(またはブタクサ，ヒメジオン，オオキンケイギクなど)
(2)語句…絶滅危惧種，哺乳類…アマミノクロウサギ，ツシマヤマネコ(またはオガサワラオオコウモリ，ジュゴン，イリオモテヤマネコなど)，鳥類…ヤンバルクイナ，イヌワシ(またはライチョウ，ノグチゲラ，シマフクロウ，コウノトリなど)

■ *p.189* 章末練習問題

① (4)親の保護があるものは環境の変化による生存率への影響を緩和できるが，保護がなく出生個体数の大きいものは環境の変化による生存率の変化が個体数の大きな変動につながる。
(5)個体群が維持されるためには雌1匹あたりから出生した個体のうち雌雄1個体ずつの割合で次の生殖までに生存すればよい。雌雄1：1で生存率に差がないので個体群内では前回の生殖時と同じ数の雌雄が維持される。生存曲線に示されている値は生殖までに出生個体1000のうち0.05個体が生き残る割合であるので，雌1匹あたりから産出する個体数をxとすると
 $1000：0.05＝x：2$ ∴ $x＝40000$ となる。

答 (1)生存曲線 (2)A (3)B (4)C
(5)40000
(6)A…③，B…②，C…①

② (c)はアユの友釣りとよばれ，縄張りに侵入した同種個体を排除しようとするアユの性質を利用したものである。
答 (a)イ，(b)カ，(c)オ，(d)サ，(e)キ，(f)ア

■p.190 定期テスト予想問題

1 (1)「ある地域」は非常に広い範囲を指してもよいし，1つの池など非常に小さい空間について考えてもよい。
(2)(3)環境形成作用を「反作用」ということもある(古い用法)。
答 (1)生態系 (2)作用(環境作用)
(3)環境形成作用

2 Aは高山帯，Bは亜高山帯で針葉樹林，Cは山地帯で夏緑樹林，Dは丘陵帯で照葉樹林が分布する。(2)の植物で解答以外の植物は，③⑥照葉樹林，④⑤針葉樹林，⑦栽培種(原種は熱帯の草本植物)，⑫野生では絶滅。
答 (1)A…③，B…⑨，E…①
(2)A…⑨⑩，C…②⑪，E…①⑧
(3)森林限界 (4)屋久島

3 (1)雌が産む雌は5匹。第1世代で5匹の雌がいるので第n世代で生まれる雌は5^n。同数の雄がいるので第n世代全体で$2×5^n$。
(4)②図2…Bの個体数が少なく，個体数変動がAより少し遅れていることから，Bが捕食者，Aが被食者にあたる。図3…競争関係にある種は，限定された環境では一方だけが生き残り，競争に敗れた種は全滅する。
答 (1)$2×5^n$ (2)環境収容力
(3)トノサマバッタ(アフリカワタリバッタ)
(4)①競争，②図2…イ，図3…ア，図4…ウ

4 (1)Cは上位の栄養段階に移る量であるから被食量。Uは生産者のIになく，被食されても同化されない量であるから不消化排出量。RはDが死滅量と示されているので呼吸量とわかる。
(2)すべてのDとUを加えたものになる。

(3)消費者では同化量が総生産量となる。$C_3+G_3+D_3+R_3$ が選択肢にないので C_2-U_3 を選ぶ。
(4)生産者なので総生産量(光合成量)÷入射光×100となる。%で求める。
(5)熱帯多雨林は光合成が盛んに行われ酸素の放出量が多いが，温度が高く分解者および生産者自身の呼吸による消費量も多い。もし酸素の放出量が上回れば森林内に有機物が蓄積されることになるが，熱帯多雨林全体が継続して有機物が蓄積しているということはない。
答 (1)C…イ，R…エ，U…オ
(2)ウ (3)①ア，②イ (4)1.5% (5)エ

5 ①②は呼吸。③は光合成。④は土壌中微生物としてあるので光合成細菌による光合成は含めず，アゾトバクターやクロストリジウムによる窒素固定のみを示すものとする。⑤は呼吸と脱窒素作用。⑦⑨は排出物や死体の分解者への供給，⑧は植物が窒素同化を行うためのNの移動のみの経路。
答 (1)①②③ (2)④⑧

6 窒素はタンパク質などの，リンは核酸やATPなどの成分として植物プランクトンや細菌類などの繁殖に必要。これらの栄養塩類濃度が高まることが富栄養化。
答 ①セ，②キ，③エ，④カ，⑤サ，⑥コ，⑦シ，⑧イ，⑨ス，⑩オ

7 **答** (イ)条件付きで正しい
理由…生育過程では，ヒマワリは光合成を行いCO_2を有機物に固定する。しかし，枯死すると固定された有機物は分解者によって再びCO_2として大気中に放出される。ヒマワリが固定した有機物を有機物のまま保存するという条件であれば地球温暖化防止のとりくみとして正しい。

さくいん

太数字は中心的に説明してあるページを示す。

あ

愛知ターゲット	170
アオコ	157
青潮	157
赤潮	157
亜高山帯	139
亜高木層	121
アジェンダ21	170
アセチルコリン	106,107
アデニン	42,46
アデノイド	83
アデノシン	24
アデノシン三リン酸 (→ATP)	23
アデノシン二リン酸 (→ADP)	24
アドレナリン	101,110,111
アナフィラキシー	87
亜熱帯多雨林	135,138
アミノ基	37
アミノ酸	37
アミノ酸配列	46
アミラーゼ	30,32
アミロプラスト	14
アメーバ運動	59
アルギニン	95
アレルギー	87
アレルゲン	87
アレロパシー	184
安定型	179
アンモニア	94,96

い

イオン	36
異化	23
鋳型鎖	43
維管束系	63
移植拒絶反応	87
一次応答	85
一次消費者	141
一次遷移	128
一年生草本	119
一酸化二窒素	162
遺伝子汚染	166
遺伝子資源	164
遺伝情報	46
遺伝的多様性	163
イヌリン	39,93
イネ科型	126
陰樹林	130
インスリン	101,108,109
陰生植物	125
インターロイキン	84
インフルエンザ	88

う

ウィーン条約	170
ウイルス	13
ウラシル	46
雨緑樹林	135
運搬RNA (→tRNA)	47

え

永久組織	63,65
エイズ	89
栄養器官	63
栄養段階	142
エストロゲン	101
エネルギー効率	147
エネルギー代謝	22
エネルギーの通貨	23
エネルギーピラミッド	144
塩害	160
炎症反応	82
塩類腺	91

お

黄体形成ホルモン	101,104
黄体ホルモン	101,104
横紋筋	61
オーダーメイド医療	45
オキシダーゼ	32
オキシダント	161
オキシトシン	101,103
押しつぶし法	51
オゾン層	161
オゾンホール	161
お花畑	139
オルニチン	95
オルニチン回路	94
温室効果ガス	162
温帯草原	137

か

カーボンオフセット	169
解糖系	27
外部環境	72
外分泌腺	99
開放血管系	80
外来種 (→外来生物)	165
外来生物	165
外来生物法	165
化学合成細菌	143
化学式	36
化学的酸素要求量	158
化学的排除	82
核	14,18
核型	55
核酸	38,41
核相	55
獲得免疫	82
核分裂	52
核膜	18
加水分解	31
加水分解酵素	32
ガストリン	101
化石燃料	146
仮足	59
カタラーゼ	32,35
活性因子	84
活性化エネルギー	28
活性部位	29
活物寄生	187
仮道管	66
花粉症	89

き

キーストーン種	152
記憶細胞	84,86
機械組織	65
帰化種 (→帰化生物)	165
帰化生物	165
器官	59,62
器官系	62
気孔	65
気候変動枠組み条約	170
基質特異性	29
基質濃度	31
寄生	187
季節風林	135
拮抗作用	107
機能タンパク質	37
基本組織系	63
キモトリプシン	32
逆転写酵素	33
ギャップ	131

顆粒球	75
夏緑樹林	136,138
カルシウムイオン	77
カルタヘナ議定書	170
カルボキシル基	37
感覚上皮	61
感覚点	111
間期	52,54
環境アセスメント	169
環境形成作用	118
環境作用 (→作用)	118
環境抵抗	175
環境ホルモン	158
還元	31
幹細胞	58
肝小葉	94
肝臓	94
乾燥荒原	137
肝動脈	94
顔面神経	106
肝門脈	94
寒冷荒原	137

キャノン	73
吸収上皮	61
丘陵帯	139
共生	187
共生説	20
胸腺	83,85
競争	180,184
共通性	12
協同	185
京都議定書	169,170
極相	130
極相種	131
極相林	130
極帽	52
キラーT細胞	86,87
筋組織	60

く

グアニン	42,46
くいわけ	185
クエン酸回路	27
区画法	120,174
クチクラ層	65
グリア細胞	61
グリーン電力	168
グリコーゲン	39,94
クリステ	26
クリック	42
グルカゴン	101,109,110
グルコース	39
黒色素胞刺激ホルモン	101
グロビン	75
クロマチン繊維	49
群集(→生物群集)	173
群生相	176

け

形質	45
形質細胞	84
形成層	50,65
血圧上昇ホルモン	101
血液	62,73,74
血液凝固	77
血管系	78
結合組織	60,62

血しょう	74
血小板	74
血清	74,77
血清療法	88
血糖	108
血糖値	108
血餅	77
ゲノム	43
ゲノムサイズ	43
ゲノムプロジェクト	44
原核細胞	14,20,49
原核生物	15
嫌気性	20
減数分裂	50
元素	36
現存量	149
現存量ピラミッド(→生物量ピラミッド)	144
原尿	93

こ

抗アレルギー薬	89
高エネルギーリン酸結合	24
光化学スモッグ	161
厚角組織	65
交感神経	106,110,111
後期	53
好気性	20
好気性細菌	21
高血糖	109
抗原	84
荒原	122,129
抗原抗体反応	84
抗原提示	84
光合成	22,25
光合成色素	25
光合成速度	124
光合成のしくみ	27
高山帯	139
高次消費者	141
鉱質コルチコイド	101,104
膠性結合組織	62
恒常性	72
甲状腺	101,103

甲状腺刺激ホルモン	101
甲状腺ホルモン	101,103
酵素	28
構造式	36
構造タンパク質	37
酵素-基質複合体	29
酵素の種類	32
抗体	84
抗体産生細胞	84
好中球	75,82
高張	90
後天性免疫	82
後天性免疫不全症候群	89
抗ヒスタミン薬	89
厚壁組織	65
高木層	121
広葉型	126
硬葉樹林	136
コード鎖	43
呼吸	22,26
呼吸のしくみ	27
コケ植物	128
個体群	173
個体群の成長	175
個体群密度	174
個体数ピラミッド	144
骨細胞	62
骨髄	83
骨組織	62
孤独相	176
コリンエステラーゼ	33
ゴルジ小胞	48
ゴルジ体	18,48
根粒菌	148

さ

細菌類	15
最終収量一定の法則	177
再生可能エネルギー	168
最適pH	30
最適温度	30
サイトカイン	82,84
細尿管	92
細胞外基質	60
細胞間物質	60

細胞群体	60
細胞質	18
細胞質基質	19,26
細胞質分裂	53
細胞周期	57
細胞小器官	19,59
細胞性粘菌	58
細胞性免疫	86
細胞体	105
細胞内酵素	34
細胞の大きさ	16
細胞板	53
細胞分裂	50
細胞壁	19
細胞膜	19
さえずり	181
酢酸オルセイン	51,54
酢酸カーミン	51,54
酢酸ダーリア	54
酢酸バイオレット	51
酢酸メチルバイオレット	54
鎖骨下静脈	81
サテライト	182
里山	131
砂漠	137
砂漠化	159,169
サバンナ	137
作用	118
酸化	31
サンガー	108
酸化還元酵素	32
酸性雨	161
酸素解離曲線	76
酸素分圧	76
酸素ヘモグロビン	75,76
山地帯	139

し

シアノバクテリア	15,20,21,148
師管	66
色素体	14
糸球体	92
脂質	39
子実体	58

さくいん（し〜た）

視床下部	101,102,106,110,111
示性式	36
自然浄化	153
自然間引き	177
自然免疫	82
失活	30
質量パーセント濃度	36
自動性	79
シトシン	42,46
シトルリン	95
シナプス	105
脂肪	39
死亡曲線	178
脂肪細胞	62
脂肪組織	62
社会寄生	187
社会性昆虫	183
シャルガフ	42
終期	53
柔組織	65
種間競争	184
宿主	187
樹状細胞	84
種多様性	163
種内競争	180
種の保存法	167
順位	182
順位制	182
循環系	78
純生産量	149
硝化	148
硝化菌	148
消化酵素	34
症候群	23
消費者	141
上皮組織	60
小胞体	19,48
静脈	79
照葉樹林	136,138
常緑広葉樹	119,134
食細胞	82
食作用	75,82,84
植生	120
触媒	28
植物群集	120
植物群落（→植物群集）	120
植物細胞	14,19
食物網	141
食物連鎖	141
自律神経系	106,108
腎う	93
進化	13
深海の生態系	143
真核細胞	14,49
新型インフルエンザ	88
心筋	61
神経膠細胞（→グリア細胞）	61
神経細胞	61,105
神経組織	60
神経分泌細胞	102
神経ホルモン	61
腎細管（→細尿管）	92
腎小体	92
心臓	78,80
腎臓	92
腎単位	92
浸透	90
浸透圧	90
浸透圧調節	91,104
シンドローム	23
針葉樹	119
針葉樹林	137,138
森林	122
森林限界	139

す

すい液	98
髄鞘	61
水素イオン指数	36
すい臓	101,109
水素結合	42,56
垂直分布	138
水平分布	138
スクラーゼ	32
スクロース	39
スターリング	98
ステップ	137
ステロイドホルモン	99,101
ストックホルム条約	170
ストロマ	25
スニーカー	182
すみわけ	185

せ

生化学的酸素要求量（→BOD）	158
生活形	119
制限酵素	33
生産構造図	126
生産効率	147
生産者	141
生産層	123
生産量	150
性周期	104
星状体	52
生殖器官	63
生殖腺刺激ホルモン	101
性染色体	55
生存曲線	178
生態系	142
生態系のバランス	152
生体触媒	29
生態的サービス	164
生態的多様性	163
生態的地位	156,187
生態的同位種	188
生態ピラミッド	144
生体物質	37
生体防御	82
成長曲線	175
成長ホルモン	101,102
成長量	149
生物群集	142,173
生物多様性	163,169
生物多様性条約	169,170
生物的環境	118
生物濃縮	158
生物量ピラミッド	144
生命表	177
生理的寿命	177
脊椎動物	12,80
セクレチン	98,101
接眼ミクロメーター	17
赤血球	74,75
節後ニューロン	106
節前ニューロン	106
絶滅危惧種	166
セルラーゼ	32
セルロース	39
遷移	128
繊維性結合組織	62
繊維組織	65
前期	52
先駆種	131
腺上皮	61
染色体	49,52,54
染色分体	52
選択的遺伝子発現	47
仙椎神経	106
繊毛	59
線溶	77

そ

相観	120
草原	122,129
相互作用	118
早死型	178
総生産量	149
相同染色体	55
層別刈取法	127
相変異	176
相補的対合	42
草本層	121
相利共生	187
側鎖	37
組織	59
組織液	73
組織系	63

た

体液	73
体液性免疫	84
ダイオキシン	158
体温の調節	111
体外環境	72
体細胞分裂	50
体細胞分裂の過程	52
体細胞分裂の観察	51
代謝	22
体循環	78

対照実験	35
大食細胞(→マクロファージ)	75
代替フロン	169
体内環境	72
胎盤ホルモン	101
対物ミクロメーター	17
多感作用	184
脱水縮合	37
脱水素酵素	32
脱炭酸酵素	33
脱窒素作用	148
脱離酵素	33
多糖類	39
多肉植物	119
多年生草本	119
多様性	12
単為発生	183
単球	75
単細胞生物	59
胆汁	95
炭水化物	39
単相	55
炭素の循環	145
単糖類	39
タンパク質	29,37,46
団粒	155

ち

地衣類	128
地球温暖化	162,169
地球サミット	170
地中層	121
窒素固定	148
窒素同化	147,148
窒素の循環	147
地表植物	119
地表層	121
チミン	42
着生植物	119,134
中期	53
中心体	18
中心柱	63
虫垂	83
抽水植物	122
中枢神経系	105

潮間帯	152
頂端分裂組織	65
貯水組織	65
貯蔵組織	65
チラコイド	20,25
チロキシン	101,103
沈水植物	122

つ

通道組織	66
ツベルクリン	86
つる植物	119,134
ツンドラ	137

て

低血糖	110
低山帯(→山地帯)	139
低地帯(→丘陵帯)	139
低張	90
低木	119
低木層	121
デオキシリボース	38
適応免疫	82
デトリタス	153
デヒドロゲナーゼ	32
テリトリー(→縄張り)	181
転移酵素	33
電子伝達系	27
伝達	105
伝達物質	105
伝導	105
デンプン	39
伝令RNA(→mRNA)	47

と

同位体	36
同化	23
同化組織	65
道管	66
導管	99
動眼神経	106
動原体	54
糖質コルチコイド	101,110
糖新生	110
等張	90

糖尿病	111
動物群集の遷移	133
動物細胞	14,18
洞房結節	79
動脈	79
特定外来生物	165
特定フロン	169
都市	156
土壌	121,155
土壌侵食	160
トリインフルエンザ	88
トリプシン	30,32
トリプレット	46
トリヨードチロニン	101,103
トロンビン	32,77
トロンボプラスチン	77

な

内皮細胞	79
内部環境	72
内分泌撹乱物質	158
内分泌系	98
内分泌腺	99,100
名古屋議定書	170
ナショナルトラスト運動	169
縄張り	181
軟骨細胞	62
軟骨組織	62

に

二酸化炭素	162
二次応答	85
二次消費者	141
二次遷移	128,131
二次同化	150
二重らせん構造	42
二次林	131,155
ニッチ(→生態的地位)	187
二糖類	39
乳び管	81
尿	93
尿酸	96
尿素	94,95,96

尿素回路(→オルニチン回路)	94
尿の生成	92

ぬ

ヌクレオソーム	49
ヌクレオチド	38,42

ね

ネクトン	123
熱水噴出孔	143
熱帯草原	137
熱帯多雨林	134,159
ネフロン(→腎単位)	92
粘菌	58
年齢ピラミッド	179

の

脳	106
脳下垂体	101,102
脳下垂体後葉	103
脳下垂体前葉	102,111
脳下垂体中葉	103
農薬	154
ノルアドレナリン	101,106

は

バーゼル条約	170
ハーバース管	62
バイオーム	134
バイオマス	168
肺循環	78
麦芽糖	39
白色体	14
バクテリア	15
バソプレシン	101,103,104
白血球	74,75
パラトルモン	101
反作用(→環境形成作用)	118
晩死型	178
半透膜	90
パンパス	137
半保存的複製	56

ひ

ヒートアイランド現象	156
干潟	153
光化学反応	27
光飽和点	125
光補償点	124
被食者	186
ヒスタミン	87
ヒストン	49
非生物的環境	118
皮層	63
ひ臓	83
被度	120
ヒトゲノム計画	44
肥満細胞	87,89
標識再捕法	174
標徴種	120
標的器官	99
標的細胞	86,99
表皮系	63
表皮組織	65
日和見感染	89
ビリルビン	75
貧栄養湖	157
頻度	120

ふ

フィードバック	103,104
フィブリノーゲン	77
フィブリン	77
富栄養化	157
富栄養湖	157
復元力	152
副交感神経	106
副甲状腺	101
副腎髄質	101,110
副腎皮質	101,110
副腎皮質刺激ホルモン	101,110
複相	55
不消化排出量	150
腐植土層	121
不随意筋	61
腐生	187
浮生植物	122
物質収支	149
物理的排除	82
ブドウ糖	39
浮葉植物	122
プランクトン	123
フルクトース	39
プレーリー	137
プロゲステロン	101
プロトロンビン	77
プロラクチン	101
フロン	161,162
分圧	76
分化	57
分解者	142
分子式	36
分泌組織	65
分裂組織	58,63,65

へ

平滑筋	61
平均型	178
閉鎖血管系	80
ベイリス	98
ペースメーカー	79
ペクチナーゼ	32
ペプシン	30,32
ペプチダーゼ	32
ペプチド結合	37
ペプチドホルモン	99,101
ヘム	75
ヘモグロビン	75
ヘモグロビンの性質	76
ヘリカーゼ	33,56
ベルナール	73
ヘルパーT細胞	86
変性	30
扁桃	83
ベントス	123
鞭毛	59
片利共生	187

ほ

方形枠法	120
胞子	58
放射性同位体	36
紡錘体	52
ボーマンのう	92
保護上皮	61
母細胞	50
補償深度	123
捕食者	186
ホメオスタシス(→恒常性)	72
ポリペプチド	37
ホルモン	98,100
翻訳	47

ま

マーキング	181
マイコプラズマ	15
マクロファージ	75,82,84
マスト細胞(→肥満細胞)	87
末梢神経系	105
マトリックス	26
マルターゼ	32
マルトース	39
マルピーギ小体(→腎小体)	92
マングローブ林	134

み

ミーシャー	41
見かけの光合成速度	124
ミクロメーター	17
水	37
密度効果	175,177
ミトコンドリア	14,18,21,26
ミドリムシ	59

む

無機触媒	29
無機的環境(→非生物的環境)	118
無機物	39
無光層	123
無糸分裂	50
娘細胞	50
娘染色体	53

め

群れ	180
迷走神経	106
メタボリックシンドローム	23
メタン	162
メチルグリーン	54
メチレンブルー	54
メラトニン	101
免疫の記憶	85

も

毛細血管	79
毛細リンパ管	81
網様結合組織	62
モノクローナル抗体	89
モントリオール議定書	170

や

焼畑	154
宿主	187

ゆ

有機触媒	29
有糸分裂	50
有色体	14
雄性ホルモン	101
優占種	120

よ

幼若型	179
陽樹林	130
陽生植物	125
溶存酸素量	158
葉緑体	14,19,21,25

ら

ラクターゼ	32
落葉広葉樹	119
裸地	128
ラムサール条約	169,170
ランゲルハンス島	109
ラン藻類(→シアノバクテリア)	15

り

リーダー	180
リオ宣言	170
リサイクル	168
リデュース	168
リパーゼ	33
リブロース1,5ビスリン酸カルボキシラーゼ	33
リボース	38,46
リボソーム	19,46
硫化水素	143
リユース	168
林冠	121
リン酸	24
リン脂質	39
林床	121
リンパ液	62,73
リンパ管	81
リンパ球	75,82
リンパ系	78,81
リンパ系器官	83
リンパしょう	73
リンパ節	81,83

れ

レダクターゼ	32
レッドデータブック	166
レッドリスト	166

ろ

老齢型	179
ロジスティック曲線	175
ろ胞刺激ホルモン	101,104
ろ胞ホルモン	101,104

わ

ワーカー	183
ワクチン	88
ワシントン条約	167,169,170
ワトソン	42

数字・外国語

1塩基多型	45
2心房2心室	80
3R	168
ADP	24,39
AIDS	89
ATP	22,39
ATPアーゼ	33
ATPの化学構造	24
A細胞	109
BCG	86
BHC	158
BOD	153,158
B細胞(すい臓)	109
B細胞(リンパ球)	83,84
Bリンパ球(→B細胞)	83
COD	158
DDT	158
DNA	38,41,49
DNA型鑑定	45
DNAの複製	54,56
DNAポリメラーゼ	33,56
DNA量	54
DO	158
HIV	89
IPCC	169,170
mRNA	47
NH_4^+	147
NO_3^-	147
PCB	158
ppm	158
RNA	38,46
RNAポリメラーゼ	33
SNP	45
tRNA	47
T細胞	83
Tリンパ球(→T細胞)	83

●生物名さくいん

ウイルスは生物の定義からはずれるが便宜上ここに含めた。

あ

アオウミガメ	167
アオキ	121,125
アオコ	157
アオマツムシ	156,165
アカザ	126,133
アカマツ	120,130,131,133
アカミミガメ	165,185
アカメガシワ	130
アコウ	134,138
アサガオ	55,119
アザミ	133
アサリ	153,157
アシ	122,123
アシナガバチ	177
アズキゾウムシ	175
アゾトバクター	148
アナベナ	157
アフリカワタリバッタ	176
アマミノクロウサギ	138,167
アメーバ	16,59
アメリカザリガニ	165,166
アメリカシロヒトリ	156,165,177
アユ	181
アライグマ	165
アリ	133,183,187
アリマキ	175,187
アロエ	119

い

イ	122
イイズナ	139
イカ	76,80,123
イガイ	152
イシガキスミレ	167
イシガメ	185
イシクラゲ	15
イタセンパラ	167
イタチ	138,139,142
イタドリ	129,130,131,132,133,165
イトウ	167
イトヨ	181
イナゴ	155
イヌ	43,55,182
イヌワシ	167
イネ	43,55,150,176
イノシシ	138,139
イボニシ	152
イモリ	16
イラガ	144
イラクサ	65
イワナ	185
インフルエンザウイルス	13

う

ウキクサ	122,123
ウグイス	187
ウサギ	136,142
ウシ	42
ウシガエル	43,165
ウナギ	91
ウニ	16
ウミガメ	123
ウメノキゴケ	128
ウンカ	155,176

え

エイ	91

さくいん(生物名) **205**

HIV	16,89
エゴノキ	121
エゾマツ	138
エビ	76,80,165
エラブウミヘビ	167
エンドウ	55

お

オオアリクイ	187,188
オオイヌノフグリ	165
オオカナダモ	12,122
オオカミ	180
オオキンケイギク	165
オオクチバス	165
オオサンショウウオ	167
オオシマイタドリ	132
オオシマザクラ	132
オオシラビソ	142
オオタニワタリ	119
オオバコ	165,173
オオバヤシャブシ	132
オーレリア	184
オガサワラコウモリ	167
オキナワキノボリトカゲ	167
オコジョ	138
オットンガエル	167
オヒシバ	165
オホーツクホンヤドカリ	55
オリーブ	136

か

カ	187
ガ	155
カイチュウ	187
カエデ	136,138
カエル	57,155
カキ	178
カクレウオ	187
カクレミノ	121
カサガイ	152
ガザミ	90
カシ	125,130,131,133,136,138,139
ガジュマル	138
カタツムリ	133
カタバミ	165
カダヤシ	165,185
カニ	76,123,143,153
カブトガニ	164,167
カブトムシ	133
カブリダニ	186
カボチャ	65
ガマ	122,123
カマキリ	133,177
カメノテ	152
カメムシ	155
カモシカ	138,139,142
カラス	156
カラマツ	137
カルガモ	156
カワセミ	156

き

キイロショウジョウバエ	55
キキョウ	167
キク	65
キクイモ	93
キジ	178
キタマクラ	187
キツネ	136,178
ギフチョウ	167
キュウリウオ	158
キリギリス	133
ギンリョウソウ	187

く

クサカゲロウ	177
クジラ	123
クズ	119,165
クスノキ	119,136,139
クヌギ	138,139,144
クマ	136
クマゼミ	156
クマネズミ	156
グミ	65
クモ	76,133,142,155,177
クモマベニヒカゲ	139
クラミドモナス	60
クリ	133
クロストリジウム	148
クロマツ	131
クロモ	122,123
クワガタ	139

け

ケアシガニ	90
ケイソウ	123
結核菌	86
ケナフ	119
ケヤキ	119,136,138
ゲンジボタル	166

こ

コイ	165
コウテイペンギン	173
コウノシロハダニ	186
酵母菌	16
コウボムギ	122
コーダタム	184
ゴカイ	80,153
ゴキブリ	156,175
コクヌストモドキ	184
コケモモ	119,139
コシオリエビ	143
コナラ	130,133
コマクサ	139
コマユバチ	144
ゴミムシ	133
コメツガ	137,138,139,142
コルクガシ	136
コレラ菌	15
根粒菌	21,148,187

さ

サクラソウ	65
サケ	42,91,148
ササ	121,136,142
ササラダニ	142
サツマイモ	65
サトウキビ	150
サナダムシ	187
サボテン	65,119,137
サメ	91
サル	182
サンゴ	185

し

シイ	121,125,130,133,136,138,139
シカ	180
シジュウカラ	133
シダ	121,125,133
シマアメンボ	181
シマタヌキラン	132
シマフクロウ	167
シマリス	138
ジャガイモ	65
シャジクモ	16,123
シュロ	156
シラカバ	130,133
シラカンバ	139
シラビソ	131,137,139
シロアリ	183,187
シロウリガイ	143
シロツメクサ	156,165

す

スイカズラ	165
スイゼンジノリ	15
スイバ	65
スギ	119,133,137
スギナ	55
スジダイ	120,131,132
ススキ	132,133,184
スズメ	165,178
スズメガ	133

せ

セイタカアワダチソウ	127,131,165,184
赤痢菌	15
セグロカモメ	158
線虫	137

そ

ゾウリムシ	16,59,90,184

た

ダイズ	126,148
大腸菌	15,16,43,44,175

さくいん（生物名）

た
タイマイ	167
タイミンタチバナ	120
タイワンザル	166
タカ	142,180
タガメ	167
ダケカンバ	139
タコ	76,80
タコノキ	134
ダニ	121,142,186,187
タヌキ	156
タブノキ	132,136
タマネギ	16,51,55,57
タマホコリカビ	58
タンチョウ	167
タンポポ	65

ち
チーク	134
チガヤ	129
チカラシバ	126
チゴガイ	153
チューブワーム	143
チンパンジー	178

つ
ツガ	137
ツキノワグマ	138
ツシマヤマネコ	167
ツツジ	119,133
ツノモ	157
ツバキ	132,136
ツユクサ	165

と
トウダイグサ	119,137
トウヒ	139
トウモロコシ	55
ドクダミ	119,125
トゲウオ	178
トドマツ	125,133,137,138
トノサマガエル	178
トノサマバッタ	174,176
トビイロウンカ	176
トビムシ	133
ドブガイ	123
ドブネズミ	165
トマト	125
トラ	173
トンボ	155,166

な
ナゴヤダルマガエル	167
ナシ	65
ナズナ	165
納豆菌	15
ナマコ	123
ナミテントウ	163
ナメクジ	133
ナラ	136

に
ニッポンバラタナゴ	167
ニホンザル	139,166,173
乳酸菌	15
ニレ	136
ニワトリ	16,41,42,182
ニンジン	14

ぬ
ヌートリア	165
ネコ	55

ね
ネズミ	142,156
ネンジュモ	15

の
ノウサギ	133
ノキシノブ	119
ノネズミ	137,174
ノビタキ	133
ノミ	187
ノリウツギ	133

は
ハイマツ	119,139
ハオリムシ	143
ハギ	125,130
ハコネウツギ	130,132
ハス	122
ハダニ	142
ハタネズミ	133
ハチジョウイタドリ	129,132
ハチジョウススキ	132
バッタ	133,173,176
ハト	180
ハナゴケ	128
ハナショウブ	119
ハマナス	118
ハリガネムシ	55
パンドリナ	60
ハンノキ	125
ハンミョウ	133

ひ
ヒグマ	138
ヒサカキ	132
ヒザラガイ	152
ヒシ	122,123
ヒツジグサ	123
ヒトデ	152
ヒドラ	62,80,178
ヒノキ	119,133,137
ヒバリ	133
ビフィズス菌	15
ヒメコオドリコソウ	165
ヒメネズミ	173
ヒメユリ	167
ピューマ	187,188
ヒョウ	173
ヒラタコクヌストモドキ	184
ヒルギ	134,138

ふ
フクロアリクイ	188
フジツボ	152,174
フジナマコ	187
ブタクサ	119,131,165
フタバガキ	134
フナ	123,165
ブナ	125,130,131,136,138,139
ブラックバス	165
プラナリア	80
ブリ	178
ブルーギル	165

へ
ヘゴ	134
ベゴニア	65
ヘビ	133,142

ほ
ホウセンカ	65
ホテイアオイ	122,123
ホトケドジョウ	167
ホトトギス	133,187
ボルボックス	60
ホンソメワケベラ	187

ま
マイコプラズマ	15,16
マウス	87
マグソコガネ	187
マス	158
マツ	43,65,125
マメ	21,134,187
マメコガネ	165
マラリア原虫	187
マンボウ	178
マンリョウ	119,121

み
ミカヅキモ	16
ミシシッピアカミミガメ	185
ミジンコ	123
ミズキ	130,133
ミズナラ	121,138,139
ミズヒキ	121
ミツバチ	183
ミドリアサザ	167
ミドリイソガザミ	90
ミドリガメ	165,185
ミドリゾウリムシ	21
ミドリムシ	59
ミミズ	80,121,133,137,142,155

む
ムカデ	142

ムラサキイガイ		156
ムラサキツユクサ		55

め・も

メダカ	43,165,173,185
モクズガニ	90,133
モグラ	121,137,142
モミ	130,131,133,137,139
モンシロチョウ	165

や

ヤシャブシ	130,131
ヤスデ	133
ヤツデ	125
ヤドリバエ	177
ヤナギ	137
ヤブガラシ	119
ヤブコウジ	120
ヤブツバキ	121,132,139
ヤマネ	138,142
ヤマフジ	119
ヤマメ	185
ヤンバルクイナ	167
ヤンバルテナガコガネ	167

ゆ・よ

ユーグレナ(→ミドリムシ)	59
ユレモ	15
ヨモギ	119

ら・り

ライオン	188
ライチョウ	139,167
リス	142

れ

レブンソウ	167

わ

ワカケホンセイインコ	156
ワカメ	165
ワシ	142
ワタリガニ	90
ワラジムシ	133

● 人名さくいん

あ行

ウィッタッカー	150

か行

キャノン	73
クリック	42,56

さ行

サンガー	108
シャルガフ	42
スターリング	98
スタール	56

は行

ベイリス	98
ペイン	152
ベルナール	73
ボーリン	145,146

ま行

ミーシャー	41
メセルソン	56

ら行・わ行

リンドマン	146
ワトソン	42,56

《編者紹介》

● **水野丈夫**（みずの・たけお）　昭和2年，長野県生まれ。昭和25年東京大学理学部動物学科を卒業，同大学院修了後，助手・講師・助教授を経て，東京大学理学部教授。フランスと英国において共同研究。昭和63年より東京大学名誉教授。日仏生物学会長。理学博士。中学・高校生物の教育にも携わる。
▶専攻は，発生生物学，特に組織間相互作用を中心とした器官形成論。おもな著書（共著）に，「発生と器官形成」・「脊椎動物の発生」・「図説発生生物学」・「発生－プロセスとメカニズム」・「発生生物学」などのほか，中学・高校生物の教科書がある。

● **浅島　誠**（あさしま・まこと）　昭和19年，新潟県生まれ。昭和47年東京大学理学系大学院博士課程修了。横浜市立大学文理学部助教授・教授を経て，平成5年より東京大学教養学部教授。平成19年東京大学副学長・理事。平成22年産業技術総合研究所フェロー。東京大学名誉教授。理学博士。
▶専攻は動物発生生理学。特に動物の初期胚での器官形成と形作りの機構の研究。おもな著書に，「発生のしくみが見えてきた」，「動物の発生と分化」，「分子発生生物学」などがある。平成20年文化功労者。

■ 執筆協力者
　小林　秀明　　廣瀬　敬子　　松﨑　隆

■ デザイン
　福永　重孝

■ 図版・イラスト作成
　小倉デザイン事務所　　藤立　育弘　　よしのぶ　もとこ

■ 写　真
　OPO/OADIS　アマナイメージズ　石川冬木　牛木辰男　飯野晃啓　気象庁　志摩マリンランド　東京都健康安全センター　玉置憲一　豊田二美枝　永野俊雄　東四郎　毎日新聞社　文英堂編集部

シグマベスト
理解しやすい生物基礎

本書の内容を無断で複写（コピー）・複製・転載することは，著作者および出版社の権利の侵害となり，著作権法違反となりますので，転載等を希望される場合は前もって小社あて許諾を求めてください。

Ⓒ 水野丈夫・浅島　誠　2012
Printed in Japan

編　者　水野丈夫・浅島　誠
発行者　益井英郎
印刷所　凸版印刷株式会社
発行所　株式会社　**文英堂**

〒601-8121　京都市南区上鳥羽大物町28
〒162-0832　東京都新宿区岩戸町17
（代表）03-3269-4231

● 落丁・乱丁はおとりかえします。

電子顕微鏡で見る細胞小器官

核

二重の核膜に包まれ，内部には染色体や核小体がある。
ＤＮＡを含み，細胞のはたらきをコントロールしている。

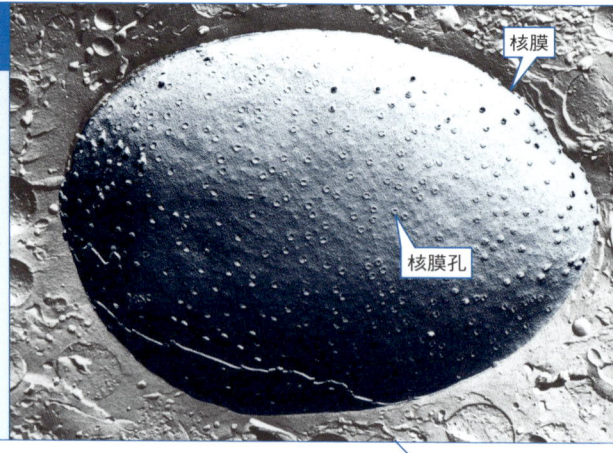

（マウス）約20000倍

核膜
核膜孔

細胞膜

厚さ4〜10nmの一重の単位膜で，リン脂質二重層のところどころにタンパク質がはまり込んだ構造をしている。
細胞内外の物質の出入りを調節したり，外界の情報を受け取ったりしている。

（ブタ）約100000倍

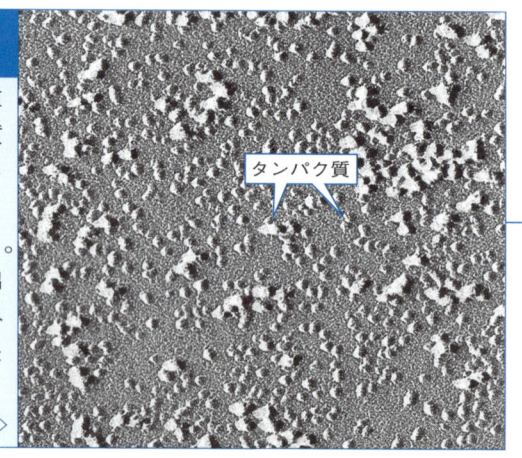

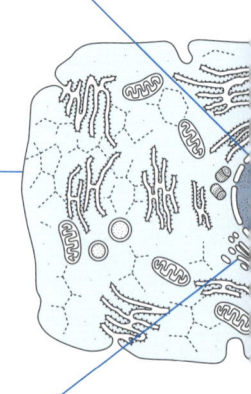

タンパク質

ゴルジ体

扁平な袋が数枚重なった構造をしている。
分泌物を一重の膜で包み，分泌顆粒などをつくる。

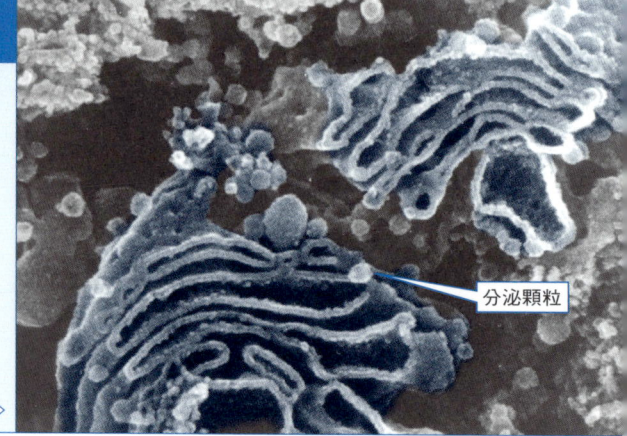

（ヒト すい臓）約42000倍

分泌顆粒